Michael Hübler

PROVOKANT – AUTHENTISCH – AGIL

Michael Hübler

# PROVOKANT
# AUTHENTISCH
# AGIL

Die neue Art zu führen

Mitarbeiter motivieren und
aus der Reserve locken

Bibliografische Information der Deutschen Nationalbibliothek
Die Deutsche Nationalbibliothek verzeichnet diese Publikation
in der Deutschen Nationalbibliografie; detaillierte bibliografische
Daten sind im Internet über *http://dnb.dnb.de* abrufbar.

metro**politan** – ein Imprint des Walhalla Fachverlags

1. Auflage 2017
© Walhalla u. Praetoria Verlag GmbH & Co. KG, Regensburg
Produktion: Walhalla Fachverlag, 93042 Regensburg
Umschlaggestaltung: init Kommunikationsdesign, Bad Oeynhausen
Printed in Germany
ISBN 978-3-96186-004-3

# Inhalt

# Vorwort

Provozieren Sie gerne Ihre Mitmenschen? Ich provoziere für mein Leben gern. Ich ärgere mein Umfeld mit liebevoller Ironie, stelle Kollegen und Seminarteilnehmern herausfordernde Fragen und arbeite mit Witzen, die nicht jedermanns Sache sind. Kennen Sie zum Beispiel den:

Fünf Personen stehen um den Chef. Vier davon lachen. Die fünfte wird gefragt: „Warum lachst du nicht?" Darauf der Gefragte: „Ich muss nicht mehr. Ich habe gekündigt."

In den letzten zehn Jahren als Trainer, Berater, Coach und Mediator lernte ich jedoch, nicht um jeden Preis provozieren zu müssen und mein zündelndes Gemüt durch Versuch und Irrtum zu verfeinern. Die verbale Herausforderung meines Umfelds muss ein Ziel haben, um sinnvoll zu sein. Ansonsten verkommt sie zum selbstherrlichen Schenkelklopfen. Der erwähnte Führungswitz funktioniert erst nach einer halben Stunde Beziehungsaufbau. Sind Provokationen nicht in Wohlwollen und Wertschätzung eingebettet, wirken sie verletzend. Der sprichwörtliche Stoß vor den Kopf sollte keine Leistung von Gottes Gnaden sein, sondern eine mutige Einladung zu mehr Ehrlichkeit und Offenheit im gegenseitigen Austausch.

Doch ohne Provokationen erscheint mir die Welt nicht nur langweilig, es geht auch nichts voran. Wir treten auf der Stelle, wenn wir uns in harmonischen Nichtangriffspakten einbalsamieren. Und ist es nicht der Gipfel bemutternder Respektlosigkeit, einem Menschen wider besseres Wissen ein ehrliches Feedback zu verwehren? Wir sollten öfter darauf vertrauen, dass Mitarbeiter fähig sind, eine gut platzierte und treffend formulierte Rückmeldung zu verarbeiten.

Mehr noch: Die immerwährende Pseudo-Wohlfühlatmosphäre in manchen Büros endet nicht selten in Respektlosigkeit, Gerüchten und Intrigen. Wie in den Stellvertreterkriegen Afghanistans zur Zeit des Kalten Krieges geht es plötzlich nicht mehr um das Ausdiskutieren unterschiedlicher Meinungen, sondern darum, wer seine Bestellungen schneller bekommt, den besseren Parkplatz hat oder mehr Lob vom Chef einheimst. Verständlich, doch leider verlorene Energie.

Eine freche Frage an der richtigen Stelle führt hingegen zu mehr Dynamik, Klarheit und im besten Fall zu einem reinigenden Gewitter. Provokationen zwingen Mitarbeiter, Farbe zu bekennen, indem Sie die Mauselöcher verbarrikadieren. Die wahren Leckereien gibt es ohnehin nicht hinter tapezierten Wänden. An dieser Stelle endet die Provokation und beginnt die Eroberung und faire Verteilung des Käses in der Küche.

Wo jedoch bleibt bei all dem die Empathie- und Bedürfnisorientierung, die wir über die Jahre in unzähligen Kommunikationstrainings eingetrichtert bekamen? Und führen Provokationen nicht unweigerlich zu giftigen Kämpfen?

Wo ich herkomme, aus dem sozialen Bereich, wird nicht provoziert. Aggressionen zwischen dem Personal gibt es nicht. Und der Begriff des Kampfes ist sowieso tabu. Was nicht heißt, dass nicht gekämpft wird. Möglicherweise subtiler, feiner und indirekter als woanders.

Dabei bedeuten Provokationen im Ursinn, etwas aus dem anderen herauszukitzeln, etwas zutage zu fördern, vielleicht eine höhere Leistung oder eine deutlichere Klarheit. Und ist nicht dieses „aus der Reserve locken" Grundaufgabe jeder Führung? Ist es nicht Aufgabe einer Führungskraft, zu provozieren und damit das Beste der Mitarbeiter zu fördern, bis hin zur Persönlichkeitsentwicklung, vielleicht sogar mit kämpferischen Maßnahmen? Werden damit nicht automatisch auch Bedürfnisse befriedigt?

Der soziale Bereich bildet lediglich die Spitze der offiziellen Kampfverweigerung. In Verwaltungen, im Dienstleistungssektor und grundsätzlich in frauendominierten Berufszweigen herrschen meist ähnliche Verhältnisse vor. Dennoch wird gekämpft für die gute Sache, den richtigen Weg, den Fortschritt, menschliche Werte oder die eigene Sichtweise. Provozieren und kämpfen muss nichts Schlechtes sein. Prinzipien zu verteidigen, für sein Team einzustehen oder sein Lieblingsprodukt gegen Widerstände durchzuboxen. Warum also das Kind nicht beim Namen nennen?

Kämpfe ziehen uns seit Urzeiten in einen magischen Bann. Was fasziniert uns in unserer (durch-) zivilisierten Welt am archaischen Prinzip des Kämpfens? Warum provozieren und ärgern wir so gerne andere Menschen? Ist nicht auch das Kämpfen ein Ur-Bedürfnis? Ist es das Prinzip „Mensch gegen Mensch" oder „Auge in Auge"? Oder die Vorstellung eines echten, organischen Gegners, anstatt einer Technik, die wir nicht verstehen? Vielleicht ist es der Zwang, zu reagieren, seine Komfortzone zu verlassen und aktiv Position zu beziehen, anstatt sich selbst in einem Mauseloch zu verkriechen und darauf zu hoffen, dass die Gefahr bald vorüberzieht. Vielleicht ist es die Endlichkeit – schließlich könnte jede Auseinandersetzung, jeder Wettkampf, jeder Sport und jedes Spiel mit psychischen oder physischen Verletzungen bis hin zum Tod enden. Vielleicht ist es der Mut zur eigenen Weiterentwicklung: Wenn ich mich mit einer Provokation aus dem Fenster lehne, muss ich auch dazu stehen. Wer springt, sollte fliegen lernen. Vielleicht ist es die Tatsache, dass im Wettbewerb nicht nur der Schreibtischtäter, sondern der ganze, emotionale Mensch gefordert ist. Er muss seine Bedürfnisse nicht hinter Konventionen verstecken. Dabei darf er in Ausnahmefällen auch laut sein. Er muss sogar, um von anderen respektiert zu werden.

Wie aggressiv wir trotz christianisierter Zivilisierung sind, wird ein ewiges Streitthema bleiben. Ob es jedoch Zufall ist, dass auf das christliche Verbot von Kampfsportarten Hexenverbrennungen und Kreuzzüge folgten? Ist Frieden ohne Kriege denkbar? Eine Kooperation ohne Auseinandersetzung? Was wäre die Hölle, wenn deren Insassen nicht vom Himmel träumen könnten? Das gesamte Leben scheint aus einem Wechselspiel zwischen egoistischem und kooperativem Miteinander zu bestehen. Die Wissenschaft spiegelt diesen Kampf mit ihren Mitteln wieder: Der Evolutionsbiologe Richard Dawkins ruft das „Egoistische Gen" aus, der Arzt und Psychiater Joachim Bauer spricht vom „Prinzip Menschlichkeit". Was denn nun? Beides natürlich! Ohne Schwarz kein Weiß. Ohne Krieg kein Frieden. Schon begrifflich wüssten wir nicht, wovon wir sprechen sollten. Die Weltgesundheitsorganisation sagt: Gesundheit ist die Abwesenheit von Krankheit. Aha! Es muss beides geben, um dem jeweils anderen eine Existenzberechtigung zu verleihen: Provokation und Verständnis.

Mitarbeitergespräche lassen sich folgerichtig als Balanceakt zwischen Kampf und Kooperation darstellen. Ein kurzer Ausflug in deutsche Sprachbilder verdeutlicht, wieviel Kampf in Mitarbeitergesprächen steckt: Sie ringen um gemeinsame Ziele. Die gegenseitigen Erwartungen reiben sich aneinander. Die Vorstellungen von einem funktionierenden Team beißen sich. Bereits das Ansprechen dieser Sprachbilder als Provokation könnte ein Mitarbeitergespräch inhaltlich voran bringen.

Provokationen und Kämpfe entstehen aus dem Wollen der Gegner. Wer jedoch nichts mehr will, ist tot, selbst wenn seine Hülle noch durch die Gänge wandelt. Was uns gesamtgesellschaftlich fehlt, ist eine offene und faire Streitkultur ohne Tricks, Manipulationen und polternde Hasskommentare. Wir sollten viel öfter mit unseren Kindern streiten, mit unseren Partnern, Lehrern, Dozenten und Mitarbeitern, anstatt uns hinter hierarchischen Masken zu verstecken.

# Wie soll Führung in Zukunft aussehen?

Sind Sie bereit für einen Paradigmenwechsel? Schauen wir uns zwei Versionen der Zukunft an. Das Wunderbare an der Zukunft ist, dass Sie jederzeit die Wahl haben. Sie müssen lediglich das Notwendige tun, um Ihre Vision von Führung zu erfüllen.

## Vision 1

Heute Nachmittag steht das Jahresgespräch mit einem veränderungsresistenten Mitarbeiter an. Als Sie vor einigen Jahren zur Führungskraft aufstiegen, waren Sie noch voller Tatendrang. Sie gingen davon aus, dass jeder Mitarbeiter etwas gestalten will. Und wenn nicht, will er doch wenigstens seine Aufgaben korrekt erledigen und nach Möglichkeit keinen Stress mit seinem Chef oder seinen Kollegen. Mittlerweile wissen Sie, dass dem nicht so ist.

Sie wissen genau, wie es ablaufen wird, das kommende „Aber-Gespräch": Der Mitarbeiter wird zögerlich zu Ihnen hereinkommen und sich leicht verunsichert setzen. Sie werden ihn fragen, wie das letzte Jahr so lief, er wird flüstern: „Passt schon." Sie werden ihn darauf ansprechen, dass sie letztes Jahr vereinbart hatten, dass er mehr Verantwortung übernimmt und eigenständig Entscheidungen trifft. Er wird erwidern, dass er sich alle größte Mühe gegeben hat, doch durch die Zusammenlegung der beiden Abteilungen gezwungen war, sich in viele neue Sachgebiete einzuarbeiten. Sie werden entgegnen, dass es sich hier doch nur um ein neues Sachgebiet handelt. Er wird darauf betonen, dass das zwar stimme, es sich aber dennoch um viele kleine Unter-Sachgebiete handelt, die so schnell nicht zu überblicken sind und er noch einige Zeit braucht, um sich hier durchzuarbeiten. Er wird mittlerweile immer nervöser und um ihm nicht zu sehr auf den Zahn zu fühlen – was ohnehin nichts bringen würde –, werden Sie ihm anbieten, dass Sie jederzeit für Fragen zur Verfügung stehen, wenn er Hilfe braucht (schließlich haben Sie in einem Führungsratgeber vor kurzem etwas über „Die Führungskraft als Coach" gelesen). Ihr Mitarbeiter wird daraufhin spürbar aufatmen. Zusätzlich werden Sie ihn dafür loben, dass er sich so großartig in sein neues Gebiet einarbeitet, immerhin kam es noch zu keinen größeren Fehlern, worauf er weiter entspannt. Pro forma, dass wissen Sie beide, werden Sie im Prinzip dieselben Ziele vereinbaren wie im letzten Jahr. Sie werden ihn fragen, ob er sich das vorstellen kann, die Ziele in Angriff zu nehmen, sobald die Zusammenlegung der beiden Abteilungen endlich abgeschlossen ist. Er wird nicken. Sie werden ihn fragen, wie er sich eine Umsetzung der Ziele vorstellt. Er wird keine Antwort wissen, denn es ist ja noch nicht so weit. Sie werden ihm ein paar Meilensteine vorschlagen, die Sie sich vorab überlegt haben. Er wird abermals nicken. Sie geben sich die Hand und das war es. Am Ende wird er erleichtert sein, dass er so weiter machen kann wie bisher. Und Sie haben, sofern nichts Schlimmeres passiert, ein Jahr lang Ruhe, bis es nächstes Jahr wieder heißt: Willkommen im Aber-Land! Sollte Ihr Chef fragen, warum der Mitarbeiter hinter seinem Potenzial zurückbleibt, können Sie darauf beharren: Sie hätten ja Ziele vereinbart, aber er ist einfach veränderungsresistent. Ihr Chef wird sich anschließend mit Ihnen solidarisieren, da er solche Fälle ja auch zur Genüge kennt. Der Mitarbeiter ist einfach träge. Da kann man machen, was man will.

Anschließend wird es um das neueste Kamikaze-Projekt gehen. Ständig wird ein neuer Projektesel durchs Dorf getrieben. Die Hälfte davon klappt, die andere wird am besten schnell wieder vergessen. Dabei könnte man aus den Gescheiterten mehr lernen als aus den Funktionierenden. Sie versuchen halbherzig mit Ihrem Chef über ein mögliches Scheitern des Projekts zu sprechen. Irgendwie kommt Ihnen der Grund dafür bekannt vor. Hätten Sie ein wenig mehr Zeit, könnten Sie darüber nachdenken, woran es lag. Sie würden bestimmt drauf kommen. Nur leider haben Sie keine Zeit für solche Kinkerlitzchen. Es muss ja weitergehen. Ihr Chef sieht das genauso und winkt ab. In Gedanken ist er schon bei seinem nächsten Termin, der in zehn Minuten ansteht: Rapport beim Vorstand. So wird es Zeit für Sie zu gehen.

Er wird mit dem Satz enden: Die Veränderungsresistenten sind schlimm. Aber die anderen, die Querulanten, sind auch nicht besser. Kommen ständig mit neuen Ideen, die sich beim besten Willen nicht umsetzen lassen. In dem Moment wird Ihnen wieder einfallen, dass morgen bereits das nächste Mitarbeiterjahres(krampf)gespräch ansteht, mit einem dieser Querulanten.

## Vision 2

Heute Nachmittag steht das Jahresgespräch mit einem veränderungsresistenten Mitarbeiter an. Als Sie vor einigen Jahren zur Führungskraft aufstiegen, wussten Sie noch nicht so recht, was auf sie zukommen wird. Doch dank der ein oder anderen Fortbildung, einiger Fachbücher und einem reichhaltigen Meinungsaustausch unter

Kollegen, sitzen Sie recht sattelfest im Führungssessel. Manche Vorschläge aus den Seminaren und Büchern waren hilfreich, andere waren zu kompliziert, um sie in den Führungsalltag umzusetzen. Bei all dem Zeitdruck, den Sie haben, müssen Methoden einfach und am besten in einem Satz zusammenfassbar sein, so wie das Prinzip des Problemeigentums, das Sie in einem Seminar erlernt haben.

Der Trainer fragte damals: „Kommt ein Mitarbeiter mit einer Frage: Wer besitzt dann das Problem? Sie oder der Mitarbeiter?" Die Hälfte der Teilnehmer meinte die Führungskraft, die andere Hälfte der Mitarbeiter. Sollte ein Problem nicht gelöst werden, hat die Führungskraft ein Problem. Das hat jedoch Zeit. Im Moment der Fragestellung hat der Mitarbeiter das Problem. Damit es dort auch bleibt, begannen Sie ihrerseits Fragen zu stellen, anstatt wie früher Lösungsvorschläge zu präsentieren. Dieses kleine Prinzip veränderte Ihr Leben. Es machte Sie ruhiger und präsenter. Sie begannen besser zuzuhören, Ihre Wahrnehmung zu schärfen und Mitarbeiter ernster zu nehmen. Das passt nicht jedem Mitarbeiter. Manche fühlen sich zu ernst genommen. Wollen sie doch ihre Probleme einfach loswerden. Nun werden sie sanft gezwungen, selbst zu denken.

Bei dem Gedanken daran werden Sie leicht schmunzeln. Sie sind auch nur ein Mensch. Und ein klein wenig werden Sie Ihre Mitarbeiter doch wohl ärgern dürfen, oder nicht?

Wie das kommende Gespräch ablaufen wird, wissen Sie nicht. Ein Kollege erzählte Ihnen vor ein paar Jahren vom Pareto-Prinzip: 20 Prozent Vorbereitung für einen 80 prozentigen Erfolg. Der Rest ist Improvisation. Wahrscheinlich wird sich Ihr veränderungsresistenter Mitarbeiter nicht festnageln lassen wollen. Er wird Ausflüchte benutzen. Letztes Jahr fand die Zusammenlegung zweier Abteilungen statt. Es fiel ihm schwer, sich auf die Neuerungen einzulassen. Natürlich werden Sie vollstes Verständnis für seine Situation haben. Und dennoch glauben Sie an seine Potenziale. Da geht noch was. Ein wenig verantwortungsbewusster kann er sicherlich noch werden. Sie werden mit dem Witz von der Schnecke beginnen, die unbedingt wissen wollte, wie schnell eine Schildkröte marschiert. Sie kroch auf den Panzer einer Schildkröte. Doch als diese loswandert, wird der Kopf der Schnecke vom Fahrtwind nach hinten gepresst. Daraufhin ruft sie aus: „Huuuuiiiii, das geht mir jetzt doch zu schnell!" Da Ihr Mitarbeiter derartige Anekdoten von Ihnen gewohnt ist, wird er sich zwar wundern, aber auch ein wenig schmunzeln. Sie werden daraufhin gemeinsam reflektieren, was dieser Witz mit ihm zu tun hat. Erfahrungsgemäß wird wenig von ihm kommen, deshalb retten Sie ihn aus der Peinlichkeit: Manchmal geht alles so schnell, aber man kommt auch langsam ans Ziel, Hauptsache angeschnallt. Sie werden betonen, dass auch „langsame" Menschen ihre speziellen Qualitäten haben, da sie oft besser beobachten und ihnen Fehler auffallen, die anderen entgehen. Daraufhin werden Sie gemeinsam überlegen, wo es nächstes Jahr hingehen soll. Der Mitarbeiter wird erneut flüchten wollen. Deshalb raunen Sie in Ihrer authentischsten Mafiosi-Stimme: „Ich mache Ihnen jetzt ein Angebot, das Sie nicht abschlagen können. Oder auch zwei. Oder drei." Sie werden ihn daraufhin emotional beim Wort nehmen. Sie werden ihn fragen, ob er sich vorstellen kann, das eine oder andere Angebot in Richtung Selbstverantwortung anzunehmen. Sie werden ihn fragen, wie es ihm damit gehen wird. Sollten Sie in seiner Körpersprache Widerstände erkennen, zum Beispiel abwehrende Hände oder einen verschlossenen Blick, werden Sie auch dies ansprechen und ihn erst entlassen, wenn Sie das intuitive Gefühl haben, dass er ehrlich mitzieht. All das ist anstrengend – für beide Seiten. Doch Sie sind der tiefen Überzeugung, dass es für beide Seiten erfolgreicher und ehrlicher ist, sich gegenseitig respektvoll auf die Füße zu treten. Im ersten Moment wird Ihr Mitarbeiter Sie verfluchen, weil Sie partout nicht locker lassen. Später wird er es Ihnen danken, weil Sie an ihn glaubten und er sich, wenn auch im Schneckentempo, weiterentwickeln konnte. Grinsend werden Sie ihn mit den Worten verabschieden: „Sie wissen ja, ich habe Sie im Blick. Und wenn Sie Hilfe brauchen …".

Auf dem Gang werden Sie anschließend Ihrem Chef begegnen. Er hat zwar wenig Zeit, wird Sie aber dennoch fragen, wie es Ihnen geht. Sie werden das Gefühl haben, dass er die wenigen Minuten, die er hat, vollkommen präsent ist. Das ermutigt Sie zu erzählen, dass das aktuelle Projekt, an dem Sie arbeiten, mit hoher Wahrscheinlichkeit scheitern wird. Erfreut wird er darüber nicht sein. Dennoch wird er erwidern: „Schreiben Sie Ihre Bedenken auf und kommen morgen damit zu mir. Aber wappnen Sie sich! So leicht werde ich das Projekt nicht aufgeben."

Auf dem Weg in Ihr Büro werden Sie an das nächste Mitarbeiterjahresgespräch denken. Morgen steht Ihnen ein Querulant bevor. Schön, werden Sie sich denken, ein kleiner Adrenalinstoß zu früher Stunde wird mir helfen, zackig in den Tag zu kommen. Vielleicht brauche ich dann eine Tasse Kaffee weniger. Mal sehen, ob ich morgen etwas Neues über mich lerne. Mal sehen, wie ich ihn aus der Reserve locke. Vielleicht mit ein wenig provokantem Humor. Vielleicht braucht er aber auch ein paar klare Ansagen. In jedem Fall werden wir einen netten Schlagabtausch zusammen haben.

## Theoretische Prämissen

Sollten Sie sich für Vision 1 entscheiden, rate ich Ihnen, dieses Buch schnellstens zurückzugeben oder zu verschenken. Sollte Vision 2 einen Reiz auf Sie ausüben, möchte ich drei Prämissen zur besseren Einordnung dieses Buches vorweg schicken:

1. Das Buch setzt ein *positives Menschenbild* voraus. Gehen Sie als Führungskraft davon aus, dass Ihre Mitarbeiter sich einer Aufgabe nicht verweigern, sondern im Zweifel eine Aufgabe nicht können oder nicht verstehen, finden Sie eine Menge innovativer Spielarten für Führung und Gesprächsführung vor. Ein positives Menschenbild bedeutet nicht, dass alles „gut" wird, wenn wir „gut" miteinander umgehen. Es geht davon aus, dass ein Mitarbeiter, der anders agiert als erwartet, gute Gründe dafür hat. Vielleicht fehlen ihm Informationen. Oder er sieht Lösungen, die Sie nicht sehen. Dass er Gründe hat, kann auch mit Ihnen zu tun haben. Immerhin kreuzen sich Ihre Wege. Vielleicht hatte er Einwände, die Sie nicht hören wollten. Vielleicht hätten Sie mit diesen Einwänden offener umgehen, sie einbinden können. In den seltensten Fällen wird er aus böser Absicht handeln, was nicht heißt, dass es keine Ausnahmen gäbe.

   Sollten Sie ein anderes Menschenbild verfolgen, werden Ihnen die vorgestellten Methoden zu soft sein. Bei Mitarbeitern, die eine böse Absicht verfolgen, erscheint es fahrlässig, mit Geschichten Werte zu vermitteln, Humor zur Teambindung einzusetzen oder mit spielerischen Elementen die Motivation zu fördern. Wollen Sie dennoch weiterlesen, prüfen Sie kritisch, wo für Sie die Grenzen der Methoden liegen. Es könnte sich dennoch lohnen. Und prüfen Sie, ob die Umsetzung der Methoden in Ihrer Organisation möglich ist. Nichts ist so frustrierend wie eine funktionierende Methode, die kontextuell nicht erlaubt ist.

   Gleichzeitig stellt sich die Frage, ob bei der Prämisse „böser" Mitarbeiter hierarchische Anweisungen von oben die Lösung bringen. Besserwisser-Mitarbeiter machen ohnehin, was sie wollen, mit Handbremse oder gerade so, nach Vorschrift, mehr jedoch nicht. Ein mühsames Geschäft, bei dem Sie – so oder so – wenig zu verlieren haben, wenn Sie ein paar neue Methoden ausprobieren.

2. Der vorgestellte Werkzeugkasten erfordert *Mut*, weil er mit bekannten Vorgehensweisen bricht. Das Buch spricht den ‚agent provocateur' in Ihnen an. Dabei geht es jedoch in keiner Hinsicht um Gewalt oder pure Durchsetzung gegen fremde Interessen. Vielmehr geht es um den Mut, weniger an Konventionen zu denken, sondern unerschrocken strittige Punkte anzusprechen, um Prozesse in Fluss zu bringen. „Pfeilgrad", wie meine Frau zu sagen pflegt. Es erfordert Mut, mit Metaphern bildhafte Vergleiche zu ziehen, mit Humor eine kritische Situation zu entspannen, den Mitarbeiter in eine bindende Verantwortung zu nehmen, auf die eigene Intuition zu horchen und damit zu arbeiten. Humor, Geschichten, Metaphern und Intuitionsfeedback sind keine Schubladenmethoden, die sich wie Feedbackregeln auswendig lernen lassen. Sie erfordern:

- Mehr Ehrlichkeit zu sich selbst: Warum nervt es mich, dass dieser Mitarbeiter (wieder einmal) seine Aufträge unzulänglich erledigt?
- Mehr Mut und bisweilen Selbstironie, dies auch anzusprechen, weil ich als Führungskraft hier jenseits von Sachzwängen etwas Persönliches von mir preisgebe.

Wodurch ich ein neues Gebiet des Austausches zwischen Führungskraft und Mitarbeiter eröffne. Ich zeige mich als Mensch, der bei aller Souveränität Fehler macht, bei aller Klarheit Zweifel hat. Damit sprechen Sie ein Bindungsangebot aus, das in der Praxis auf unterschiedliche Reaktionen treffen wird: Entweder es wird angenommen oder der Mitarbeiter wird in seinen Erwartungen, wie eine gute Führungskraft zu sein hat, enttäuscht. Aus dieser Enttäuschung heraus könnte er aufblühen oder Sie im ersten Augenblick für einen Leichtmatrosen halten. Einen Mitarbeiter emotional in die Verantwortung zu nehmen und erst dann aus Gesprächen zu entlassen, wenn Ihre Intuition Ihnen sagt, dass er zu seinem Wort stehen wird, ist jedoch alles andere als leicht. Es mag weichgespült klingen, mit bildhaften Vergleichen und Emotionen zu arbeiten. In der Tat ist es mutiger und härter als so manche oberflächliche Anweisung aus dem Katalog des Alltagsgeschäfts, weil es die sichere Seite des Standardrepertoires einer Führungskraft verlässt und sich auf Neuland begibt.

3. Um derart zu führen, genügt es nicht, mit dem Mitarbeiter regelmäßig Ziele zu vereinbaren und ab und an zu prüfen, ob er noch in der Spur ist. Die herkömmliche Art des Führens gleicht unserem Denken in Projekten: Wir setzen uns langfristige, für unser Denken „unmenschliche", weil Zu-weit-weg-Ziele und definieren Meilensteine. Der Mitarbeiter macht sich auf den Weg und wird regelmäßig zum Rapport gebeten, damit sein Vorgesetzter weiß, ob seine Handlungen angepasst werden sollten oder nicht, um die Jahresziele zu erreichen. Doch wie viele Ziele werden tatsächlich erreicht? Und was passiert, wenn sich Jahresziele vor Jahresabschluss abhaken lassen? Darf der Mitarbeiter dann frühzeitig bezahlten Urlaub nehmen?

   Natürlich sind Ziele motivierend. Es hapert jedoch in der Umsetzung. Meist ist der Zeithorizont zu weit entfernt. Oder die Ziele sind zu unpersönlich, das Denken in Projekten zu sachlich. Die Umwelt ändert sich zu schnell.

   Um Ziele motivierender und flexibler zu gestalten, ist es sinnvoller, eine Zielrichtung als Kontinuum zu betrachten und diese anschließend in Mikrohandlungen zu übersetzen. Ein Beispiel:

   Sollten Sie mit einem Mitarbeiter das Ziel „Mehr Verantwortungsübernahme" vereinbaren, reflektieren Sie gemeinsam mit ihm seine Verantwortungsübernahme in der Vergangenheit. Er lernt damit nichts Neues, sondern ein Mehr von etwas, das er bereits kennt. In der Umsetzung könnten Sie, im Rahmen eines Mitarbeiterjahresgesprächs, einen Verantwortungs-Check als Mikrohandlung installieren: Ich komme nicht weiter. Wenn ich meinen Chef frage, übernehme ich dann Verantwortung? Habe ich alle in meiner Macht stehenden Möglichkeiten ausgeschöpft? Sowohl ein Ja als auch ein Nein kann Verantwortungsübernahme bedeuten. Die Beantwortung der Frage ist sekundär. Denn was hiermit erreicht wird, ist Selbstreflexion. Und Selbstreflexion ist per se Verantwortungsbewusstsein und damit die Vorstufe von Verantwortungsübernahme. Das langfristige Ziel verschwindet durch die Verfolgung eines bewussten Mikroverhaltens im unbewussten Hintergrund. Zusätzlich lassen sich Mikrohandlungen im Gegensatz zum langfristigen Ziel mittels Feedbackschleifen agiler und flexibler an ein sich veränderndes Umfeld anpassen.

Vielleicht kennen Sie den Film „Jurassic Park". Darin gelingt es Wissenschaftlern aus prähistorischer DNS eine neue Generation von Dinosaurier zu züchten. So spannend der Film auch ist, er bleibt unsinnig. Denn die Dinosaurier von damals hatten spezielle Mikroben in sich und lebten in einer speziellen Biosphäre, das heißt sie wären in der Neuzeit nicht überlebensfähig. Im Umkehrschluss bedeutet das: Wir können uns keinen Dinosaurier basteln. Organismen entstehen durch komplexe Wechselwirkungen zwischen Mensch und Umwelt sowie durch Feedbackprozesse.[1] Können wir uns Wunschmitarbeiter basteln? Oder wäre es nicht leichter, den Mitarbeiter durch gezielte, prozesshafte Rückmeldungen aus sich heraus entstehen zu lassen?

Dazu benötigen Sie jedoch eine Abkehr vom Denken in langfristigen Projekten hin zu Mitarbeitergesprächen als kurz getaktete *Prozesse*, in denen Sie und Ihr Mitarbeiter ein System darstellen, das sich gegenseitig in Feedbackschleifen beeinflusst wie Orchideen auf oder Pilze in der Nähe von Bäumen. Dazu müssen wir uns jedoch von dem Glauben lösen, mit Projekten und langfristigen Zielen alles regeln zu können und stattdessen den Fokus auf menschliche prozesshafte Weiterentwicklungen setzen. Der Mensch entwickelt sich nicht in Schüben, sondern schrittweise. Kein Kind steht am Morgen auf und kann sprechen, obwohl es gestern noch kein einziges Wort konnte. Kein Mitarbeiter übernimmt am Freitag Verantwortung, wenn er am Montag noch ausschließlich per Anweisung agierte.

Sind Sie bereit für einen Paradigmen-Wechsel? Wir brauchen wieder mehr *Präsenz* und *Geduld* in Gesprächen. Ziele lassen sich schnell aufstellen. Hapert es jedoch an der Umsetzung, ist nichts gewonnen. Wir brauchen *Vertrauen* in die

---

[1] Vgl. Beetz, S. 134 f.

kontinuierliche, prozesshafte Entwicklung eines Mitarbeiters. Wir brauchen *Mut* zu lebendigen und provokativen Auseinandersetzungen zwischen Führungskraft und Mitarbeiter, zu einem Eintreten für Ideen mit Widerstand, Einsatz und Wettkampf, damit sich am Ende beide Gesprächspartner koevolutiv weiterentwickeln. Besser eine kämpferische Auseinandersetzung mit produktivem Ende als ein Schmusekurs mit Nichtangriffspakt. Lasst Sie uns wecken, die schlafenden kreativen Geister und die trägen Gestalten hinter den Bildschirmen. Und lassen Sie sich von Königsmördern und Kronprinzen nicht die Butter vom Brot nehmen.

# Provokationen und Kämpfe

Fange nie eine Schlägerei an.

Und laufe nie vor einer Schlägerei davon.

WEISE WORTE EINES VATERS ZU SEINEM SOHN,
AUS DER WESTERN-SERIE „HELL ON WHEELS"

## Führungstypen

Schönwetterführen kann jede(r). Erst unter Stress, besonders in Konflikten mit beweglichen „Gegnern", zeigt sich die mentale Anpassungsfähigkeit. Manche Chefs werden zu Cholerikern, andere beschwichtigen. Die nächsten verstecken sich hinter Rollen, Regeln und Chefsesseln. Wieder andere verlieren sich im Chaos.

Gute Chefs zeigen genau dann Charakterstärke, wenn es am meisten stürmt. Sie stehen auf dem Schiffsdeck, während ihnen die Gischt ins Gesicht peitscht.[2] Sie jedoch bleiben unbeirrbar. Damit vermitteln sie allen an Deck die Zuversicht, dass es am Ende gut ausgehen und jeder reich belohnt werden wird.

Schlechte Kämpfer bestehen nur aus Kampf. Gute Kämpfer bekennen mutig, offen und ehrlich Flagge und nötigen ihren Gegnern damit Respekt ab. Ein Respekt, der sich auch daraus speist, dass sie das Risiko des Scheiterns eingehen. Und Provokationen sind immer eine riskante Angelegenheit. In Kooperationen dagegen bleibe ich auf der sicheren Seite des gegenseitigen Verständnisses und dem „Wir haben uns alle lieb"-Prinzip. Im Kampf gehe ich ein Wagnis ein, das mich fordert und nach Lebendigkeit schmeckt. Dazu muss ich jedoch wissen, was mich antreibt, lebendig hält, für welches Projekt mein Herz schlägt und was ich bereit bin, dafür zu investieren.

Hinter Provokationen und der Wertschätzung eines ehrlichen Kampfes versteckt sich mehr als nur ein Korrektiv. Der innere Zwiespalt zwischen „Sag es nicht, sonst zerreißt dich dein Chef in der Luft!" und „Ich platze gleich!" schafft sich endlich

---

[2] Achtung: Männliche Sozialromantik!

Bahn. Endlich darf es gesagt werden. Wer jemals für sich selbst einstand, weiß wie es sich anfühlt, stolz auf sich zu sein.

Luthers Worte „Hier stehe ich und kann nicht anders!" suggerieren, dass es zuvor eine große, bisweilen schmerzhafte Portion Selbstreflexion und Selbstehrlichkeit benötigt. Dann jedoch muss es raus, um nicht innerlich zu platzen. Das wirkt befreiend.

Damit zeigen wir der anderen Seite unser wahres Ich. Wir zeigen, wofür wir stehen, was uns wirklich wichtig ist. Wir bieten unserem Gegenüber eine Reibungsfläche anstatt eines Wisch-und-weg-Screens.

Wer sich engagieren will, muss seinen Mund aufmachen. Wer es umsetzen will, braucht Verbündete. Es geht darum, im Kontest die Partner so anzugreifen, dass sie anschließend aus Respekt voreinander an der Umsetzung mitarbeiten. Es gilt, Ideen zu verteidigen, anstatt Personen anzugreifen. So wird der Kontest zu einem Probelauf, einem Kon-Test, in dem im Kampf getestet wird, ob die Zusammenarbeit auch im Anschluss miteinander funktioniert. Sollte es auf dieser Mikroebene nicht gelingen, wird es auch später, in der kooperativen Phase, nicht klappen.

Dieses Buch soll Sie nicht zum skrupellosen Zündler anleiten. Dazu wären die meisten von uns ohnehin zu zivilisiert. Es stellt vielmehr eine Handreichung dar, wie Ideen-Wettbewerbe oder Werte-Rivalitäten in Gesprächen sportlich, menschlich und fair, gleichzeitig klar, direkt und mutig ausgefochten werden. Im Kampfsport wie im wahren Leben gilt: Die unfairen Kämpfer kennt jeder. Gerade deswegen will keiner mit ihnen „spielen". Die fairen Kämpfer kennen, schätzen und respektieren sich untereinander. Sie halten sich an Regeln. Provokationen mit Regeln, die dabei helfen, von einem Gegeneinander, in dem der eine den anderen um jeden Preis dominieren will, zu einem Mit-Einander des gegenseitigen Respekts zu kommen. Der Weg dorthin führt uns über stabile Wertehaltungen, einen offenen Umgang mit Fehlern – denn wer kämpft, geht das Risiko ein, Fehler zu machen –, Provokationen mit Humor und Metaphern, Auseinandersetzungen mit der unnachgiebigen prozessbasierten Gesprächsmethode Focusing, über den Ringkampf eines 360-Grad-Feedbacks bis hin zur Etablierung eines ehrlichen und offenen Schlagabtauschs im Sinne eines Trainingslagers, um Mitarbeiter in Gesprächen auf Ernst-Situationen vorzubereiten.

Wenn wir an die großen Führer der Vergangenheit denken, kristallisieren sich vier archetypische Figuren heraus:

- Neugierige Visionäre wie Marco Polo, Christoph Columbus, Isaac Newton, Leonardo Da Vinci oder Steve Jobs, die an ihre Geldgeber oder Kunden Visionen verkauften, von denen sie oft selbst nicht wussten, ob es sie überhaupt gibt oder ob sie funktionieren werden. Visionäre provozieren ihre Mitmenschen mit ihren Ideen.

- Idealistische Kämpfer wie Martin Luther King, Rosa Luxemburg, Sigmund Freud oder Karl Marx, die für Reformen einstanden, auch wenn sie sich damit den ein oder anderen Feind machten. Die aggressivere Variante wie Winston Churchill, Jeanne d'Arc oder Che Guevara kämpfte für ihr Land, eine Gruppe oder Idee. Fest entschlossen, den Gegner mit oder ohne Gewalt zu „überzeugen". Kämpfern liegt das Provozieren im Blut.
- Planerische, selbstreflexive Patriarchen oder Feldherren wie Charles de Gaulle, Napoleon Bonaparte, Friedrich der Große, König Salomon, König Artus oder Richard Löwenherz, die ihrem Volk mit allmächtigen Entscheidungen Sicherheit in unsicheren Zeiten vermittelten. Feldherren provozieren taktvoll, geplant und präzise.
- Oder geduldige Mediatoren wie Jesus, Buddha, John F. Kennedy, Barack Obama, der Dalai Lama, Nelson Mandela, Mutter Theresa oder Gandhi, die ihre Ziele sanft, aber unnachgiebig verfolgten, voller Vertrauen in eine bessere Zukunft. Auch sie hatten Erfolg. Vielleicht sanfter und langsamer, dafür jedoch mit einem Nachhaltigkeitseffekt, der bis in unsere Zeiten ausstrahlt. Geduld und Provokation? Geduld treibt manche Menschen zur Weißglut.

Sie alle hatten etwas Provokantes, selbst wenn der Kampf im passiven Widerstand bestand. Sie alle wollten etwas bewegen, etwas verändern. Gleichzeitig war niemand von ihnen Einzelkämpfer. Langfristig erleichtern Kooperationen uns das Leben. Ohne Verbündete, auf die wir uns verlassen können, ist Führung unmöglich. Die größten Staaten scheitern ohne Bündnisse. Wir können Führung folglich als möglichst eleganten Übergang von Kampf zu Kooperation beschreiben.

Was bedeutet das Wissen um Führungstypen für moderne Führung? Was macht gute Führung aus? Fragen Sie sich selbst: Was ist Ihnen wichtig?

- Flexibilität, Anpassungsfähigkeit und Lebendigkeit
- Authentizität, Echtheit, Direktheit, Streitbarkeit, Unnachgiebigkeit und Mut
- Menschlichkeit, Loyalität und Fairness
- Vertrauen, Geduld und Souveränität

### Reflexion: Ihr provokanter Führungsstil

*Wie sehen Sie sich selbst als Führungskraft? Sie haben 20 Punkte zu verteilen:*
- *Werden Sie wie ein neugieriger Visionär von Ideen getrieben, die Ihre Kreativität immer wieder in neue Höhen treibt? Endet diese Flexibilität und Agilität allerdings manchmal im Chaos?*

21

- *Kämpfen Sie als Idealist mit klaren moralischen Standards, authentisch, stimmig, einschätzbar, mutig und unnachgiebig wie ein Held für Ihre Prinzipien und verhalten sich loyal gegenüber Ihren Leuten? Manchmal allerdings etwas überperfektionistisch und ohne Rücksicht auf Verluste?*
- *Übernehmen Sie ebenso patriarchalische wie faire, fürsorglich-menschliche Verantwortung für Ihre Mitarbeiter? Treten Sie dabei Mitarbeitern ehrlich und transparent zu deren Besten auf die Füße, weil Sie wissen, dass es in der Führung keine Freunde gibt, bekommen jedoch ab und an diktatorische Anwandlungen, wenn Sie der Meinung sind, nur Sie wissen, wo es lang geht?*
- *Oder betrachten Sie sich als geduldigen Mediator, der im Laufe seines Lebens gelernt hat, mit Fragen unnachgiebig und gleichzeitig empathisch seinem Gegenüber auf den Zahn zu fühlen, jedoch ab und an ein wenig mutiger und forscher sein könnte?*

Um Visionen voranzubringen, überschreitet der Visionär die üblichen Konventionen. Viele seiner Ideen versickern im Nichts. Manche jedoch sind genial. Um diese Visionen in die Tat umzusetzen, schart der Idealist loyale Mitstreiter um sich. Etwas kämpferisch durchzusetzen, führt jedoch oftmals zu einer schnelleren Verfallszeit. Langfristig ist es deshalb wichtig, Strukturen aufzubauen, die Veränderungen nachhaltig gestalten. Auch dies kann manchen auf die Füße treten. Wurden die Strukturen etabliert, braucht es Vertrauen und Geduld, dass diese wirken. Ab hier beginnt der Zyklus von neuem.

Im Anhang finden Sie ausführliche Steckbriefe zu den vier provokanten Führungstypen.

Provokante Führungstypen

Nehmen Sie zusätzlich zu Mut und Unnachgiebigkeit Menschlichkeit, Fairness, Loyalität, Vertrauen und Ambiguitätstoleranz[3] in ihren Führungsprinzipienkatalog mit auf: Erhöht sich damit die Wahrscheinlichkeit, etwas zu erreichen oder verringert es sie? Was denken Sie?

Und was erwarten Sie von einem guten Mitarbeiter? Dass er in der Ecke sitzt und schmollt? Oder dass er sich aktiv einbringt, auch wenn sich dieses Einbringen manchmal zu bestimmend, nörgelnd, motzend, zickig, grantig oder chaotisch auswirkt? Die Wahl der Waffen ist nicht immer schön. Die Bedürfnisse sind es durchaus.

Nörgler und Grantler sind in jedem Fall eine reichhaltigere Informationsquelle als stille Mäuschen und Ja-Sager.

## Resonante Führung

2003 erschien die erste Auflage von Daniel Golemans Buch „Emotionale Führung". Darin übertrug er die Erkenntnisse seiner ersten beiden Bücher „Emotionale Intelligenz" und „Der Erfolgsquotient" auf den Führungsbereich. Goleman unterscheidet persönliche Kompetenzen in der Führung wie Selbstwahrnehmung und Selbstmanagement sowie soziale Kompetenzen wie Empathiefähigkeit und Beziehungsmanagement.

Was er propagiert, ist gerade im Konkurrenzkampf enorm wichtig, um nicht über die Stränge zu schlagen. Führungskräfte sollten unter anderem:

- sich ihrer Emotionen und Intuition bewusst sein
- emotional selbstkontrolliert sein
- transparent in ihren Entscheidungen sein
- optimistisch sein
- anpassungsfähig sein
- empathisch sein
- die Organisationsinteressen im Blick haben
- die Mitarbeiterinteressen erkennen
- inspirierend und mitreißend sein
- die Entwicklung der Mitarbeiter fördern
- überzeugend sein
- Veränderungen lenkend gestalten
- konfliktfähig sein

---

[3] Ambiguitätstoleranz bezeichnet die Fähigkeit, Unsicherheiten auszuhalten und Widersprüche nebeneinander stehen zu lassen.

Diese Liste klingt leider schon wieder wie eine Wunschliste an die perfekte Führungskraft. Es geht mir mitnichten darum, Kollegen an den beraterischen Karren zu fahren. Dafür habe ich selbst dieses Spiel der Wissens- und Anforderungsanhäufung schon zu lange mitgespielt, in meinen Büchern, aber auch in zahlreichen Seminaren, und spiele es immer noch mit. Wissensvermittlung ist per se nichts Schlechtes. Sonst würde ich kaum ein weiteres Buch auf den Markt werfen. Im Gegenteil: Lesen Sie Goleman, Sprenger, Malik und am besten so viele weitere Führungsbücher, wie Ihre Zeit es erlaubt. Brechen Sie anschließend die Inhalte der Bücher darauf herunter, was deren Aussagen konkret für Sie bedeuten. Zu viel Wissen hindert uns leider daran, uns auf das Wesentliche zu konzentrieren. Und zu viel Resonanz kann uns daran hindern, Tacheles zu reden. Eine resonante Führung wird leider, wie im Buch „Die Weichmacher" von Thomas Vasek treffend beschrieben, oft dazu benutzt, Entscheidungen mittels Weichermacher-Dialektik auszuweichen: Dazu später mehr.

Anstatt dieser Schwammigkeit nach dem Mund zu reden, geht mein Ansatz weg von Anforderungen an die Führungskraft nach einem vorauseilenden Verständnis, hin zu klaren eigenen Standpunkten bei einem gleichzeitigen Mitschwingen mit dem Mitarbeiter. Ein offener Umgang mit Fehlern oder das Führen mit Fragen und Angeboten öffnet Räume, ohne sie beliebig werden zu lassen. Eine prozessorientierte Führung gibt wenig vor, lässt den Mitarbeiter aber auch nicht aus, bis ein Ergebnis steht, um die Selbstverantwortung der Mitarbeiter zu fördern. Führungskräfte sollten dafür sorgen, aus ihren Mitarbeitern mittels Beziehungsmanagement das Beste herauszukitzeln. Sie sollten den Spieß umdrehen, indem sie den Mitarbeiter befragen, was er braucht, statt ständig selbst wissen zu müssen, wie sie ihn motivieren könnten. Damit verschiebt sich etwas im Gefüge Führungskraft – Mitarbeiter: der Mitarbeiter wird mehr in die Verantwortung genommen. Führung bedeutet damit streng genommen weniger Führung, sondern eine Hilfe zur Selbstführung. Wollen Sie als Führungskraft diesen Weg gehen, sollten Sie sich jedoch daran gewöhnen, Verantwortung abzugeben, mehr Fragen zu stellen und weniger zu reden. Erst recht, wenn Ihr Facharbeiter von Dingen spricht, von denen er nun mal mehr Ahnung hat als Sie.

## Natürliche Führung

Meine Frau liebt Äpfel. Ich selbst habe mit manchen Sorten meine Probleme: Kernobst-Allergie. Und dennoch gibt es Äpfel, die auch ich liebe: Frisch und knackig, mit dem richtigen Gehalt an Säure. Allzu wohlgeformt müssen sie nicht sein. Meist schmackhafter als edel polierte Äpfel mit einem Durchmesser von 6 Zentimetern und einem Mindestgewicht von 90 Gramm nach EU-Norm sind kleine, fleckige

Äpfel in Bio-Qualität aus dem eigenen Garten, statt der Anti-Öko-Äpfel aus dem Biomarkt um die Ecke. Manche Äpfel haben eine harte Schale. Doch darunter steckt oft das beste Fruchtfleisch. Manche taugen zum direkt vom Baum essen, aus anderen sollte man besser unverfälscht naturtrüben Saft pressen lassen.

Führung ist wie Äpfel ernten und verarbeiten. Jede Sorte ist anders. Manche Äpfel sind frühreif, Herbstäpfel brauchen länger, wieder andere müssen nachreifen. Andere werden erst durch die Verarbeitung richtig lecker. Manche sind von EU-Normen geprägt. Andere sind nicht Jedermanns Sache, in dem was sie können jedoch einzigartig. Manchen kann man beim Wachsen zusehen. Es gibt Bäume, da sollten die Zweige zurückgestutzt werden, um den Energiefluss zu fördern. Eines ist jedoch sicher: Kein Apfel, kein Baum und kein Mitarbeiter gleicht dem anderen.

Würden wir einen Mitarbeiter befragen, wüsste er vermutlich am besten, was er bräuchte, um sein volles Potenzial zu entfalten. Vielleicht würden Sie mir widersprechen: „Meine Mitarbeiter wissen oft nicht, worin sie wirklich gut sind." Das mag sein. Ich denke, früher wussten sie es, haben es jedoch vergessen. Zu mächtig ist oftmals der hierarchische Ausruh-Effekt: Lieber den Chef fragen, statt eine Entscheidung selbst zu treffen. Das ist zwar bequem, macht aber unmündig.

Die einzige Möglichkeit herauszufinden, ob Ihre Mitarbeiter wissen, was sie brauchen, um zu wachsen, ist es, sie zu fragen. Vielleicht wäre es einen Versuch wert.

## Agiles Führen und Stabilität in Balance

Führungskonzepte gibt es wie Förmchen am Meeresstrand, um den Sand in Form zu bringen. Manche lenken ihr Augenmerk auf die Führungskraft. Charismatisch sollte sie sein und kraftvoll auftreten, und nicht zu vergessen empathisch. Andere Konzepte setzen bei den Mitarbeitern an, um das Verständnis für sie zu schulen. Den Höhepunkt dieser Denke erleben wir gerade mit den Neurowissenschaften: Wie schön wäre es, wenn wir endlich wüssten, was unsere Mitarbeiter wollen, was sie motiviert und was sie demotiviert.

All das sind wichtige Informationsquellen für Führungskräfte. Dennoch scheint mir, dass Führung entmenschlicht wurde: Sei Coach! Sei Mediator! Sei Visionär! Sei Empath! Sei Charismatiker! Aber bleib flexibel! Gib an, wo es lang geht, wenn nötig! Lass die Zügel locker, wenn möglich! Führe direktiv, beziehungsorientiert, demokratisch, laissez-faire, resonant! Denke systemisch! Aber bitte authentisch und glaubwürdig! Ist das nicht ein wenig viel verlangt in einem Zeitalter, in dem niemand die Zeit hat, sich über all das Gedanken zu machen und entsprechend aufwändig umzusetzen?

Wir sollten schnellstens Abstand nehmen von der Idee, Menschen zu führen im Sinne einer Kontrolle über Mitarbeiter, die wir als Objekte betrachten, als ließe sich alles und jedes bewerten. Wir sollten Abstand nehmen vom Anspruch, wie mit dem Joystick in einem Computerspiel alles steuern zu können, obwohl wir täglich merken, dass das nicht funktioniert. Kaum sind wir fertig mit unseren Plänen, haben sich die Märkte, Kundeninteressen und Mitarbeiterbedürfnisse wieder gewandelt. Die Folge: Verunsicherung und Überforderung auf allen Seiten.

Dennoch tun wir so, als hätten wir nach wie vor alles im Griff. Dass Führungskräfte den Schein aufrechterhalten wollen, ist verständlich. Wer, wenn nicht sie, könnte ihren Mitarbeitern die nötige Sicherheit geben?

Werfen wir einen kurzen Blick in die Politik. Verunsichernde Umstände führen dazu, dass Politiker gewählt werden, die einfache Lösungen anbieten: Trump, Erdogan, Le Pen, Petry, die Liste ist endlos. Egal, für wie verwerflich man das Fischen am rechten Rand und den durchscheinenden Opportunismus hält, etwas verbindet diese Politiker: Sie wirken authentisch, auf ihre Art glaubwürdig und unbefangen gegenüber den Wirren des Establishments. Und sie wirken auf ihre Wähler in unübersichtlichen Zeiten komplexitätsreduzierend.

Zweierlei Lehren lassen sich daraus ziehen:
1. In komplexen Zeiten suchen Menschen nach kraftvollen, authentischen Vorbildern. Kraftvoll und authentisch ist aber auch eine Führungskraft mit klaren Werten. Werte, zu denen sie steht. Werte, für die sie einsteht. Werte, die sie ganz natürlich vermittelt, wie früher an der Feuerstelle, nämlich über Geschichten. Von Führungskräften, die nicht ständig darüber nachdenken, ob das, was sie von sich geben, politisch korrekt oder zieldienlich ist. Humorvolle Führungskräfte zum Anfassen.
2. Stürmische Zeiten erfordern eine flexible Anpassung. Die Praxis der Mitarbeiterjahresgespräche wird sich mit Sicherheit noch einige Zeit halten. Zielführender wäre es jedoch, stetige Feedbackabgleiche und Rückmeldungen in beide Richtungen vorzunehmen: Was brauchst du von mir? Was brauche ich von dir? Damit müssten Führungskräfte jedoch Abschied nehmen von der Vorstellung, jederzeit zu wissen, wo es lang geht und die Idee eines gemeinsamen Prozesses begrüßen, dessen Ziele vage vorhanden sind, jedoch erst im Gespräch gemeinsam fixiert werden.

Mitarbeiter brauchen weniger Führungskräfte, die vorangehen und den Weg wissen, sondern Orientierungsmanager, die ihnen helfen, einen eigenen Weg zu finden. Der eigene Weg kann jedoch nur gefunden werden, wenn Mitarbeitern eine Alternative aufgezeigt wird – positiv oder negativ.

Heben wir den Führungstypus „authentisch und opportunistisch" politischer Hasardeure auf eine positive Ebene, lässt sich daraus folgende Aussage kreieren:

**„Authentisch durch klare Werte und**
**flexibel durch angepasste, prozessorientierte Ziele."**

Damit wird den modernen Verhältnissen in einer vernetzt-globalisierten Welt sowie den Bedürfnissen der Menschen nach Sicherheit (Standbein) und Flexibilität (Spielbein) Rechnung getragen. Sicherheit finden Mitarbeiter in objektiven Fairnessregeln, einer sachlichen Fehlerkultur sowie einer Bindung zwischen Führungskraft und Mitarbeiter. Dazu braucht es Führungskräfte mit einer klaren, verlässlichen Wertebasis.

Würden wir lediglich agil auf die Umwelt reagieren, fühlten wir uns wie der Hase bei seinem Wettstreit mit dem Igel. Er ist seinem Konkurrenten stets sichtbar auf den Fersen, erreicht ihn jedoch nie. Was sich einerseits lebendig anfühlt, ist andererseits frustrierend.

Ein agiles Management braucht das stabilisierende Gegengewicht innerer Haltungen. Zusätzlich zur stetigen Abstimmung in Gesprächen mit seinem Gegenüber ist es gleichermaßen sinnvoll, auf die eigene Geduld, Authentizität und den eigenen Optimismus als Haltung zu achten.[4] Sollte mein Gesprächspartner meine innere Stabilität oder Toleranz überstrapazieren, ist es wichtig, Grenzen aufzuzeigen und meine inneren Haltungen wieder ins Lot zu bringen, um souverän im Ring zu bleiben.

Auf der einen Seite braucht es also den Mut, die Erwartungen, wie ein Mitarbeiter seine Rolle und Aufgaben ausfüllen sollte, klar anzusprechen. Auf der anderen Seite braucht es Stabilität, um Meinungsverschiedenheiten und unterschiedliche Erwartungen an die Rolle auszuhalten. Denn ohne dieses Aushalten blieben wir im alten Modell der Vorgaben verhaftet. Wir würden dem Mitarbeiter unsere Erwartungen auf den Tisch knallen, vielleicht sogar mit dem ernstgemeinten Lippenbekenntnis, „es könne ja alles ausdiskutiert werden" – zumindest auf der verbalen Ebene. Körpersprachlich zeigt sich jedoch ein gänzlich anderes Bild. Hier wird nichts ausdiskutiert. Hier wird unbewusst der Begriff Erwartungsabgleich in undiskutierbare Vorgaben übersetzt. Dies muss nicht einmal mutwillig geschehen. In aller Regel tut es das auch nicht. Es passiert einfach, weil Organisationen so gestrickt sind. Weil sie es so und nicht anders kennen. Weil Führungskräfte nicht mutig genug sind, die Zügel aus der Hand zu geben. Was könnte da alles passieren? Deshalb hat jede Führungskraft

---

[4] Vgl. Hübler, Mitarbeitermotivation, S. 98 ff.

für sich folgende Frage zu beantworten: Wollen wir ernsthaft mit dem dahinter stehenden Menschenbild leben und arbeiten?

Der Weg zum Grundeinkommen und einer auf Vertrauen basierenden Organisationspolitik ist steinig und lang. Immerhin diskutieren wir seit gut zehn Jahren, wenn auch zunehmend intensiver, über das bedingungslose Grundeinkommen, mehr Vertrauen in Unternehmen, flachere Hierarchien und agiles Management. Mehr noch: In manchen Ländern scheint es bereits genug Vertrauen in ein positives, sich selbst organisierendes Menschenbild zu geben, um den Menschen tatsächlich ein Quantum Selbstmotivation zuzutrauen.

## Ehrenkodex und Provokationsregeln

Die Hälfte der US-amerikanischen Bevölkerung sehnte sich nach Authentizität. Ein Haudrauf wie Trump erschien da gerade recht. Nach drei Wochen im Amt merkten sie, dass sich der Kämpfer mit Sprüchen wie „Win-Win is for pussies" nicht an Kampfesregeln hält. Das Amt zähmt ihn nicht. Manche von ihnen bekommen kalte Füße. Regeln wie Gewaltenteilung, Pressefreiheit oder der Respekt gegenüber altehrwürdigen Richtern geht selbst hartgesottensten Republikanern einen Schritt zu weit.

Regeln lenken nicht nur Rivalitäten in sichere Bahnen. Sie geben ihnen einen sicheren Rahmen, ohne den kein Kräftemessen, nicht einmal ein gutes nebeneinander Arbeiten möglich wäre. Hier können wir viel aus dem Sport lernen.

Ich bin immer wieder fasziniert davon, wie implizite Regeln, wie zum Beispiel eine unsichtbare Hand, Ordnung in ein drohendes Chaos bringen. Waren Sie jemals auf einer öffentlichen Skaterbahn? Dort tummeln sich kleinste Zwerge mit Rollerblades und Kinderrollern neben halbstarken Skateboard- und BMX-Fahrern. Nun ließe sich vermuten, dass auf einem begrenzten Platz das Recht des Stärkeren gilt. Dies habe ich noch nie beobachtet. Die Großen achten jederzeit darauf, die Kleinen zu umfahren, als wären es bewegliche Hindernisse. Manche der Großen ärgern sich, wenn sie einen besonders guten Sprung abbrechen müssen. Doch sie tun es und starten einen neuen Versuch.

Auch in anderen Sportarten gelten diverse Codizes:
- Auf einem öffentlichen Basketball-Platz gilt: Wer als erster auf dem Platz ist, spielt solange er will. Selbst die Größeren warten geduldig. Auch hier genießen die Kleineren eine Art Welpenschutz.
- Im Kampfsport gilt: Wer wehrlos auf dem Boden liegt, hat Schonzeit. Der Kampf ist vorbei. Der Verlierer muss sich erst wieder aufbauen, bevor es weitergeht. Glei-

ches gilt für alle Sportarten: Gekämpft wird innerhalb einer klar umrissenen Spielzeit und eines eindeutig umrissenen Kampfgebiets. Nach dem Kampf gelten die üblichen Regeln der Freundlichkeit. Auch Politiker verstehen sich nach einer Debatte oft besser, als sie uns während der Rededuelle glauben machen.

- Im Fußball gilt: Bei einer Verletzung des Gegners wird der Ball ins Aus gespielt, bevor es weitergeht. Der anschließende Einwurf geht selbstverständlich an die gegnerische Mannschaft.
- Selbstverliebte Diven mag niemand. Sie denken nur an sich und nicht an das Team. Einzelne Spiele mögen durch Einzelkämpferaktionen entschieden werden. Langfristig gewinnen immer optimal aufeinander eingestellte Teams.

Übertragen wir die Idee des Ehrenkodex auf Mitarbeitergespräche, lassen sich folgende Provokationsregeln formulieren, die natürlich aufgrund der komplexeren Kommunikationssituation weit über den Sport hinausgehen:

1. Tiefschläge sind tabu, beispielsweise Humor als Waffe, Kritik in der Öffentlichkeit oder aggressiv-bohrende Fragen einzusetzen.
2. Wer eine Auszeit zur Reflexion benötigt, bekommt sie. Ehrliche Kämpfe benötigen Bereitschaft und das richtige Timing.
3. Offene Herausforderungen innerhalb eines klar definierten Zeitrahmens sind ausdrücklich erwünscht, um sich gemeinsam weiterzuentwickeln. Dazu ist es wichtig, gegenteilige Meinungen zu Beginn einer Diskussion auszuhalten und stehen zu lassen, um sich nach und nach in Richtung Kooperation zu bewegen.
4. Wir gehen ehrlich miteinander um. Unpassendes wird angesprochen.
5. Aus einer ehrlichen Haltung heraus gibt es keine dummen Fragen.
6. Wer Angebote ablehnt, muss selbst welche liefern.
7. Jeder übernimmt seinen Teil der Verantwortung für die Weiterentwicklung seiner Person, die gemeinsame Kommunikation, die Entwicklung einer Leistung oder des Teams.

Kein Spiel kommt ohne Regeln aus. Dabei machen Regeln Spiele erst zu dem, was sie sind, nämlich spannend und lebendig. Kann sich jeder an die Regeln halten? Wer schafft es, die Regeln so zu dehnen, dass es noch im Bereich des Erlaubten ist? Denn: Wer jedoch schummelt, fliegt raus.

## Selbstmanagement durch Mikroprozesse

Auf der Basis einer vertrauensvollen, glaubwürdigen Bindung ist es leichter, Mitarbeitergespräche ehrlich, mutig und direkt prozessorientiert zu führen. Im Vergleich zu Managern kommt Führungskräften dabei zugute, dass sie seltener und weniger langfristige Ziele verkaufen müssen als das Top-Management. Eine typische Führungskraft aus dem Mittelbau muss nicht den Shareholdern des Unternehmens Werte der Zukunft verkaufen, die sie selbst noch nicht kennt. Hier geht es weniger um managen und mehr um führen. Dadurch reichen den meisten Führungskräften grobe Zielorientierungen aus, vor deren Hintergrund flexible, kreative Gespräche, gegenseitige Rückmeldungen, vergangene Erfahrungen und zukünftige Erwartungen ihren Platz haben.

Fühlen sich Mitarbeiter lebendig bei dem, was sie tun, und gehen in ihrer Arbeit auf, erreichen sie automatisch hohe Ziele, die allerdings vor dem Zeitpunkt der Entwicklung noch nicht definiert werden konnten.

Das Ziel einer Eichel ist es, eine große, kräftige Eiche zu werden. Der Zweck einer Eichel ist das Wachstum. Natürlich soll auch hier eine Eiche daraus werden. Doch wie groß und kräftig sie wird, hängt im Wesentlichen davon ab, wie intensiv sie gegossen wird, wie das Klima ist und ob sie gegen Fressfeinde geschützt wird.

Ziele suggerieren eine Lücke im Dasein, die es zu überwinden gilt. Deshalb nehmen wir Ziele nicht nur als Motivation wahr, sondern sie setzen uns auch unter Druck oder sogar als Anklage: „Da könntest du schon sein, wenn du nicht …“

Ziele als Fleisch gewordene Sinnhaftigkeit können sogar die Entwicklung von Mitarbeitern behindern, werden Sie gleich dem Eltern-Kind-Modell von den Organisationsoberen vorgegeben. Diesem hierarchischen Modell folgend zerstören sie die Freiheit und Kreativität des Alltags.[5] Anstatt den Zielen Markteroberung oder Kundenzufriedenheit würden Organisationszwecke wie „die Schaffung stabiler und lebendiger Arbeitsbedingungen" Mitarbeitern wesentlich mehr kreative Freiräume eröffnen, um ihr persönliches Potenzial zu entfalten. Dies würde Mitarbeitern helfen, sich auf einem individuellen Kontinuum weiterzuentwickeln. In jedem Mitarbeiter ist das Potenzial dieser Entwicklung bereits angelegt. In jeder Gruppe steckt alles, was es braucht, um erfolgreich zu sein. Entwicklung funktioniert jedoch nicht in Sprüngen über eine Lücke, sondern als fortlaufendes Kontinuum aus sich selbst heraus, aus seinen Kompetenzen und Potenzialen.[6]

Die Aufgabe einer mutigen Leitung besteht folglich darin, Hindernisse ehrlich anzusprechen, um sie aus dem Weg zu räumen und sich dialogisch auf die Suche zu be-

---

[5] Vgl. Robertson, S. 30 ff.
[6] Vgl. Bergson, S. 53

geben nach Momenten der Lebendigkeit in der Arbeit. Der eine Mitarbeiter fühlt sich lebendig, wenn er sich neugierig und mutig in Aufgaben einarbeitet. Wenn er etwas Neues entdeckt. Wenn er Tätigkeiten vollführt, die er gerade so leisten kann. Wenn er sich etwas traut, wozu sonst niemand den Mut aufbringt. Wenn er über sich hinauswächst. Der andere dagegen wird sich lebendig fühlen, wenn er sich wohlfühlt, das heißt er weniger Stress ausgesetzt ist. Er braucht es ruhig und geordnet. Erst dann wird er in einem nächsten Schritt zu einem explorierenden Verhalten wechseln.

Ist das Ziel der Lebendigkeit klar, ist in Mitarbeitergesprächen nur noch der Weg zum Ziel zu verhandeln. Nun geht es darum, an welchen Mikrostellschrauben gedreht werden sollte, um Lebendigkeit aufrechtzuerhalten oder wiederherzustellen. Diese Mikrohandlungen werden – diesen widmen wir uns im zweiten Teil des Buches ausführlich – durch kleine Schritte gedanklich getestet, um prozesshaft aufzuzeigen, ob der gemeinsam einzuschlagende Weg der richtige ist oder ob Anpassungsbedarf besteht. Damit erhöhen sich das Kompetenzgefühl, die Gestaltungslust, das Konsistenzgefühl im Handeln, das Kontroll- sowie das Autonomiegefühl des Mitarbeiters.

Lebendigkeit und prozessorientierte Gespräche wirken damit wie der sechste Gang für die Mitarbeitermotivation.

## Reflexion: Lebendigkeit

*Haben Sie jemals Ihre Mitarbeiter gefragt, wann sie sich in ihrer Arbeit lebendig fühlen? Wenn Sie es taten, kennen Sie wahrscheinlich das Leuchten in den Augen Ihres Gegenübers.*

## Komplexität kann nur gemeinsam gemanagt werden

Mein Ansatz geht nicht, wie die meisten Bücher, von einer perfekten Führungskraft aus, die eine volatile, unsichere, komplexe und mehrdeutige Welt zu managen hat. Das Verhaften im Modell der allwissenden Führungskraft kann meines Erachtens nicht die Lösung sein. Aus meinen Seminaren weiß ich, dass die Umsetzung trotz Hurra!-Rufen Führungskräfte in aller Regel überfordert. Mir geht es darum, diese Welt, gerade weil sie so komplex ist, mit den Mitarbeitern gemeinsam zu managen. Um dies zu schaffen, müssen wir wegkommen vom Modell Führungskraft als allseits wissende führende Kraft und Mitarbeiter als Zubringer, hin zum Modell Mitdenker, Mitmotivierer und Mithandelnder. Führungskräfte, vor allem im mittleren Management, sind aus meiner Erfahrung oft ähnlich überfordert von einer sich immer schneller drehenden, agilen Welt. Sie können antreiben und visionieren, brauchen jedoch mehr und mehr einen mitdenkenden Organisationskorpus.

Den Anspruch an Führungskräfte, genau zu wissen, wie Mitarbeiter zu lenken sind und für alles und jeden verantwortlich zu sein, empfinde ich als unmenschlich. Es gibt keine zwei gleichen Mitarbeiter-Gehirne, was konsequenterweise bedeutet, dass jeder Mitarbeiter anders ist und anders geführt werden will. Es wäre zum Verzweifeln, müssten Führungskräfte den Mitarbeitern von den Lippen ablesen, was sie am meisten motiviert. Warum nicht den Spieß umdrehen und Mitarbeiter am Zielfindungs- und Umsetzungsprozess so beteiligen, dass sie sich durch Eigenbeteiligung über Eck selbst führen und motivieren?

Wäre es nicht menschlicher, gedanklich nahe am Mitarbeiter zu sein und neugierig zuzuhören, ohne vorschnelle Lösungen parat zu haben? Wie wäre es, Mitarbeiter ernst zu nehmen wie einen erwachsenen Menschen, der selbst die Verantwortung für seine Handlungen übernimmt? Mitarbeiter sollten wissen, dass alles, was sie tun, einen Preis hat. Sie können sich streiten. Sie können ihre Arbeit verweigern. Sie sollten jedoch bereit sein, den Preis dafür zu zahlen. Sie sind erwachsen und erwachsen sein bedeutet, Verantwortung zu übernehmen.

### Nur Individuen sind motiviert

Um es zu schaffen, dass Mitarbeiter mitdenken und -handeln, reicht es jedoch nicht, sie als auftragserfüllende Objekte anzusprechen. Wir müssen sie wieder als Individuen betrachten, als ganze Menschen. Nur als Individuum ist der Mensch motiviert, Verantwortung zu übernehmen.

Werden Mitarbeiter in ihrer beruflichen Rolle, etwa als Bankangestellter oder Ingenieur, wahrgenommen, spricht das nur einen Teil ihrer Persönlichkeit an. Der andere Teil, sogar der überwiegende Anteil ihrer Motivation „verflüchtet" sich im Privaten, entwickelt zum Beispiel Open Source-Plattformen oder engagiert sich in einem Ehrenamt. Die höchste Motivation entfaltet sich folglich nicht in der Arbeit, sondern in der Freizeit. Würde diese Energie im Berufsleben eingefangen, hätten Mitarbeiter auch wieder mehr Spaß in der Arbeit und könnten sich dort, statt in der Freizeit persönlich weiterentwickeln.

Aber Vorsicht: Es gibt Menschen, die sich von ihrem Arzt lediglich ein Medikament abholen wollen. Andere suchen die umfangreiche Diagnose eines Experten. Wieder anderen sind Diagnosen suspekt und Medikamente erst recht. Sie recherchieren selbst und suchen den offenen Dialog mit Dr. Google. Zur Not setzen sie ihre Medikamente auf eigenes Risiko hin wieder ab. In zunehmend mehr Lebensbereichen werden die Menschen sanft gezwungen, selbstständig zu denken und zu handeln. Smartphone-Tickets des öffentlichen Nahverkehrs sind bereits billiger als ausgedruckte, an den Selbstbedienungskassen bei IKEA und Media Markt geht es meist schneller. Und wer erinnert sich noch an die Zeit, als Banküberweisungen per Hand ausgefüllt wurden?

So lernen wir, uns im privaten Leben mehr und mehr selbst zu organisieren. Der Sinn oder Unsinn dieses zwangsweisen Selbstmanagements sei dahingestellt. Hier werden jedoch Fakten geschaffen, die sich nicht mehr umkehren lassen, auch wenn wir uns in manchen Momenten den lebendigen Bankangestellten hinter dem Tresen zurück wünschen.

Das vorliegende Buch hilft Mitarbeitern dem alten Banker-Modell zu entwachsen. Einbahnstraßenanweisungen waren gestern. Heutzutage, und in der Zukunft noch viel mehr, wird diskutiert, gerade wenn wir an die Generation Y (Why?) denken. Manchmal sind Y-Mitarbeiter schwierig, weil sie fordernd sind. Gelingt es jedoch, diese Mitarbeiter mit ins Boot zu holen, indem Sie Respekt nicht als Vorleistung betrachten, sondern sich den Respekt erkämpfen, werden Ihnen genau diese Mitarbeiter die Kohlen aus dem Feuer holen.

## Der Paradigmenwechsel erfordert mutige Führungskräfte

Dazu braucht es jedoch den Mut, Verantwortung abzugeben. Den Mitarbeitern fremde Ziele zu ihrer individuellen Weiterentwicklung vorzugeben, funktioniert nicht. Die Mitarbeiter wissen bewusst oder unbewusst selbst am besten, was sie motiviert, auch wenn dieser Selbstfindungsprozess aufgrund der Selbstentfremdung von sich bei den meisten schrittweise im Rahmen eines prozesshaften Mikroleaderships stattfinden muss. Einfach delegieren und abgeben funktioniert nur, wenn Mitarbeiter mitziehen. Für Noch-nicht-Mitdenkende bedarf es Mikroprozesse. Den Mitarbeitern hierzu wertschätzend, gleichzeitig ehrlich und unnachgiebig auf den Zahn zu fühlen, erfordert einen mutigen Paradigmenwechsel, wenn die üblichen Mitarbeitergespräche einem oberflächlichen Nichtangriffspakt ähneln. Die Basis eines Mikroleaderships 2.0 ist jedoch kein perfektionistischer, fehlervermeidender Kontrollzwang, sondern ein alle Erlebensebenen und Erfahrungen ansprechender Dialog zwischen Führung und Mitarbeiter mit mehr oder weniger offenem Ausgang. Diese Art des Führens rückt Führungskraft und Mitarbeiter in einem stetigen gegenseitigen Feedbackprozess wieder näher zusammen.

Gemäß dem holonischen Ansatz, der in den letzten Jahren im Umgang mit volatilen Umwelten immer wieder ins Spiel gebracht wurde und eine Idee aufgreift[7], die es in vielen Zusammenhängen schon lange gibt, von Platon bis zur Fraktallogik aus der Mathematik, spiegelt sich im Erfolg kleinster Handlungen der Erfolg großer Ziele wieder. Da jedes einzelne Teil eines Systems sowohl ein Teil des Gesamtsystems ist, als auch für sich alleine besteht, sind beide eng miteinander verknüpft. Eine Hand kann für sich betrachtet „krank" sein, zum Beispiel verstaucht. Daher kann sie auch „einzeln" behandelt wer-

---

[7] Vgl. Robertson oder Wilber.

den. Dennoch hat die Krankheit der Hand Auswirkungen auf den Gesamtorganismus, denn der Betroffene kann sich nicht mehr richtig aufstützen oder die Haare waschen.

Übertragen auf Organisationen betrachte ich als kleinste dialogische Zelle das Mitarbeitergespräch, während die kleinste Zelle persönlicher Veränderungen Mikrohandlungen sind.

Das Ziel „Mehr Verantwortungsübernahme" ist bereits in den Mikrohandlungsfragen „Wenn ich meinen Chef frage, übernehme ich dann Verantwortung oder nicht? Habe ich alle in meiner Macht stehenden Möglichkeiten ausgeschöpft oder nicht?" enthalten. Die Selbstbefragung an sich führt bereits zu einer erhöhten Selbstreflexion und Verantwortungsübernahme, womit sich infolge einer Veränderung auf der Mikroebene die gesamte Organisation mitverändert.

Neben dem Rahmen der Provokation werden die im Buch vorgestellten Methoden zusätzlich vom Leitgedanken des Führens als angeleiteten Selbstentwicklungsprozess auf der Basis von Mikrohandlungen zusammengehalten. Die Gehirnforschung legt nahe, dass uns unser bisheriges Denken in langfristigen Projekten und Zielen überfordert. Die Kostenexplosionen in Großprojekten kommen nicht von ungefähr. Mit Mikroprozessen werden Mitarbeiter Schritt für Schritt auf einer gemeinsamen Werte- und Vertrauensbasis in Richtung Selbstmanagement geführt. Dazu ist die Methode und Haltung im Focusing ideal, ergänzt durch die aus Gehirnforschungserkenntnissen abgeleiteten Methoden zur Gestaltung, Achtsamkeit, Situations- und Impulskontrolle sowie dem Einsatz von Humor, Metaphern, Impacttechniken und Storys.

In Mitarbeiterjahresgesprächen Ziele zu vereinbaren, von denen beide Seiten wissen, dass sie ohnehin nicht erreicht werden, erscheint im ersten Moment der leichteste Weg. Beide Parteien sind glücklich, dass niemand näher nachfragt. Die prozessbasierte Ansprache aller Erlebensebenen und Erfahrungen des Mitarbeiters bietet die Möglichkeit, nachzuhaken und Probleme wertschätzend, aber ehrlich auf den Tisch zu bringen. Dies mag anstrengender sein, bietet jedoch die Chance einer wirklichen Weiterentwicklung beider Seiten.

## Von Beyond Budgeting zu Management by Walking around

Das Konzept Beyond Budgeting erhebt einen ähnlichen Anspruch wie der Ansatz, den ich Ihnen im zweiten Teil dieses Buchs näher bringen werde: Mehr Entscheidungsbefugnisse und Verantwortung bei den Mitarbeitern, mehr Kundenfokus, mehr reagible Prozesse statt fixierter Planungen.[8] Die Wurzeln des Beyond Budge-

---

[8] Vgl. Pfläging, S. 36 f.

ting-Prinzips gehen zurück bis zu einem Buch von Tom Peters und Roger Waterman aus dem Jahr 1982. Als Erfolgsprinzipien moderner Unternehmen werden dort genannt:[9]

- Handeln statt Planen
- Autonomie statt Bürokratie
- Mitarbeiternahe Führung statt Anweisungen und Kontrolle

Niels Pfläging spricht mit einem Blick auf diese Prinzipien vom gesunden Menschenverstand, nicht zuletzt, weil niemand in einem anderen sozialen Rahmen, als dem von Großunternehmen, auf die Idee kommen würde, Mitarbeiterjahresgespräche zu führen. Auch wenn es logisch erscheint, nach den oben genannten Prinzipien zu führen, finden wir das Prinzip Menschlichkeit noch viel zu selten in Unternehmen. Anstatt Gespräche im Jahrestakt zu führen, die alle Beteiligten ob ihrer Komplexität überfordern, wäre es menschlicher, täglich nahe dran zu sein am Mitarbeiter, im Sinne eines Managements by Walking around: Präsenz zeigen, in Kontakt bleiben, ansprechbar sein. Echte Führung ohne großes Brimborium, und natürlich ohne zu viel Fachverantwortung. Die sollte schließlich bei den Mitarbeitern liegen. – Sollte.

Wir könnten damit beginnen, Mitarbeiter wie vollwertige Individuen zu betrachten. Genau das würde Führung wieder menschlicher, natürlicher und nahbarer machen, mit mehr mündlichem Vertrauen und weniger schriftlichen „iAs" – im Auftrag des allmächtigen Esels.

Dass dabei nicht jeder Mitarbeiter „Hurra!" schreit, ist zu erwarten. Die Strukturen zu verändern, dem Mitarbeiter Freiräume zu überlassen und ihn aus seiner nicht ganz selbstverschuldeten Unmündigkeit zu entlassen, ist genau das, was manche brauchen, um durchzustarten. Andere werden überfordert sein. Die Gesprächsführungsmethoden Focusing, Humor, Storytelling und vor allem Feedbackprozesse bieten jedoch genügend Handwerkszeug, Mitarbeiter auf eine Reise zu mehr Gestaltung einer sich stetig wandelnden Zukunft zu schicken.

Menschlicher zu führen bedeutet, Mitarbeiter als Individuen zu betrachten und ihnen zu helfen, ihre Potenziale in vollem Umfang zu nutzen und zu fördern, insbesondere Potenziale, die oft im privaten Bereich genutzt werden, zum Beispiel zur Entwicklung von Open Source Plattformen oder in Diskussions- und Beratungsforen. Die Entwicklung solcher Plattformen oder die Beratung anderer scheint den Menschen etwas zu geben, was sie in ihrem Job nicht finden. In der Spielewelt gibt es den Begriff des „Naches", des stellvertretenden Stolzes, wenn andere mit meiner Hilfe

---

[9] Ebd. S. 25 f.

eine Hürde nehmen oder in ein neues Level kommen. Sollte etwas schief gehen, gibt es jedoch keine Sanktionen von oben. Dies eröffnet Freiräume, sich kreativ zu betätigen und den Mut, etwas Neues auszuprobieren. Die Menschen werden jenseits ihres einengenden Rollenstatus als Führungskraft, Kollege, Mann oder Frau angesprochen. Sie werden nicht auf ihre Rolle als Bündel objektiver Aufgaben reduziert und damit selbst als Objekt wahrgenommen, das eine bestimmte Aufgabe zu erledigen hat, sondern als Individuum, das neugierig ist und Spaß hat an Entwicklungen, dem es leid tut, wenn andere nicht weiterkommen und das sich freut, wenn es mit anderen gemeinsam etwas auf die Beine stellt.

Mitarbeiter als einzigartige Persönlichkeiten zu behandeln, die nicht nur rein objektiv eine Funktion ausfüllen, gleicht einem Paradigmenwechsel. Nicht jeder wird sich freuen, als Mensch angesprochen zu werden. Er müsste Farbe bekennen und Verantwortung übernehmen. Dabei will er vielleicht nur in Ruhe Geld verdienen, um sein Haus abzuzahlen.

Wo wir es jedoch in der Führung wagen, Mitarbeiter als ganze Menschen zu betrachten, kommen wir nicht umhin, sie in ihrem gesamten Erlebensspektrum anzusprechen, in ihrem Fühlen, ihrer Intuition, ihrem kulturellen Geschmack für Humor, ihrer Vorliebe für gute Geschichten und ihrer reichhaltigen Metaphern- und Bilderwelt.

Dennoch bleibt ein Problem offen: Aufgaben sachlich anzuleiten und Anweisungen zu verteilen, lässt wenig Interpretationsspielräume offen. In dem Moment, wo es um die Ansprache des fühlenden, denkenden und moralisch lebendigen Menschen geht, bleibt uns nichts anderes übrig, als den Mitarbeiter zu fragen, wie es ihm mit einem bestimmten Ziel geht, was er denkt und welchen Sinn er in seiner Arbeit sieht, sofern wir nicht wieder zurück in ein sich selbstüberforderndes Interpretieren wollen.

Sollten Sie jetzt denken: Intuition? Bilderwelt? Emotionen? Humor? Geschichten? Was ist das wieder für ein pädagogisches psychotherapeutisches Zeug? Lesen Sie bitte die nächsten Sprüche aufmerksam durch. Schwingen hier Emotionen mit? Entstehen Bilder in Ihnen?

- Die Lücke, die er hinterlässt, ersetzt ihn voll und ganz.
- Marionetten haben eine gute Verbindung nach oben.
- Operative Hektik ersetzt geistige Windstille.
- Der Weg, auf dem wir unsere Geduld beweisen, ist unser Dienstweg.

Sahen Sie innerlich die Lücke, den Dienstweg, die Windstille oder die Marionette? Vielleicht hatten Sie einen bestimmten Kollegen vor Augen, von dem einer dieser

Sprüche kommen könnte. Wenn ja, in welchem Ton sagte er den Spruch? Giftig, enttäuscht, resigniert oder belustigt? Oder sachlich, ohne Färbung in der Stimme?

Wollen Sie Marionetten, die funktionieren, geben Sie ihnen Ziele vor, die sie nicht motivieren, weil sie sich nicht damit identifizieren. Geben Sie ihnen Anweisungen, losgelöst von ihrem Erfahrungsgrundschatz. Und fragen Sie am besten niemals nach, was Ihre Mitarbeiter antreibt, was sie interessiert und was sie anders machen würden.

Wollen Sie aber Mitarbeiter, die mitdenken, mitleiden und mitmotivieren, brauchen Sie Führungskräfte, die ebenso leben und leiden. Führungskräfte, die greifbar und streitbar sind, neugierig und visionär in die Zukunft blicken, mutig und kraftvoll für ihre Prinzipien einstehen, sich verantwortungsbewusst vor ihr Team stellen und voller Geduld und Vertrauen sind.

# 1

# AUTHENTISCHE, WERTEBASIERTE FÜHRUNG

## Blackbox Organisationskultur

Wenn eine Organisation bereits an allen Stellschrauben gedreht hat, um ihre Ziele zu erreichen, diese dennoch verfehlt, lohnt sich ein Blick auf die Werte und die Kultur der Organisation:[10]

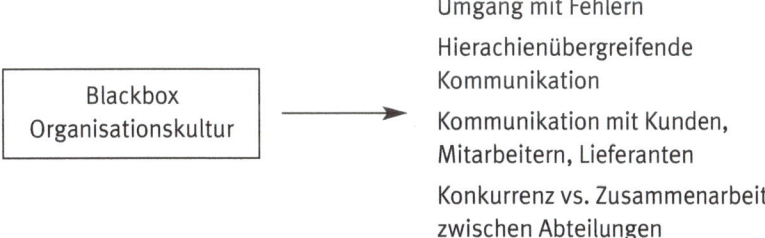

Umgang mit Fehlern

Hierachienübergreifende Kommunikation

Kommunikation mit Kunden, Mitarbeitern, Lieferanten

Konkurrenz vs. Zusammenarbeit zwischen Abteilungen

Ist ein offener Umgang mit Fehlern möglich, wenn Mitarbeiter unter Druck gesetzt werden? Ist ein kooperativer Umgang in oder zwischen den Abteilungen zu erwarten, wenn ausschließlich persönliche Leistungen mittels Boni belohnt werden? Ist ein freundlicher Umgang mit Kunden logisch, wenn Mitarbeiter vom Topmanagement unfreundlich behandelt werden?

### BEISPIEL: ZEITMANAGEMENT-SEMINAR

In einem Zeitmanagement-Seminar soll die gesamte Führungsriege einer Stadt-verwaltung lernen, effizienter mit ihrer Zeit umzugehen. Das Seminar besitzt laut Bürgermeister höchste Priorität. Die Inhalte lauten: Prioritäten setzen und Ar-beitsabläufe planen. Nach vier Stunden werden mehrere Mitarbeiter vom Bürger-meister aufgrund wichtiger Gespräche abgezogen. Für die übrigen Kollegen bleibt ein schaler Beigeschmack: Dürfen sich die Führungskräfte ihre Prioritäten doch nicht selbst einteilen? Ist das Seminar doch nicht so wichtig? Sind sie selbst dagegen so wichtig, dass nur sie eine Aufgabe erledigen können? Und bedeutet das

---

[10] Vgl. Berner, S. 12 f.

für die restlichen Führungskräfte: Wer bleibt ist weniger wichtig? Böse Zungen behaupteten, der Mann mit dem schlechtesten Zeitmanagement ist leider nicht anwesend.

## Werte und Führungsstile

Der Blick auf die Wertebasis ist deshalb so wichtig, weil Führungsstile immer vom Wertefundament einer Organisation abhängig sind. Nehmen wir an, Sie arbeiten in einem Unternehmen, in dem ein lockerer Laissez-Faire-Stil üblich ist. Die Werte in Ihrem Unternehmen sind geprägt von Vertrauen in die Mitarbeiter und der Macht der Kreativität. Sie jedoch vertreten die Meinung, dass Kreativität oft im Chaos endet, weshalb Sie zu einem bestimmenden Führungsstil neigen. Sollten Sie der Einzige sein, werden Sie diese Einstellung vermutlich nicht lange durchhalten, sich stattdessen anpassen oder kündigen. Gibt es jedoch eine dominantere Führungssubkultur von etwa 10 Prozent, haben Sie genügend Kollegen zum Austausch und zur Selbstbestätigung. Eine reine Laissez-Faire-Kultur könnte tatsächlich im Chaos enden. 10 Prozent hierarchisch denkende Führungskräfte wirken dem entgegen und damit paradoxerweise langfristig systemstabilisierend. Gerade weil Sie die 100-prozentige Vertrauenskultur infrage stellen, fördern Sie als Miniaturgegenmodell den Erhalt der Vertrauenskultur. Erst wenn die hierarchische Führungskultur anteilig über 50 Prozent steigt, kippt das Gleichgewicht und die Werte verändern sich.

Mitarbeiter wollen fair und gerecht behandelt werden. Sie wünschen sich Transparenz, Offenheit und Ehrlichkeit. Eine Führungskraft, die für klare Werte steht, ist für ihre Mitarbeiter einschätzbar. Werte geben uns Moral und Kultur. Sie grenzen uns ab von Tieren. Sie machen uns zu Menschen und genau deshalb vertrauenswürdig.

Wer könnte Werte besser vermitteln als ein Idealist mit streitbaren moralischen Grundzügen. Auch wenn das Auftreten von Idealisten oft religiöse Züge annimmt, als gebe es nur schwarz oder weiß, gut oder böse, bieten sie Mitarbeitern klare Orientierungspunkte bis hin zu Angriffsflächen der Reibung.

In New York gibt es den Slangausdruck „Be a Mensch". Der jüdische Begriff „Mensch" bezeichnet eine Person von höchster Integrität und Ehre. Er tut das Richtige, ist ehrlich, handelt nicht aus Status- oder Identitätsgründen und geht respektvoll mit anderen, der Umwelt und der Gesellschaft um.

Ehrlichkeit mit sich selbst ist wie Gymnastik. Zuvor waren die Muskeln steif und starr. Einfache Tätigkeiten des täglichen Lebens waren natürlich möglich: normales Laufen, Treppensteigen, der tägliche Sprint zur U-Bahn, wenn wir mal wieder zu spät dran sind. Durch die Gymnastik jedoch dehnen sich unsere Muskeln aus. Sie entdecken neue Möglichkeiten. Sie könnten längere Lauftouren, vielleicht sogar einen Marathon, in Angriff nehmen.

Transparenz und Offenheit gleichen dem Aufwärmprogramm vor einem Gruppentraining. Die Dehnübungen ermöglichen das spätere gemeinsame Spielen, ein gegenseitiges Herausfordern, ohne Überforderung der Bindungsbänder, ohne Verletzungsgefahr.

Weitere Werte können lauten:
- In Krisen bleibt meine Führungskraft *ruhig* und denkt nach, bevor sie agiert.
- Meine Führungskraft schenkt mir *Vertrauen*.
- Passiert ein *Fehler,* wird dieser *sachlich,* nicht personenbezogen bearbeitet.[11]

Eine werteorientierte Führung gibt Sicherheit. Mitarbeiter wissen, woran sie sind. Sie können ihre Führungskraft einschätzen, was letztlich die Bindung zum Vorgesetzten sowie indirekt zur Organisation erhöht.

### Konsequenzen und Methoden einer werteorientierten Führung
- Eine werteorientierte Führung benötigt verbindliche und *objektiv anerkannte Regeln* des Miteinanders, um Mitarbeitern Fairness und Sicherheit zu garantieren. Dazu gehört eine personenunabhängige, faktenorientierte *Fehlerkultur,* um Fehler öffentlich zu bearbeiten.
- Wissen Mitarbeiter, woran sie sind, kann eine Führungskraft *Humor* einsetzen, um Bindung zusätzlich zu fördern sowie die Perspektiven der Mitarbeiter durch Humor elegant zu erweitern.
- Die Vermittlung von Werten fand schon in Urzeiten über Märchen und Geschichten statt. *Storytelling* vermittelt jedoch nicht nur statische Werte, sondern wirkt gleichzeitig motivierend, indem in den Geschichten Krisen gemeistert werden.

Natürlich hadert Luke Skywalker mit sich. Wird er es schaffen, sich gegen das Imperium aufzulehnen? Wird er kompetent und stark genug sein? Den Mut aufbringen?

In uns allen schlummert ein Held, der dem Konkurrenten liebend gerne zeigen würde, was in ihm steckt. Manche benötigen jedoch einen leichten Schubs. Oder eine Geschichte.

---

[11] Die Haltungen Vertrauen, Transparenz, Gelassenheit und Klarheit werden ausführlich in meinem Buch „Mitarbeitermotivation – Die neue Lust auf Leistung" beschrieben. Hinter diesen Haltungen stehen die Werte eines humanistischen Menschenbilds, indem im besten Fall aus Zutrauen Selbstvertrauen wird.

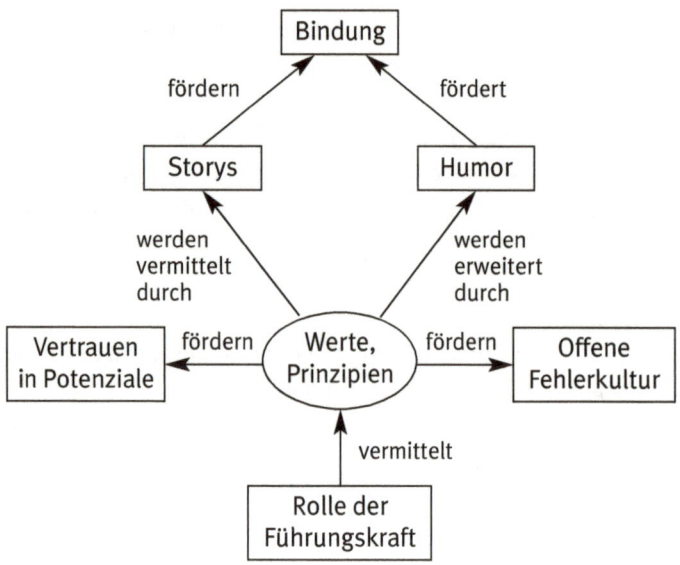

## 1.1  Werte geben Stabilität

Um mit Herausforderungen und Veränderungen souverän umzugehen, benötigen Mitarbeiter ein tragendes Wertesystem als Puffer gegen Stress sowie als Standbein in Konflikten. Das große „Warum" zu beantworten, also den persönlichen Sinn in der Arbeit wiederzufinden, kann als Wertepuffer helfen, sollte er in den Wirren der letzten Jahre verloren gegangen sein, was ich als Trainer und Coach nicht selten von meinen Klienten erfahre. Auf den Sinnverlust in der Arbeit folgen mangelnde Motivation, Frust und Dienst nach Vorschrift.

Viele Führungskräfte scheuen sich davor, die Sinn-Büchse der Pandora zu öffnen. Wer weiß, welche Silvesterkracher einem damit um die Ohren fliegen? Einmal geöffnet könnte ein Hauch kathartische Klarheit durch die Gänge wehen. Ehrlichkeit, mit der sich umgehen lässt. Weichen, die neu gestellt werden. Und das Signal: Mein Chef interessiert sich für mich.

Vergleichen wir eine Organisation mit einem menschlichen Körper, stehen der denkende Kopf für die oberste Führungsriege und die ausführenden Arme, Hände, Beine und Füße für die operativen Kräfte. Führungskräfte stehen dazwischen – Inhalte vermittelnd, erklärend, anleitend, coachend, Ressourcen verteilend, vor allem jedoch antreibend wie ein blutpumpendes Herz! Führungskräfte sind die Motoren des Unternehmens.

Einem Mikromanager nach altem Modell reicht es nicht, nur das Herz zu sein. Er wäre am liebsten ebenso das ausführende Organ. Eine verbindende Wertebasis und gegenseitiges Vertrauen, die durch gemeinsame Aktionen, Erlebnisse und Erfahrungen wirken, zusammengefasst in einer gemeinsamen Geschichte, bieten auch dem mikroführenden Vorgesetzten die Möglichkeit, von seinem Kontrollzwang abzusehen. Das Ziel eines modernen Mikroleaderships ist es schließlich nicht, jede Situation im Griff zu haben, sondern den Mitarbeiter selbst über zuverlässig ausgeführte Mikrohandlungen zu einem selbstreflektierten und sich selbst managenden Angestellten zu geleiten.

Da eine wertebasierte Führung keine Einbahnstraße ist, stehen auch Sie selbst als Führungskraft in der Schusslinie: Lebe ich die offiziellen Werte meiner Organisation? Welche Werte sind mir persönlich wichtig? Woraus ziehe ich meinen Sinn? Und bin ich als Führungskraft in meinem Verhalten für meine Mitarbeiter verlässlich und einschätzbar?

Allzu oft durfte ich als Trainer erleben, dass den Führungskräften in meinen Seminaren die Qualitätspolitik des Unternehmens nicht einmal bekannt war. Es handelte sich bei den benannten Personen keineswegs um schlechte Führungskräfte. Nur: Wenn dass, was dazu da ist, Sicherheit, Klarheit, Konstanz sowie eine gesamtorganisatorische Verbindung zu vermitteln, nicht bekannt ist, kann es mir weder Stabilität vermitteln, noch versetzt es mich in die Lage, diese Werte selbst weiterzugeben. Schade. Denn genau diese Prinzipien, die Qualitätspolitik, die Werte eines Unternehmens könnten oben und unten verbinden: Wir haben zwar unterschiedliche Aufgaben, dennoch gibt es etwas, das uns eint, etwas, für das wir alle trotz der Differenzen gleichermaßen stehen: Die Prinzipien unseres Unternehmens – gelebt und umgesetzt in gemeinsamen Erfahrungen.

## TIPP: DIE SINNFRAGE

Stellen Sie in Mitarbeiterjahresgesprächen die Sinnfrage. Vor allem, wenn Sie das Gefühl haben, Ihr Mitarbeiter hat unterwegs den Sinn in der Arbeit verloren. Da auf die Sinnfrage meist wenig kommt, empfiehlt es sich, eine Auswahl von Werten anzubieten: Gleichberechtigung, Gerechtigkeit, Optimismus, Vertrauen, Freiheit, Sinnhaftigkeit des eigenen Lebens, Verantwortung, Flexibilität, Innovationen, Gesundheit, Loyalität, Verbindlichkeit, Großzügigkeit, Erfolg, Genuss, Wissen, Persönliche Entwicklung, Bindung, Reichtum, Neugierde, Nachhaltigkeit oder Ehrlichkeit usw.

## Positionierung vs. Ambiguitätstoleranz

Wenn in einem deutschen Fernsehspiel das Publikum darüber abstimmen soll, ob der Pilot, der ein vermeintlich von Terroristen entführtes Flugzeug abschoss, freigesprochen werden sollte, ist dies eine Entscheidung, die nur über Prinzipien und Werte funktioniert. Unser Mitgefühl möchte ihn für die heroische Tat freisprechen, da er in diesem Einzelfall nach bestem Wissen und Gewissen handelte. Da wir jedoch eine Gewaltenteilung haben (Prinzip 1) und die Unschuldsvermutung gilt (Prinzip 2), ist er freilich schuldig, so schmerzhaft es für unser Gefühl sein mag. Wäre es anders, müssten wir in Ausnahmesituationen auch Folter erlauben.

Damit bewegen wir uns auf dem großen Feld der Toleranz. Vor kurzem moderierte ich ein multi-ethnisches Team mit multi-ethnischen Kunden. Nun könnten wir als diversity-freundliche Menschen gegenüber allen ethnischen und religiösen Eigenheiten tolerant sein. Das lateinische Verb „tolerare" bedeutet übersetzt jedoch ertragen, erdulden, aushalten oder erleiden. Wollen wir wirklich andere Meinungen nur aushalten? Oder doch lieber von einer eigenen, inneren, gefestigten Haltung aus in die Diskussion gehen? Damit bekäme das Tolerieren, das Aushalten fremder Positionen – die sogenannte Ambiguitätstoleranz – einen Bruder namens Wertepositionierung zur Seite gestellt.

Doch wofür stehen wir? Wurden uns in der Erziehung, unserer eigenen Sozialisation, über Schulen und Hochschulen klare Werte vermittelt? Oder eigneten wir uns diese im Laufe unseres Lebens selbst an? Und welche Werte, welche Haltungen wollen wir an unsere Kinder weitergeben? Welche Werte wollen Sie Ihren Mitarbeitern vermitteln? Wie wollen Sie sich positionieren, damit sich Ihre Mitarbeiter an Ihnen reiben können? Was ist Ihnen wichtig? Dass Ihre Mitarbeiter mitdenken? Dass Mitarbeiter selbstständig arbeiten? Dass es nicht darauf ankommt zu stürzen, sondern nach dem Sturz wieder aufzustehen? Für die eigenen Überzeugungen einzustehen und zu kämpfen? Schließlich finden wir nur so einen Ausweg aus der Konsenssuppe des glutamierten Mittelmaßes.

Zuvor gilt es zu definieren, wie Sie diese Positionen, diese inneren Haltungen, Ihren inneren Idealismus in Ihr Verhalten übersetzen wollen. Folgende Handlungsmaximen stehen zur Verfügung:

- Indem Sie Freude am durchdachten Scheitern vermitteln und selbst Wagnisse eingehen, indem Sie etwa nicht den Mitarbeiter einstellen, der keine Fehler machen wird, sondern den, der etwas riskiert.
- Indem Fehler grundsätzlich als Systemproblem und niemals als persönliches Problem betrachtet werden.

- Indem Sie sich im Zweifel auf die Seite des Mitarbeiters stellen und sich klar gegen unverschämte Kunden positionieren. Denn ohne zufriedene Mitarbeiter kann es langfristig keine zufriedenen Kunden geben.
- Indem Sie anstatt von oben nach unten zu kontrollieren im Zweifel ihren Mitarbeiter einladen, sich gegenseitig Fragen zu stellen: Was erwarten Sie von mir? Worin glauben Sie besteht meine Aufgabe?
- Indem Sie unklare Situationen lieber einmal zu viel ansprechen, statt Unklarheiten auszuhalten.

Spontan fallen mir die folgenden Zeilen aus einem bekannten Lied ein: „Sag mir, wo du stehst? Und welchen Weg du gehst?" Trotz Patina und um die Ecke lugendem Humorverdacht – zu Studi-Zeiten in einer grenznahen Universitätsstadt machten wir uns über dieses Lied gerne lustig – steckt doch auch ein Fünkchen Wahrheit in diesem alten DDR-Gassenhauer. Und worüber sollten wir uns lustig machen, wenn nicht über die Wahrheit?

## 1.1.1  Vom Kampf zur Kooperation

Die herkömmliche Interpretation von „Kampf" in Unternehmen entspricht eher Haltungen wie: Ich habe recht, du nicht. Ich bestimme, du hast zu gehorchen. Ich versuche möglichst viel Gewinn für die eigene Karriere aus der Situation zu ziehen. Dein Pech, wenn du nicht clever genug bist, um dagegen zu halten.

Geben Führungskräfte in Mitarbeiterjahresgesprächen Ziele vor, die der Mitarbeiter umzusetzen hat, auch wenn er anderer Meinung ist, ist dies ein Zeichen für einen herkömmlichen Kampf.

Mein Begriff des Kampfes geht in Richtung persönlicher Einsatz für etwas, das mir wichtig erscheint. Ich investiere Zeit, Mühe und Energie in ein Projekt, das mir etwas bedeutet. Ich setze mich offen mit anderen Meinungen auseinander, ohne Maske, ohne Visier. Ich gehe in Widerstand, sollte mein Rivale aus meiner Sicht einen falschen Weg einschlagen. Ich erfreue mich an der lebendigen Auseinandersetzung mit anderen Meinungen und Werten. Verbunden mit der Vision, dass am Ende nicht der hierarchisch höher Stehende gewinnt, sondern die beste Idee, die von allen gerne gemeinsam umgesetzt wird.

In meiner Art von provokanter Konfrontation ist der Kooperationsgedanke jederzeit implizit enthalten. Zweck eines ehrlichen Kampfes ist die gemeinsame Einigung, um ein höheres Ziel zu erreichen. Normalerweise rotten sich Kämpfer umso mehr zusammen, je bedrohlicher der äußere Feind agiert. Hier werden Kämpfer durch ein gemeinsames episches Ziel verbunden, das sich jenseits der nur eigenen Interessen befindet.

Damit besteht selbst im größten Ideen-Gefecht eine innere Balance zwischen mutiger Kampfeshaltung und geduldigem Vertrauen auf die Tragfähigkeit des Miteinanders und der gemeinsamen Werte. Über einen bedingungslosen Kampf erreichen wir schnelle Einigungen, die jedoch nur von kurzer Dauer sind, außer der Gegner ist (mund-) tot. Die zögerliche Haltung eines angriffsscheuen Ringelreis endet letztlich in einem ergebnislosen, zähen Nirvana gegenseitiger Höflichkeitsbekundungen.

Dagegen führt eine wertschätzende, geduldige, respektvolle Kampfeshaltung, in der sich der spätere Kooperationsgedanke bereits in der Auseinandersetzung wiederfindet, zu Vereinbarungen, die auch langfristig tragen.

In einem Paralleluniversum hätte der Wiener Galan einen Ort der Verköstigung vorgeschlagen, vielleicht einen seiner Lieblings-Gourmet-Tempel, was sie dankbar angenommen oder abgelehnt hätte. Jedoch hätte er sich damit dem Risiko ausgesetzt, den Geschmack seiner Angebeteten nicht zu treffen. Zumindest hätte er ihre Entscheidung erleichtert, indem er die Komplexität der unüberschaubaren Menge an Restaurants reduzierte, und zudem in ihrer Kompetenz der Zustimmung oder Entgegnung ernst genommen.

Jeder hat berechtigte Ziele und Meinungen. Erkenntnisse werden miteinander abgeglichen, um am Ende zu einem bestmöglichen Ergebnis für sich, das Team und die Organisation zu kommen. Letztlich gilt: Was der Organisation zugutekommt, nutzt auch mir, erhält meinen Arbeitsplatz und zahlt mein Gehalt.

Kämpfe halten uns lebendig – Kooperationen machen uns erfolgreich.

In hektischen Zeiten liegt es nahe, von oben herab zu bestimmen. Anweisungen funktionieren einfacher und schneller. Ich gebe das Ziel vor, du setzt es um. Gehen wir allerdings davon aus, dass Mitarbeiter als Menschen ebenso eigen sind wie ihre Führungskräfte, sind wir den lieben langen Tag damit beschäftigt, sie zu kontrollieren und darauf zu achten, nicht betrogen zu werden. Für Kreativität und Leistung bleibt neben der Kontrolle keine Zeit.

Klare Hierarchien finden wir nicht von ungefähr in Berufen mit einem hohen Zeitdruck und klaren Schwarz-Weiß-Entscheidungen: In der Bundeswehr (Freund oder Feind), bei der Polizei (schuldig oder unschuldig), der Feuerwehr (Brand bewältigbar oder nicht) oder in Kliniken (Tod oder Leben). Hier muss jeder Handgriff auf den Millimeter einstudiert sein. Das Team muss funktionieren und sekundenschnell reagieren. Der Kampf um die Rolle im Team sollte längst ausgefochten sein, um lange Diskussionen im Krisenfall zu vermeiden. Die Vorstellung, Feuerwehrleute würden im Anblick des Brands zu diskutieren beginnen, wer dran ist, den Wasserschlauch auf welche Weise abzurollen, ist auch zu grotesk. Zudem schweißt der äußere Feind, der Tod oder der Brandherd, die Gruppe zusammen.

Wenn es in Teams kriselt und ständig gegeneinander gekämpft wird, lässt sich mit der Wofür-Frage klären, welche Gemeinsamkeiten ein Team verfolgt, wofür es sich also lohnt, gemeinsam zu kämpfen. Neben einer guten Teamatmosphäre, der gegenseitigen Wertschätzung, gemeinsamem Erfolg, begeisterten Kunden, nachhaltigen Produkten, der Lust auf ein spannend-kreatives Arbeiten oder einer positiven Außenwirkung kämpfen Organisationen auch für höhere epische Ziele, wie den Umweltschutz, die Unterstützung von Flüchtlingen oder die Erhaltung der Meinungsäußerung und Pressefreiheit, wie es in der Zeit, in der dieses Buch entsteht, in den USA unter Präsident Trump der Fall ist. Ein Restaurant, das auf seine Rechnungen schreibt „Dieses Essen wurde von Einwanderern hergestellt und serviert.", weiß, wofür oder wogegen es kämpft. Ein gemeinsamer Sinn verbindet – ein äußerer Feind ebenso.

Spannenderweise wird in vermeintlich kämpferischen Berufen wesentlich weniger gekämpft als unter kämpferisch-unverdächtigen Angestellten, denn bei Letzteren gilt es, mehr auszuhandeln. Die Rollen sind unklarer. Die Folge sind Wettbewerbe, offen oder verdeckt. Trotz flacher Hierarchien scheint es genetisch angelegt zu sein, uns mit anderen zu vergleichen und sozial zu verorten. Wir wollen wissen, wo wir stehen, um uns nicht im Vakuum zu verlieren. Werden keine Rangreihen vorgegeben, bilden sich Hierarchien der Verantwortung, Klugheit, Schnelligkeit oder des moralischen Rechts. Vermutlich kennen Sie mindestens einen Fall, in dem der Chef seine Verantwortungsrolle nicht einnahm. Vielleicht war es ihm dort oben zu einsam, zu wenig kuschelig. Sie wissen, was dann passiert: Ein anderer nimmt die Rolle des Leitwolfs ein. Der Leitwolf muss sich jedoch außerhalb der Gruppe befinden, gerade weil er ein Teil der Gruppe ist, was eine Menge Ambiguitätstoleranz erfordert. Wäre er sozial zu sehr vereinnahmt, könnte er nicht für die Gruppe einstehen, sie nach außen verteidigen und nach innen auf Reformen drängen. Dies muss offen kommuniziert werden, um das gegenseitige Verständnis und Vertrauen, jenseits von Kontrollen zu fördern.

## Kooperationen als Handicap

„Das menschliche Gehirn ist konstitutiv auf Kooperation eingestellt, ein biokulturelles Beziehungsorgan, das sich nur in der Interaktion mit anderen Menschen entwickelt."[12] Diese Interaktion beginnt im Kindesalter und endet vermutlich niemals. Prosoziales Verhalten ist der Normalfall. Wenn Babys auf die Welt kommen, mögen sie ihre Eltern, normalerweise. Und Eltern mögen ihre Kinder, normalerweise. Vor allem das erste Kind ist aus ökonomischen Gründen alles andere als eine clevere Entscheidung. Allein deshalb muss es andere Gründe geben. Erklärungsbedürftig ist antisoziales Verhalten, das in der Regel in Stress, Konflikten und ungewohnten Situationen auftritt oder wie in Diktaturen anerzogen wird.

Die Liste an Beispielen für langfristige Kooperationen ist endlos:[13] Ameisen opfern sich für die Kolonie, Vogeleltern füttern ihre Brut, Herden schützen die Jungtiere, Fledermäuse teilen eine Blutmahlzeit mit nichtverwandten Artgenossen, einzelne Vögel warnen den restlichen Schwarm und ziehen damit den Fressfeind auf sich. Sind diese Tiere noch bei Trost? Wäre es nicht sinnvoller, im Sinne des Prinzips „survival of the fittest" seine eigene Haut zu retten? Offenbar nicht! Sonst gäbe es kaum so viele Beispiele aus der Tierwelt.

Dass Ähnliches bei uns Menschen passiert, zeigt ein kurzer Blick auf die Sitten der Aborigines: Die Älteren und Schwachen bekommen die besten Fleischstücke. Wer später alt und schwach ist, erwartet Ähnliches von den dann Jüngeren. Kurzfristig ist diese Strategie für jeden Einzelnen sinnlos, langfristig die beste Möglichkeit zu überleben.

---

[12] Siehe Welzer, S. 175.
[13] Vgl. http://www.m-huebler.de/kooperationen-im-tierreich

Bei Vögeln steigert die plakative Großzügigkeit zudem die Fortpflanzungschancen. Durch kooperativen Altruismus erwerben sie sich einen guten Ruf, der sich positiv auf die Attraktivitätsskala beim Wettbewerb um das andere Geschlecht auszahlt. Hier greift die Handicap-Theorie: Wenn Männchen es schaffen, mit ihrem hübschen Gefieder Fressfeinde auf sich zu ziehen, damit die restliche Sippe zu schützen und dennoch zu überleben, müssen sie gute Gene haben und werden deshalb von den Weibchen heiß begehrt.

Übertragen auf Menschen bedeutet das: Wer andere unterstützt und mit ihnen kooperiert, kann es sich offensichtlich leisten, sein Wissen weiterzugeben und ist damit eine gute Partie. Er scheint es nicht nötig zu haben, Informationen oder Ressourcen zurückzuhalten, um Karriere zu machen.

Handicaps, die Sie sich leisten könnten, heißen Ehrlichkeit, Offenheit, Mut und ein selbstironischer Umgang mit Fehlern.

## Der Kulturtest

Um herauszufiltern, welcher Art Ihre Organisationskultur ist, bietet Winfried Berner folgende Fragen an:[14]

- Was muss man in einer Organisation tun, um dazu zu gehören?
- Welches Verhalten wird offen sanktioniert?
- Was muss man tun, um Karriere zu machen?

Für unser Zeitmanagement-Beispiel heißt das: Ein gutes Zeitmanagement zu haben, bedeutet auch einmal Nein zu sagen, eigene Prioritäten zu setzen und den eigenen Arbeitsplan stringent weiter zu verfolgen. Es wird jedoch sanktioniert, wenn ich den Anweisungen des Bürgermeisters nicht Folge leiste und darum bitte, ein Gespräch zu verschieben, solange das Seminar läuft. Nur durch ein Befolgen der klaren hierarchischen Befehlskette werde ich Karriere machen.

Wird ein kooperativer und dennoch offener Umgang in Ihrer Organisation gefördert? Werden ehrliche Mitarbeitergespräche, wie es oft unehrlich heißt, auf Augenhöhe geführt?

Entsprechend der Werte-Kooperation-Wertschöpfungskette signalisiert die praktizierte Selbstironie einer Führungskraft den Mitarbeitern, offener mit Fehlern umgehen, wodurch diese aufgearbeitet werden. Das offene Kooperationsangebot lautet:

---

[14] Ebd. S. 57

„Ich bin nicht perfekt, du auch nicht. Reden wir darüber, um es in Zukunft besser zu machen."

Nehmen Führungskräfte Mitarbeiterbedenken ernst, lautet das Kooperationsangebot: „Sag mir, was du denkst und ich werde mich ernsthaft darum kümmern, dieses Wissen in die Geschäftsprozesse einfließen zu lassen." Langfristig führt dies zu einer engen Kooperation, nicht nur zwischen Führungskraft und Mitarbeiter, sondern auch zwischen Mitarbeitern, Abteilungen, Kunden und Lieferanten. Der Führungskraft-Mitarbeiter-Dialog wird so zur kooperativen Keimzelle.

## Kooperation entsteht in Stufen

- „In unserer Gesellschaft gewinnen immer die Stärksten."
- „Willst du etwas erreichen, brauchst du Verbündete."
- „Wer sich anstrengt, wird den Lohn dafür erhalten."
- „Wer gibt, bekommt auch zurück."

Zu welchen Einstellungen tendieren Ihre Mitarbeiter? Leben Sie gefühlt in einer gleichberechtigten und gerechten Welt, in der jeder, wie in der Bill of Rights verbrieft, das Recht auf Glück, Zufriedenheit und Erfolg hat? Oder gilt das Recht des Stärkeren, Mutigeren, Schnelleren oder Klügeren?

Wenn Kooperationen so sinnvoll sind, stellt sich die Frage, warum (noch) so selten kooperiert wird und es so schwer fällt, Menschen von dessen Sinnhaftigkeit zu überzeugen?

Als Erklärungsansatz helfen die Graves-Level.[15] Nach dem Psychologen Clare W. Graves reagiert jeder Mensch so auf seine Umwelt, wie er sie wahrnimmt. Die unterschiedlichen Level beschreiben sowohl persönliche, als auch Entwicklungsstufen von Gesellschaften und Organisationen. Ausgehend von den Erkenntnissen von Graves unterscheide ich folgende sieben Stufen, bezogen auf Kooperationen:

| Stufen | Art der Kooperation |
| --- | --- |
| 7 | Integrale Kooperation: Akzeptanz der Sinnhaftigkeit der Handlungen aller Stufen vor dem Hintergrund systemischer Notwendigkeiten und Entwicklung einer kooperativen Person, Organisation und Gesellschaft |

---

[15] Ausführlich werden die Graves-Level im Buch „Spiral Dynamics" von Don Beck und Christopher Cowan beschrieben. Wer es religiöser mag, kann sich „Gott 9.0" von Marion Küstenmacher, Tilmann Haberer und Werner Tiki Küstenmacher zu Gemüte führen.

6    Gleichheits- und Gleichberechtigungskooperationen

5    Forschungs- und Wirtschaftskooperationen zur persönlichen Nutzenoptimierung

4    Zwangskooperationen: Durch Strukturen, Hierarchien, Gesetze und Regeln werden Konflikte eingedämmt.

3    Angriffsbündnisse: Wir greifen an, bevor die anderen angreifen.

2    Verteidigungsbündnisse: Wir verteidigen uns gegen die feindliche Umwelt.

1    Keine Kooperation: Ich gegen die feindliche Umwelt. Auf Stufe 1 nimmt der Mensch seine Umwelt als bedrohlich wahr. Es geht ihm nur darum, zu überleben. Erst auf der 2. Stufe, der Ebene der Stämme, schließt sich der Mensch Verbündeten an, um sich gegen Bedrohungen besser zu wappnen. Nimmt er seine Umwelt als feindlich wahr, tut er alles dafür, seinen Stamm zu beschützen. Diese Art der Kooperation finden wir im Begriff des egoistischen Altruismus wieder. Ein kooperatives, sich aufopferndes Verhalten findet nur für die eigene Familie, Sippe, das eigene Volk, wie bei den Nationalsozialisten, oder für das eigene Team statt. Es dient der Verteidigung und damit der Erhöhung des eigenen Sicherheitsgefühls.

Auf Stufe 3 folgt der Kampf-Level. Ab einer Größe von etwa 50 Personen werden Gruppenprozesse unüberschaubar(er), das Vertrauen nimmt ab und die Suche nach einem Feind im Außen, um die Stabilität im Innen aufrechtzuerhalten, nimmt zu. Die eigenen expansiven Sichtweisen werden, angeführt oder angestachelt von einem Big Man, auf fremde Gruppen projiziert: „Bevor wir erobert werden, kommen wir denen zuvor. Auf in den Kampf!"

Auf der 4. Stufe gewinnt die Einsicht, dass dauerhafte Kriege zu Zerstörung und Chaos führen. Dem lässt sich nur durch die Einführung von Ordnung, Strukturen, Hierarchien, Gesetzen und Regeln Einhalt gebieten. Kooperationen finden folglich unter Zwang statt, weshalb sie entsprechend fragil anmuten. Verliert eine Regierung an Vertrauen, die gesellschaftliche Ordnung aufrechterhalten zu können, besteht die Gefahr, dass Teile der Gesellschaft in die Vorstufe zurückfallen.

Die Dank der Ordnung einkehrende Ruhe wird auf der 5. Stufe von klugen und mutigen Menschen zur Entwicklung von Erfindungen, zur Produktion und zum Verkauf von Produkten genutzt. Das erleichtern Kooperationen. Gleichzeitig kommen konkrete persönliche Ziele ins Spiel. Nun geht es nicht mehr um die persönliche Sicherheit, sondern um Gewinn, Status, Ruhm und Ehre. Leider vergessen manche Zeitgenossen nach einer erfolgreichen Kooperation, wem sie das Erreichen eines Ziels zu verdanken haben und wer daran beteiligt war. Das Weltbild auf dieser Stufe der Aufklärung lautet: Nicht dem Stärkeren, sondern dem Schnelleren und Klügeren gehört die Welt. Die Unterordnung in Hierarchien aus der Vorstufe wird gerne übergangen. Regeln sind dazu da, gebrochen zu werden.

Der Philosoph Byung-Chul Han beschreibt in seinem Buch „Müdigkeitsgesellschaft" den Übergang von Stufe 4 zu 5 als Übergang zwischen einer Disziplinierungs- zur Leistungsgesellschaft. Kampf- und Disziplinierungsgesellschaften reagierten auf Veränderungen mit viralen Abstoßungsreaktionen. Feinde wurden getötet und Fremde so ausgestoßen, wie sich unser Immunsystem gegen Viren wehrt. Leistungsgesellschaften hingegen, insbesondere seit der Globalisierung, verleiben sich das Fremde ein. Sie machen Geschäfte mit ihm und arbeiten in globalisierten Gruppen zusammen. Das Fremde wird deshalb zu einem Teil des Ganzen. Immunreaktionen bleiben aus, weshalb das Fremde wirtschaftliche und wissenschaftliche Entwicklungen nicht wie zuvor hemmt, sondern im Gegenteil noch befeuert. Dies führt jedoch, so Han, zu inneren Reaktionen wie Depressionen, Burnout oder ADHS.

Die 6. Stufe reagiert auf die Ungerechtigkeiten des „Survival of the Smartest" der letzten Stufe. Vertreter dieses Levels sind geprägt vom Streben nach Gerechtigkeit und Gleichbehandlung, zur Not auch gegen Widerstände. Strenge Hierarchien werden ebenso hinterfragt, da Gerechtigkeit lange Diskussionen mit dem Zweck eines Konsens voraussetzt. Vertreter dieser Stufe erscheinen damit oftmals ebenso dogmatisch wie ihre Vorgänger, wodurch ein Kampf der verschiedenen Stufen beziehungsweise Kulturen vorprogrammiert ist.

Bevor wir die letzten beiden Ebenen angehen, benötigen wir einen kurzen Überblick der bisherigen Stufen. Logischerweise besteht jede Gesellschaft aus verschiedenen Schichten, die wiederum unterschiedlichen Stufen angehören. Persönliche Konflikte ergeben sich, wenn einzelne Personen einer anderen Entwicklungsstufe angehören, wie das System, in dem sie sich bewegen. Wenn ein Bundeswehrkadett der Meinung ist, nur mit Zweckbündnissen weiterzukommen (Stufe 5) und dabei den Kameradschaftsgeist (Stufe 3) vergisst, wird er von seinen Kollegen strikt gemaßregelt (Stufe 4). In der Regel begeben sich Einzelpersonen aus Selbsterhaltungsgründen allerdings nicht in Systeme, die von ihrem Weltbild mehr als eine Stufe entfernt sind, so dass sich große Konflikte in Grenzen halten. Anders sieht das in systemischen Konflikten aus. Aktuell können wir in vielen Teilen der Welt Staaten beobachten, deren Regierungen logischerweise auf Stufe 4 agieren und gleichzeitig gesellschaftliche Schichten der Stufen 6, 5, 3 und 2 beherbergen. Solange der Staat die Bedürfnisse der verschiedenen Stufen nach Sicherheit, freier wissenschaftlicher und wirtschaftlicher Betätigung sowie Schutz und Gleichberechtigung des Individuums glaubhaft achtet, herrscht nationaler Frieden. Wenn nicht, kommt es zu inneren Unruhen und Protesten. Aktuell beobachten wir leider, dass Vertreter der Politik auf ihrer 4. Stufe bleiben. Dadurch werden sie zu einem Teil des Konflikts, statt diesen moderierend zu lösen.

Während die ersten sechs Stufen auf ein konkretes Weltbild reagieren, nimmt die letzte Stufe eine moderierende Metaebene ein. Vertreter der 7. Stufe realisieren, dass alle vorherigen Stufen auf einen Kampf gegeneinander hinauslaufen. Sie erkennen an, dass jede Stufe ihre Berechtigung hat.

Inmitten einer feindlichen Umwelt muss ich kämpfen, um zu überleben. Die Bundeswehr versuchte vor vielen Jahren die Kriegsdienstverweigerer von der Kampfnotwendigkeit zu überzeugen und sprichwörtlich aus der Reserve zu locken, indem sie mit der weit verbreiteten Angst spielte: „Wenn der Russe Ihre Familie bedroht …" Die wahrgenommene Grundlage mancher Menschen ist jedoch weit weniger hypothetisch als die Wahrnehmung von Pazifisten. Sie sahen und sehen nicht fremde Mächte, sondern die Bundeswehr selbst als Bedrohung, die „bekämpft" werden muss.

Sind Krisen zu meistern, dauern Kooperationsmarathons und Konsensdiskussionen viel zu lange. Sollen jedoch Mitarbeiter für langfristige Aufgaben motiviert und mit ins Boot geholt werden, sind Kooperationen unabdingbar. Manchmal braucht es Regeln zur Eindämmung von Konflikten. Dagegen wären manche Erfindungen nie entstanden, hätten sich einzelne Individualisten nicht über jede Regel hinweggesetzt. Viele Erfindungen entstanden vielleicht durch Fehler, etwa Penicillin, Brezeln, Weißwurst oder Post-its, meist jedoch nicht im Konsens, sondern im Alleingang eines Visionärs, wie im Fall des iPhones oder der Bionade.

Menschliche Handlungen sind folglich auch ein Produkt ihrer Umwelt, beziehungsweise der Wahrnehmung ihrer Umwelt und der entsprechenden Schlussfolgerungen:

- Du musst es alleine schaffen. Beiß dich durch.
- Oder: Es ist OK, sich Hilfe zu holen.

Die individuelle Erkenntnis der Sinnhaftigkeit aller Stufen gipfelt in einer Vernetzung der mentalen Modelle miteinander: In welchen Situationen ist es sinnvoll zu kämpfen? In welchen ist es sinnvoll zu kooperieren? Wie können die Kooperationen aussehen? Welche Regeln brauchen wir dazu? Und wie schaffen wir es, dabei einen Diversity-Ansatz zu verfolgen?

Ein Denkmodell als Treppe legt nahe, dass die Stufen aufeinander aufbauen und keine Stufe übersprungen werden darf. Deshalb wird sich ein auf Kampf getrimmter Mitarbeiter auf Hierarchien, Regeln und Strukturen einlassen, vielleicht sogar auf begrenzte Kooperationen, nicht jedoch auf langandauernde Gutmenschen-Diskussionen. Komplett auf die Kooperationsfähigkeit anderer zu vertrauen, erscheint ihm zu waghalsig. Zurecht, wenn er in einem Umfeld agiert, das seine Schwächen sofort ausnutzt. Bei der Veränderung persönlicher Wertehaltungen muss immer auch die Veränderung des Systems, in dem er sich bewegt, mitgedacht werden.

Wollen Sie ihn dennoch für die Ideen und Werte der Kooperation gewinnen, sollten Sie ihn gleichzeitig paradoxerweise für seine aggressive Haltung loben, da diese für ihn die sinnvollste Art des Überlebens und Handelns darstellt. Als nächsten Schritt bieten ihm klare Regeln und strukturelle Verbindlichkeiten Sicherheit, um anschließend begrenzte, überschaubare Kooperationseinheiten anzustreben.

Im hier dargestellten Kontext kann Theodor Adornos, durch die Erfahrung im Nationalsozialismus geprägte These „Es gibt kein gutes Leben im Bösen" relativiert werden: Veränderungen entstehen in Stufen und kleinen Schritten. Persönliche Einstellungen und Wertehaltungen sollten nicht allzu weit vom Wertegerüst des Systems, in dem die Person agiert, entfernt sein. Ein paar individuelle Schritte voraus – Mitarbeiter aus Stufe 5 wissen, was es heißt, visionär als Leuchtturm voranzugehen – führen in der Regel zu einer Rückmeldung aus dem System. Sofern die Reaktion nicht allzu rückständig ausfällt, ermutigt dies andere Mitarbeiter nachzuziehen.

## Sind Sie kooperationskompetent?

Warum sollte jemand mit Ihnen kooperieren? Warum sollte er Ihnen vertrauen und sein Wissen mit Ihnen teilen? Wie wirken Sie auf andere, um dieses Vertrauen zu rechtfertigen?

Drei wesentliche Komponenten bestimmen, aus welchen Gründen innerhalb eines Unternehmens die einen Kollegen zusammenarbeiten, während es andere nicht tun: Kompetenzen, Sympathie und Vertrauen.

Unabdingbar stehen an erster Stelle *Kompetenzen* und *Wissen*, was darüber entscheidet, ob mein Gegenüber in mir einen Mehrwert sieht oder nicht. Leider können Sie aus dem Äußeren Ihres Gegenübers nur bedingte Schlüsse ziehen. Zu oft greift hier der sogenannte Halo-Effekt, der dann entsteht, wenn von Doktortiteln, teuren Autos oder schicken Anzügen Kompetenzen abgeleitet werden. Doch in den letzten Jahren verschwanden so manche edel gewandeten Lichtgestalten zusammen mit ihren plötzlich betrügerisch erworbenen Doktortiteln in der Versenkung. Dem gegenteiligen Effekt, dem sogenannten Teufelseffekt, fiel vor unzähligen Jahren ein junger Mann zum Opfer, der von hochrangigen IBM-Managern als Programmier-As gecastet werden sollte. Wegen seiner langen Haare und der nerdigen Verschrobenheit sprachen sie ihm jegliche Kompetenz ab und lehnten eine Zusammenarbeit ab. Heute sind wir klüger – der Bewerber hieß Bill Gates und hatte offensichtlich ein „Handicap", das ihm kurzfristig schadete, langfristig aber nutzte.

Vielleicht war es auch nicht die fehlende Kompetenzerwartung, sondern der „Kampf der Kulturen", womit wir bei der zweiten Ebene der Kooperationsfähigkeit sind: *Sympathie* und *Offenheit*. Was können Sie konkret tun, um anderen die Entscheidung, mit Ihnen zu kooperieren, leichter zu machen?

Lenken Sie Ihre Wahrnehmung stärker in Richtung *Optionen* und *Möglichkeiten*, statt nur Hindernisse und Schwierigkeiten zu sehen. Die Welt ist nicht rosarot. Dennoch werden Sie an jedem möglichen Partner eine Seite finden, der sich etwas abgewinnen lässt. Wenn Sie es schaffen, Probleme als Chancen und Herausforderungen zu betrachten, öffnen Sie Ihre Wahrnehmung und holen Ihr Gegenüber bereits während einer Verhandlung mit ins kooperative Boot.

**BEISPIEL:**

Ein evolutionsbiologisches Beispiel: Parasiten betrachten Antibiotika als Zwang, sich weiterzuentwickeln, um in der Zukunft besser mit solchen Angriffen umzugehen. – Auch eine Sichtweise.

Dazu benötigen Sie *Offenheit* und *Neugier:*
- Lassen Sie genügend Raum für die Ideen anderer.
- Fragen Sie mit offenen W-Fragen nach der Sichtweise Ihres Gegenübers.
- Kämpfen Sie sich nicht mit festen Meinungen durch Gespräche.

Natürlich ist dieses Verhalten situationsabhängig. Auf der einen Seite müssen Sie als Führungskraft Kompetenz ausstrahlen, auf der anderen Seite jedoch genug Raum für die Meinungen anderer zulassen. Aus diesem Dilemma gibt es einen eleganten Ausweg: Wissen ist immer kontextabhängig. Sie können immer nur Experte für ein Wissen sein, das im Rahmen Ihres Unternehmens oder Ihrer Abteilung Sinn macht. Über die Übertragung Ihres Wissens auf das Unternehmen oder die Abteilung Ihres Partners oder Kollegen können Sie nur Vermutungen anstellen. Entspannen Sie sich. Sie müssen nicht alles wissen. Denn genau das macht Sie sympathisch. Auf der Mikroverhaltensebene bedeutet das: Andere ausreden lassen, nachfragen, sie ernst nehmen, neugierig und aufmerksam zuhören, sich bedanken und volle Präsenz zeigen.

Kommen wir zum dritten Punkt, ohne den die beiden anderen nur eine Farce wären: *Ehrlichkeit, Echtheit, Authentizität, Verlässlichkeit, Glaubhaftigkeit, Transparenz* und speziell für Führungskräfte: *Fairness*. Dieses Sammelsurium an Eigenschaften ist weniger bunt, als es im ersten Moment erscheint. Letztlich haben all diese Eigenschaften einen entscheidenden Zweck, nämlich *Vertrauen* zu schaffen. Was nutzt Sympathie und eine scheinbar inhaltlich fruchtbare Kooperation, wenn auf den Partner kein Verlass ist und Zusagen oder Vereinbarungen nicht eingehalten werden? Deshalb wäre es grundverkehrt, in Verhandlungen mit einem vorschnellen

Ja, das ich später nicht einhalten kann, um Sympathien zu buhlen. Auch in Verhandlungen lautet das beste Argument gegen billigere Konkurrenten die Verlässlichkeit. Verträge sind schnell abgeschlossen. Werden sie aber auch erfüllt? Ehrlichkeit ist nicht immer bequem, dafür jedoch nachhaltig.

## Hierarchien als Sicherheitspolster

Die Orientierung an Wissen, Sympathie und Verlässlichkeit, bedeutet jedoch nicht, Hierarchien aufzugeben. Der Wunsch nach einer hierarchiefreien Welt ist ein Traum, der sich nie erfüllen wird.

Als sich Jäger und Sammler auf den Weg nach Norden machten, um der Hitze und dem Mangel an Tieren zu entgehen, stießen sie auf eine Welt zwischen Eiseskälte und brütender Hitze. Plötzlich brauchten sie Decken, dicke und dünne Kleidung, wärmendes und kühlendes Essen. Sie entwickelten sich weiter, ihre Gehirne wuchsen, sie siedelten sich an und konnten es sich leisten, mehr Kinder großzuziehen. Sie orientierten sich beim Anbau von Nahrungsmitteln an den Jahreszeiten, zogen Grenzen, führten Kriege und mussten Strategien entwickeln, um diese zu gewinnen.

Ab einer Gruppengröße von 50 Personen wurden die sozialen Verbindungen unüberschaubar, wodurch zwischen dem 3. und 4. Graves-Level die Big Men ins Spiel kamen. Big Men und deren Hierarchien reduzieren die Komplexität von Kriegs- und Verwaltungsentscheidungen, wodurch sich die Bevölkerung auf ihr Privatleben konzentrieren konnte. Hierarchien motivierten die Menschen, besser als andere zu sein, woraus Innovationen und technische Errungenschaften resultierten.[16]

Würden sich alle um alles kümmern, gäbe es ein riesiges Chaos. Ab einer bestimmten Gruppengröße ist eine hierarchische Arbeitsteilung sinnvoll. Es stellt sich nur die Frage, wie Big Men agieren sollten.

Unsere Gesellschaft entwickelte sich von einer Hierarchie der Macht über eine Hierarchie der Klugheit und Schnelligkeit bis hin zur Hierarchie der Moral. Das ist nur dadurch möglich, dass der Staat als schützende Hand das Streitpotenzial zwischen den Kulturen und Subkulturen moderiert. In Demokratien gibt es die Option, all diese Richtungen als Parteien zu wählen: Die CDU/CSU tritt als konservativer Bewahrer auf, eine typische Vertreterin des 4. Graves-Levels. Die FDP versucht sich als kreative Wirtschaftspartei des 5. Graves-Levels. Die Grünen repräsentieren mit ihrem Minderheitenschutz die 6. Stufe, und die AfD würde gerne zur 3. Stufe zurück, zum Kampf des Stärkeren. Nur durch die Wählbarkeit aller Stufen fühlen sich alle Bürger

---

[16] Vgl. Horx

repräsentiert, womit wir vermutlich mit einer Partei wie der AfD werden leben müssen. Was hier fehlt ist die 7. Stufe. Eine Partei, die über allem steht, ist jedoch nicht wählbar. Vielleicht finden wir diese Stufe im Bundespräsidenten oder dem Bundestagspräsidenten, die zumindest versuchen, für alle Richtungen zu sprechen. Gäbe es eine „invisible hand", die als letzte moralische Instanz über allem schwebt, bevor verschiedene Glaubensrichtungen erneut auf Kreuzzug gehen, bräuchte es keine mediative Leitung im spürbaren Hintergrund. Sie wäre grundsätzlich präsent, in Krisenfällen mit der Bereitschaft und Kompetenz ausgestattet, einzugreifen, klare Worte zu finden und Entscheidungen zu fällen.

Ohne diese Art einer sanft-steuernden Hierarchie besteht die Gefahr, dass eine Richtung die Oberhand gewinnt und damit andere Gruppierungen an den Rand drängt – die unterschwellige Gefahr der Rebellion inklusive. Fehlt die Ordnung, setzt das die verschiedenen Gruppierungen in Alarmbereitschaft, um jederzeit einzugreifen, bevor es zu spät ist.

Was auf Gruppenebene passiert, finden wir ebenso auf der persönlichen Ebene wieder. Der Mensch tendiert zu Vergleichen, teils aus (Un-)Sicherheitsgründen, teils aus Statusgründen. Er will wissen, wo er mit seinen Meinungen, Ideen und Kompetenzen steht, und ob er seine Wünsche und Bedürfnisse einbringen kann. Jede Gruppenfindungsphase bestätigt dieses Bestreben in Reinform:

1. Die Gruppenmitglieder finden sich zusammen (Forming) und
2. beschnuppern sich und testen, wer wo steht (Storming).
3. Regeln erleichtern die Einführung einer Rangfolge (Norming), um
4. gemeinsam erfolgreiche Ergebnisse zu erzielen (Performing).

Als Big Man besteht Ihre Aufgabe darin, Kooperationen in dem Sinne zu fördern, dass nicht mehr gegeneinander, sondern miteinander gekämpft wird und leisere Mitarbeiter ebenso einen Platz im Team finden. Als Führungskraft sollten Sie die 7. Entwicklungsstufe nach Graves einnehmen und bewerten, welche Ideen klüger, nachhaltiger oder moralisch vertretbarer sind, damit sich jeder Mitarbeiter mit seinen Kompetenzen und Vorstellungen im Team verorten kann.

Gleichzeitig übernehmen Sie trotz Offenheit und Vertrauen die volle Verantwortung, wenn etwas schief läuft. Damit sollten Führungskräfte ein genuines Interesse daran haben, Führung wirklich zu übernehmen, mit der Konsequenz, zur Not unpopuläre Entscheidungen zu treffen. Während Sie sich in ruhigen Zeiten mediativ zurückhalten und mit einem visionären Blick in die Zukunft schielen, sollten Sie in Krisenzeiten Ihren Kämpfer von der Kette lassen und den Mitarbeitern als Feldherr Struktur und Ordnung sichern.

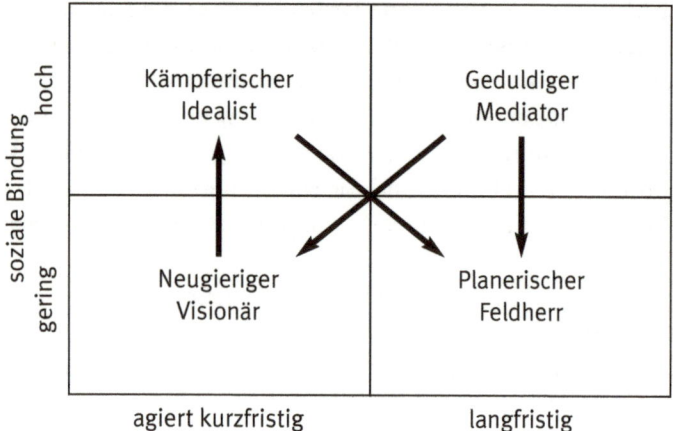

TIPP: MEINE ROLLE ALS BIG MAN

Machen Sie sich Ihre komplexitätsreduzierende Rolle als verantwortungsbewusste Führungskraft bewusst. Eine falsche Bescheidenheit ist nur hinderlich. Vor allem unsichere Mitarbeiter brauchen eine klare Führung mit klaren Werten und klar definierten Freiräumen durch Angebote. Selbstsicheren Mitarbeitern müssen Sie höchstens Zügel anlegen, damit sie sich an den Boden unter ihren Füßen erinnern.

## 1.1.2  Die Mitarbeiterwunschliste

Aus verschiedenen Befragungen von Mitarbeitern nach den Anforderungen, die sie an eine Führungskraft stellen,[17] lassen sich die genannten Erwartungen in folgenden Werten zusammenfassen:

1. Positives Menschenbild: Führungskräfte sollten ein positives Menschenbild haben, im Sinne von: Jeder Mitarbeiter hat das Potenzial zur Weiterentwicklung, wird gefördert und bekommt die Möglichkeit, sich in sinnvollen Aufgaben einzubringen.

---

[17] Siehe: http://www.huffingtonpost.de/marco-de-micheli/diese-12-punkte-sind-es-was-mitarbeitern-an-jobs-wirklich-wichtig-ist_b_5141700.html sowie: http://werteindex.de/blog/frank-hausergreat-place-to-work®-„entscheidend-sind-nicht-produkte-sondern-die-verbundenheit-der-mitarbeiter-"/

2. Vertrauen: Führungskräfte sollten ihren Mitarbeitern vertrauen, was von ihnen eine gute Portion Geduld, Gelassenheit und Flexibilität erfordert.
3. Kritikfähigkeit: Führungskräfte sollten in einem konstanten Kontakt mit ihren Mitarbeitern sein, um Sinnfragen zu klären und zu geben. Der Wert dahinter lautet: offener Umgang mit anderen Meinungen.
4. Glaubwürdigkeit: Führungskräfte sollten zu dem, was sie äußern stehen, sprich glaubwürdig sein.

Insbesondere in den letzten Jahren hat die Erwartung und der Bedarf an Punkt 4, bedingt durch Wirtschaftskrisen und nicht nachvollziehbare Boni-Zahlungen, enorm zugenommen.

## Werteabgleich

Neben dem Aspekt eigener, klarer Wertehaltungen als Stabilitätssignal für Mitarbeiter, sollte ein stetiger Werteabgleich jenseits der Graves-Level mit den Mitarbeitern stattfinden, um sich zu vergewissern, ob beiden Seiten dasselbe wichtig ist.

**BEISPIEL:**

Eine Frau sagt zu ihrem Mann: „Ich würde gerne etwas unternehmen." Der Mann antwortet: „Heute nicht. Ich bin zu müde." Die Frau versucht es noch einige Male, leider erfolglos. Irgendwann gibt sie auf. Eines Tages steht sie mit gepackten Koffern in der Haustür. Der Mann ist erstaunt und sagt: „Ich hatte keine Ahnung, wie unglücklich du bist. Lass uns darüber reden … vielleicht zu spät."

Sicherlich kennen Sie diese beispielhafte Situation, entweder aus eigener Erfahrung oder aus dem Bekanntenkreis. Auch so manche Führungskraft fällt aus allen Wolken, wenn sie erfährt, dass ein wichtiger Mitarbeiter kündigt. Hat sie etwas verpasst?

Wenn ich Sie nach Ihren Werten frage, würden Sie vermutlich ehrlich verlauten, dass Ihnen selbstredend wichtig ist, dass

- Mitarbeiter sich weiterentwickeln können,
- sinnvolle Aufgaben bekommen,
- Ihre Mitarbeiter Ihnen vertrauen und Sie als glaubwürdig wahrnehmen,
- Sie genügend Geduld, Gelassenheit und Flexibilität mitbringen, vor allem in Krisenzeiten,

- Sie einen guten Kontakt zu Ihren Mitarbeitern haben,
- Sie Ihren Mitarbeitern regelmäßige Rückmeldungen geben und
- Sie andere Meinungen akzeptieren.

Die Frage lautet jedoch weniger, welche Werte Sie verfolgen, als vielmehr, welche Wertehierarchien sich in Ihrem Kopf befinden. Welche Werte sind Ihnen wichtiger als andere?

- Sind Ihnen Sachziele wichtiger als Beziehungsziele?
- Ist Ihnen der Kontakt zu Ihren Mitarbeitern wichtiger als Ihre eigenen Aufgaben, die dann warten müssen?
- Sind Ihnen ehrliche Rückmeldungen wichtiger als die Harmonie, die damit eventuell gefährdet wird?
- Ist Ihnen Ihre Geduld wichtiger als die Tatsache, eine Aufgabe schnell hinter sich zu bringen?
- Ist Ihnen Ihre Glaubwürdigkeit wirklich wichtig? Oder schätzen Sie das Risiko, Mitarbeiter mit Zweifeln zu verunsichern als zu hoch ein?
- Ist es Ihnen ernst damit, sich um die Weiterentwicklung Ihrer Mitarbeiter zu kümmern? Oder scheuen Sie die Diskussionen mit Ihrem eigenen Vorgesetzten um Gelder und Sinnhaftigkeit?

Erinnern Sie sich noch an das Bild Ihrer Organisation als Kopf, Herz und Körper? Welche Werte verfolgt der Kopf Ihrer Organisation? Welche Werte sind Ihnen wichtig, welche Ihren Mitarbeitern? Und was genau tun Sie auf der Mikrohandlungsebene für die Umsetzung Ihrer Werte?

Ich bin ein Fan des Schauspielers Roger Willemsen und fand es faszinierend, wie er auf Menschen in alltäglichen Situationen zuging. Er vermittelte das Gefühl, als hätte er alle Zeit der Welt. Ob er auf der Post Briefmarken kaufte oder sich einen Pyjama besorgte: Während eines Gesprächs schien er niemals spätere Ziele im Kopf zu haben, war stattdessen immer zu 100 Prozent präsent,[18] als wollte er damit seinen Gesprächspartnern signalisieren: Ich schenke dir für die nächsten zehn Minuten meine ungeteilte Aufmerksamkeit.

---

[18] Vgl. die Serie „Bauerfeind assistiert" mit Roger Willemsen.

## Reflexion: Meine Glaubwürdigkeit

*Wie erreichen Sie eine höhere Gesprächspräsenz? Vielleicht mithilfe einer ausgeglicheneren Redeanteil-Fragen-Balance?*

*Wie zeigen Sie, dass Sie Ihre Mitarbeiter ernst nehmen? Vielleicht, indem Sie neugierig sind auf das, was Ihnen Ihre Mitarbeiter erzählen?*

*Was tun Sie konkret, um glaubwürdig zu sein? Halten Sie sich immer an Ihre Versprechen? Wenn nicht: Sprechen Sie offen und transparent an, warum Sie Ihre Meinung änderten, etwa weil sich der Kontext änderte.*

### TIPP: 5-MINUTEN-PRÄSENZ

Um Ihr Werteverhalten zu testen oder zu verändern, bauen Sie in Ihren Alltag einen Werte-Verhaltens-Check ein. Stellen Sie bei der Vorbereitung eines Mitarbeitergesprächs folgende Fragen:

- Was ist Ihnen wichtiger: Ehrliche Rückmeldungen oder Harmonie? Mein Rat: Antworten Sie.
- Bittet Sie ein Mitarbeiter in einem ungeeigneten Moment um Rat, antworten Sie: Jetzt nicht." oder: „Ich schenke Ihnen fünf Minuten meiner Zeit. Um was geht es?"

Selbst wenn wir keine Zeit haben: Fünf Minuten gehen immer!

## 1.1.3 Wertevermittlung mit Metaphern

Metaphern dienen als idealer Einstieg in Mitarbeitergespräche, indem sie den Leitgedanken einer Beziehung zusammenfassen oder ein Zwischenfazit ziehen. Ein spontan-wildernder Blick in die Welt der Wettbewerbe, Kämpfe und emotionalen Befindlichkeiten zeigt uns die reichhaltige Bandbreite von Metaphern auf, die Sie unbewusst vermutlich ohnehin nutzen:

Vielleicht haben Sie manchmal das Gefühl, als Torhüter nur noch damit beschäftigt zu sein, ein Debakel zu verhindern? Kommen Ihnen Seitenhiebe vor wie Blitzangriffe von Guerillakriegern aus den Bergen? Kommt es Ihnen so vor, als beträten Sie Montagmorgen ein Wachsfigurenkabinett, das sich im Laufe der Woche zum Schauplatz eines Horrorfilms verwandelt? Oder fühlen Sie sich manchmal wie ein U-Boot-Kapitän im Kriegsgefecht – unter Wasser auf Gedeih und Verderb mit Ihrer Mannschaft verbunden?

Schwebt das ausgesprochene Bild im Raum, drängt es danach, aufgelöst zu werden. Was bedeutet es, gemeinsam im U-Boot zu sitzen? Wie entgehen wir dem Wachsfigurenkabinett? Und wie sollten Sie mit Guerillakämpfern umgehen?

## Systemische Metaphern

In Organisationskontexten mit Metaphern zu arbeiten ist nichts Neues. Bisher wurden Metaphern allerdings meist zur Erklärung von Organisations- oder Teamstrukturen herangezogen, und weniger als Startpunkt für offene Gespräche genutzt.

### Reflexion: Mein Team als ...

*Womit lässt sich Ihr Team am treffendsten vergleichen?*
- *Mit einer Maschine, zum Beispiel einem perfekt (oder weniger gut) eingestellten Uhrwerk, in dem ein Rädchen in das nächste läuft.*
- *Mit einem Organismus, einem Baum oder einem Körper, in dem alles dynamisch miteinander verbunden ist.*
- *Oder mit einer Gruppe mit bestimmten Aufgaben, zum Beispiel einer Schiffscrew, Familie oder einem Ministerium, in dem jeder Rolle klare Aufgaben zugeteilt werden.*

Jede dieser Metaphern zeigt Vor- und Nachteile einer Organisation auf:
- Eine gut geölte Maschine erscheint ideal, wenn es um stets wiederkehrende ähnliche Aufgaben geht, die sich kaum verändern. Eine Uhr bleibt Uhr, egal wie sich die Märkte drehen und wenden. Sie muss sich höchstens in ihrer Optik an Kundenwünsche anpassen. Fällt ein Rädchen aus, wird es vom Uhrmacher durch genau das gleiche ersetzt. Sollte dieses nicht mehr verfügbar sein, benötigen wir eine komplett neue Maschine.
- Fällt ein Körperteil aus, kann er von anderen kompensiert werden. Der linke Arm übernimmt die Arbeit des rechten. Organische Elemente reagieren auf die Umwelt, passen sich an und entwickeln sich weiter. Die Entwicklung von Körpern lässt sich allerdings nicht am Reißbrett planen. Und da Körper lebendig sind und mit Stress zu kämpfen haben, gehen sie unprofessioneller mit Routinen um als Maschinen. Und bei Amputationen gaukelt uns unser Gehirn vor, der Arm oder das Bein wären noch da, was eine Transplantation deutlich erschwert.
- Die Unterteilung in Verwaltungseinheiten oder Ministerien hat den großen Vorteil, dass jeder weiß (oder wissen sollte), was er zu tun hat. Manchmal hapert es jedoch an den Schnittstellen und Übergängen zwischen den Aufgabenbereichen. Aus der Politik wissen wir, wie leicht es scheint, Ministerien neu zu besetzen. Politiker verfügen allerdings über einen riesigen unsichtbaren Verwaltungsapparat, ohne den ein abrupter Wechsel niemals funktionieren würde. Auch in Schiffscrews sind Spezialisten am Werk, was einen Austausch schwierig macht, wenn eines der Besatzungsmitglieder, der Steuermann oder Ausguck, erkrankt.

Seltener als auf der Organisationsebene ist die Arbeit mit Metaphern auf der konkreten operativen Gesprächsebene. In Coachings werden Metaphern seit Jahrzehnten genutzt. Führungskräfte haben oft Bedenken, etwas Komisches zu sagen. Dabei benutzen wir im Alltag oft eine reichhaltige Bildersprache auf eine ganz natürliche Art und Weise:[19]

- Die machen keine Gefangenen.
- Der Krug geht so lange zum Brunnen, bis er bricht.
- Da hast du dir wohl einen Korb abgeholt.
- Lieber den Spatz in der Hand, als die Taube auf dem Dach.
- Die zweite Maus bekommt den Speck.

Sprüche, um einfach und humorvoll komplexe Themen anzusprechen.

## Metaphern und Bilder als Lösungsbrücken

Stellen wir uns das Gehirn als großes Spinnennetz vor. Alles ist miteinander vernetzt. Gefühle mit Bildern, Werten, Verhalten und Logik: Wenn ich mich anstrenge und eine Aufgabe löse, werde ich fairerweise belohnt und kann stolz auf mich sein. Über diesem Netz wacht wie eine Spinne unser Ich, was uns im Kern ausmacht, unsere Moral, unser Selbstwertgefühl und Handlungsantrieb.

Ungereimtheiten im Netz, eine Einzelinformation, die nicht zum Rest passt, bemerkt unser Gehirn sofort, wie die sensible Spinne, wenn sich eine Fliege im Netz verfangen hat und damit eine heftige Unruhe auslöst: Ich strenge mich an, kann ein Problem jedoch nicht lösen, vielleicht weil wichtige Ressourcen fehlen. Für meine Anstrengungen werde ich deshalb kaum belohnt, die meisten Lorbeeren bekommt doch wieder mein Chef.

Was also tun mit dieser Fliege? Kann ich sie schnell genug einwickeln? Kann ich diese Fliege verspeisen und verschwinden lassen? Oder kann sie sich wieder befreien?

Analog zum Spinnennetz versetzt jede Aufforderung zu einer Problemlösung unser Gehirn in Aufruhr. Eine junge Spinne mit wenig Erfahrung könnte aufgrund der vielen Möglichkeiten des Scheiterns in Panik geraten.

Bilder und Metaphern helfen, die Frage nach einem geeigneten Umgang mit der gefangenen Fliege aus einem sicheren Abstand zu betrachten, ohne emotional hineingezogen zu werden, als säße am Rande des Netzes eine alte Mutterspinne, die unser Vorgehen wohlwollend kommentiert und uns Schritt für Schritt begleitet.

---

[19] Vgl. https://de.wikiquote.org/wiki/Deutsche_Sprichw%C3%B6rter

Da Metaphern vager als klare Aussagen sind, bieten sie zudem die Möglichkeit, auf die individuellen Bezüge jedes Mitarbeiters einzugehen. Ausgehend von der Spinnenmetapher bevorzugt der eine Mitarbeiter das Verspeisen in einem Rutsch, seine Kollegin das Einwickeln und der nächste Kollege verspeist die Fliege (das Problem) in kleinen Stücken. Metaphern fungieren durch ihre Formbarkeit als Brücke zu neuen Erkenntnissen:

- Die Fliege zu verspeisen könnte für einen Mitarbeiter bedeuten, ein Problem systematisch zu durchdringen und erst nach reiflicher Verdauung eine Entscheidung zu treffen.
- Wenn die Fliege sich wieder befreit, könnte das heißen, das Problem sollte zurückgegeben werden, weil notwendige Informationen zur Bearbeitung fehlen.
- Die Fliege einzuwickeln könnte bedeuten, das Problem auf Eis zu legen, um es ohne weiteres Zutun reifen zu lassen oder selbst Abstand von diesem Problem zu gewinnen.

Die Entscheidung darüber, welche der über die Metaphern ausgearbeiteten Strategien für den Mitarbeiter stimmig erscheint und mit welcher er ein gutes Gefühl hat, weil sie zu seinem Wesen und zur Aufgabe passt, kann nur er selbst treffen. In jedem Fall führt ihn die Metapher genau dahin: zur Selbstentscheidungskompetenz.

## Impact-Techniken

Während Metaphern nur im Kopf stattfinden, bieten Impact-Techniken die Möglichkeit, gegenständlich zu arbeiten. Ein Kompass kann tatsächlich auf dem Tisch liegen: „Ich würde Sie gerne hiermit ausstatten. Betrachten Sie bitte meine Kritik als Eichung dieses Kompasses. Was denken Sie: Wo soll es hingehen? Und wie kann ich Sie auf dem Weg dahin unterstützen?"

Der Einsatz von Impact-Techniken erfolgt nach einem ähnlichen Muster:

1. Problembeschreibung
   Beispiel: Der Mitarbeiter kann schlecht mit Kritik umgehen.

2. Zentrale Botschaft
   Beispiel: Kritik sollte eine Standortbestimmung sein.

3. Passende Analogie
   Beispiel: Navigationsgeräte helfen zur Standort- und Zielbestimmung

Manchmal ergeben sich aus Analogien zu Problembeschreibungen bereits Lösungen. Ein andermal sollten zentrale Botschaften herausgearbeitet und in Analogien übersetzt werden.

Es folgen einige Beispiele für die Arbeit mit Metaphern und Impact-Techniken, bezogen auf typische Führungsaufgaben:[20]

## 1 Kritik üben

Das Problem: Mitarbeiter können schlecht mit Kritik umgehen.

| Zentrale Botschaft | Analogie |
|---|---|
| Kritik muss nicht wehtun. | Betrachten Sie meine Kritik nicht als Spritze, sondern als Vitamintablette, bevor Sie krank werden. |
| Aus Fehlern wird man klug. | Würde es Ihnen helfen, wenn ich Ihre Fehler wie in der Schule mit einem Rotstift anstreiche oder wie sollten wir Ihrer Meinung nach vorgehen? |

## 2 Kommunikation und Konflikte

| Problembeschreibung | Analogie |
|---|---|
| Ein Mitarbeiter übersieht Fehler. | Wenn Sie an diese Aufgabe denken und die rosa Brille absetzen: Was sehen Sie? |
| … bleibt unklar. | Ich habe das Gefühl, ich würde mit Ihnen durch Nebel waten. Soeben standen Sie noch neben mir. Jetzt sehe ich Sie nicht mehr. |
| … versteht sich als Gleicher unter Gleichen. | Auf einem guten Schiff werden alle Posten verantwortungsvoll verteilt. Ich bin Captain Kirk. Wer sind Sie? Spock? Chechov? Oder Pille? |
| … ist nie zufrieden. | Nehmen Sie es mir nicht übel. Aber manchmal muss ich bei Ihnen an die zwei Alten in der Muppet-Show denken. |

---

[20] Vgl. Fritzsche/Fürst

## 3 Teambildung

| Problembeschreibung | Analogie |
|---|---|
| Die Mitarbeiter kennen sich nicht. | Es ist normal, dass Sie vorerst Ihre Ritterrüstungen anbehalten wollen. Immerhin kennen Sie sich kaum. |
| Unklare Rollen | Das erinnert mich an ein Zeltlager. Wir sollten als Erstes klären, wer wofür zuständig ist. |
| Unklare Werte und Kultur | Kennen Sie den Film „Lost in Translation"? |
| Unklare Leistungsstandards | Mir scheint, Sie sind mit einer Kilometeranzeige in einem Meilengebiet unterwegs. Wie können wir unsere Messstandards in puncto Leistung angleichen? |
| Regen Austausch in Teamsitzungen fördern | Stellen Sie sich einen Marktplatz vor. Sie haben etwas zu bieten und wollen etwas von Ihrem Gegenüber. Was können Sie ihm bieten? Was können Sie gut brauchen? |
| Vertrauen in die Teamentwicklung fördern | Wird ein Samenkorn eingepflanzt, weiß niemand, ob sich die Pflanze auch entwickelt. Ich weiß aber, dass sich die Wahrscheinlichkeit erhöht, wenn ich den Boden gieße, ihm Nährstoffe zuführe und vor starker Sonneneinstrahlung schütze. Was bedeutet das für uns? |

## Metaphern und Bilder zur Wertevermittlung

Unbewusst transportieren Metaphern und Impact-Techniken immer auch Werte:

- Stellen Sie sich eine Schüssel voller Korken vor. Jeder Mitarbeiter repräsentiert dabei einen Korken. Wie wollen Sie führen? Wollen Sie Ihre Mitarbeiter mit dem Daumen unter Wasser drücken? Oder wollen Sie versuchen, ihm ein Segel zur Verfügung zu stellen und ihn bei einer Windflaute ein wenig anzupusten?
  Der Wert dahinter: Aus einer streng hierarchischen Führung kann keine Selbstführung entstehen.
- Bei einem Mitarbeiter, der in letzter Zeit viele Rückschläge hinnehmen musste, können Sie einen Geldschein zur Hand nehmen und ihn fragen: „Wieviel ist die-

ser Geldschein wert?" Anschließend zerknüllen Sie ihn, streichen ihn wieder glatt und fragen nochmals.

Der Wert dahinter: Ein Mensch mit Fehlern ist genauso viel wert wie ein makelloser.

- Einem Mitarbeiter, der sein Gemüt kaum bezähmen kann, können Sie eine Flasche Sprudelwasser zeigen. Jedes Mal, wenn ihn etwas ärgert, wird die Flasche geschüttelt. Er aber versucht, sich zu beherrschen. Doch was passiert, wenn wir die Flasche öffnen?

Der Wert dahinter: Dampf ablassen ist menschlich.

Umso wichtiger ist es, die passenden Metaphern auszuwählen.

## 1.1.4 Storytelling und Heldenreisen

Stellen Sie sich vor, Sie säßen am Lagerfeuer und erzählten einigen jungen Menschen eine Geschichte. Vielleicht erzählten Sie die Geschichte von der kleinen verpuppten Raupe, die sich in ihrem Cocon windet und es scheinbar nicht schafft, die straffe Haut zu zerstoßen, um ins Freie zu gelangen. Vielleicht stellen Sie die Frage, ob man der Raupe bei ihrer Entpuppung helfen sollte. Der ein oder andere wird sicherlich mit Ja antworten, so dass Sie klarstellen, dass das den sicheren Tod der Raupe bedeuten würde. Sie hätte es verpasst, genügend kraftvolle Muskeln auszubilden, um in der rauen Welt zu bestehen. Folglich bleibt uns nichts anderes übrig, als zuzusehen, wie sie sich windet, bis sie es aus eigener Kraft schafft.

Gute Geschichten zeichnen sich meist durch einen ähnlichen Aufbau aus, sei es bei Star Wars oder der Heldengeschichte eines Mannes namens Steve Wozniak, der drei Monate lang Tag und Nacht in einer Garage an einem Computer bastelte, den wir heute als Apple kennen.

Heldengeschichten beinhalten folgende Komponenten:

- einen Startpunkt (Normalzustand, Problem) und ein Ziel, zum Beispiel die Lösung des Problems
- einen Helden oder eine Heldin, der/die dieses Ziel erreichen will
- eine/n Verbündete/n
- einen Widersacher oder unlebendige Hindernisse
- mehrere fehlgeschlagene Lösungsversuche
- eine Lösung und einen neuen Status quo

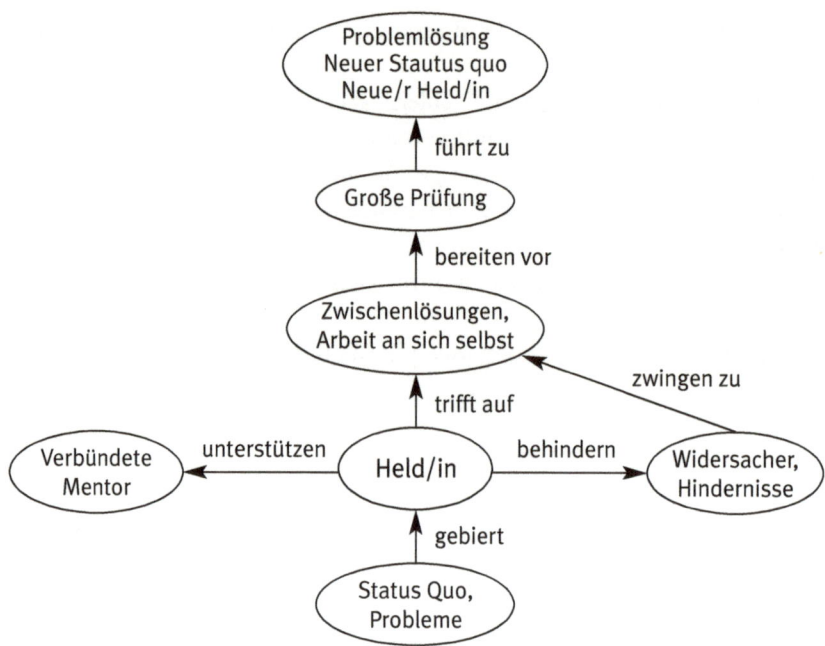

Der Entwickler der Bionade sah sich mit einer Welt aus zuckerhaltigen Nicht-Bio-Limonaden in der Hand von Großkonzernen konfrontiert (Status Quo). Jahrelang mischte er Ingredienzen zusammen, ging beinahe pleite, mixte zum Leidwesen seiner Familie in der heimischen Badewanne weiter (Zwischenlösungen, Verbündete und Hindernisse). Nach vielen Jahren der Forschung konnte er es endlich mit Coca Cola (dem bösen Widersacher) aufnehmen. Und was wäre unsere heutige Welt ohne Bionade (neuer Status Quo)?

Um zu verstehen, warum uns Geschichten so fesseln, müssen wir weit zurück gehen in die Urgründe biblischer oder griechischer Heldensagen. Dort finden wir die Urmythen, die uns heute noch faszinieren:

- Die Suche nach einer lebensverändernden Erkenntnis: Der Mitarbeiter, der nach einem Burnout in die Firma zurückkommt und von nun an wie ausgewechselt ist.
- David gegen Goliath: Der junge Praktikant, nennen wir ihn Dave, kämpft gegen den alten Drachen Goliath, der auf Veränderungsanfragen mit gewohnter Borstigkeit reagiert: „Das haben wir schon immer so gemacht. Das werden Sie auch noch lernen."[21]

---

[21] Unter anderem dieser Standardspruch trieb mich in die Selbstständigkeit. Ich bin meinem damaligen Kollegen daher immer noch zu tiefstem Dank verpflichtet.

- Die AfD oder auch Donald Trump vergleichen ihre Motivation ebenfalls geschickt als Kampf Davids gegen die Eliten, genauso wie Apple gegen Microsoft oder der BVB gegen Bayern München.

Der Kämpfer David beißt sich gegen seinen übermächtigen Gegner durch. Der unscheinbare Mitarbeiter wird nach einer entscheidenden Erkenntnis zu einem neuen Menschen, tapfer und mutig. Als kämpferischer Idealist liegt es nahe, den Goliath-Mythos und/oder die Suche nach Erkenntnis zu bemühen, um Ihre Mitarbeiter mitzureißen: „Wir sind die einzigen, die ökologisch korrekt hergestellte Pullover anbieten und dabei auch auf menschenwürdige Arbeitsbedingungen achten. Das war jedoch nicht immer so. Auch wir mussten unsere Lektion erst lernen. Doch als ich damals in Indien diesem kleinen einarmigen Mädchen über den Weg lief, konnte ich nicht anders. Ich musste unsere Produktionsbedingungen komplett überdenken. Was Sie hier sehen, ist das Ergebnis eines langen Prozesses, der mit diesem Mädchen startete und noch lange nicht zu Ende ist.“

## Einige Beispiele zur Wertevermittlung mit Geschichten[22]

### Die richtigen Fragen stellen

Zwei Mönche schrieben einen Brief an den Papst mit der Frage, ob es ok ist zu rauchen. Der erste Mönch bekam ein Verbot, der zweite eine Erlaubnis. Daraufhin ging der Erste zum Zweiten und fragte ihn: „Was hast du dem Papst denn geschrieben? Ich fragte ihn, ob es ok ist, beim Meditieren zu rauchen.“ Darauf der Zweite: „Ich fragte ihn, ob es ok. ist, beim Rauchen zu meditieren?“

Was lernen wir daraus: Wenn Sie mir die richtigen Fragen stellen, bekommen Sie gewinnbringende Antworten.

### Umgang mit Veränderungen

Vor fünf Millionen Jahren zogen Nomaden von Süden nach Norden, denn die Lebensräume wurden zu eng. Im Norden jedoch war es so kalt, dass unsere Vorfahren Nadel und Faden erfinden mussten, um sich wärmende Kleidungsstücke zusammenzunähen. Später kamen Häuser dazu, dickere Wände, viel später Heizungen. Sie begannen, ihr Fleisch zu pökeln und sich Wintervorräte anzulegen. Sie begannen zu planen. Die Dialoge mit den Nachbarn wurden intensiver. Sie begannen zu verhandeln. Das Verhandeln und Planen führte dazu, dass die Gehirne der Menschen wuchsen.

---

[22] In den Büchern des Therapeuten Jorge Bucay findet sich eine Vielzahl weiterer interessanter Geschichten zur Wertevermittlung.

Veränderungen können kalt und schmerzhaft sein. Gleichzeitig lassen sie uns reifen und entwickeln, damit wir nach und nach mit ihnen umgehen lernen.

Wie denken Sie, lieber Mitarbeiter, verändern wir uns:

- Werden wir von Jahr zu Jahr stabiler wie ein Baum, der mit jedem Jahr einen Ring hinzubekommt?
- Geht es rauf und runter wie in einer Achterbahn oder im wirtschaftlichen Schweinezyklus?
- Sind Veränderungen Hürden, die es zu meistern gilt?
- Oder befinden wir uns auf einem Weg und es geht darum, die richtigen Abzweigungen auszuwählen?

### Die richtigen Maßnahmen ergreifen

Ein 60-jähriges Ehepaar spaziert durch einen Wald. Aus dem Nichts taucht eine Fee auf und haucht dem Mann ins Ohr: Du hast einen Wunsch frei. Er sagt sofort: Ich hätte gerne, dass meine Frau 20 Jahre jünger ist als ich. Die Fee macht Schnipp ... und er ist 80.

Nun zu Ihnen, lieber Mitarbeiter: Haben Sie die Bestellungen richtig aufgenommen? Haben Sie die richtigen Pläne verfasst? Haben Sie sich das Richtige vorgenommen?

### Eine neue Perspektive einnehmen

Eines Tages auf dem Weg zur Arbeit treffe ich auf eine riesige Pfütze auf dem Gehweg. Am ersten Tag springe ich zu kurz und lande mitten in der Pfütze. Am zweiten Tag springe ich zu spät ab und rutsche in die Pfütze. Am dritten Tag schaffe ich es gerade so, verrenke mir jedoch den Rücken. Am vierten Tag hangle ich mich außen herum. Immerhin hole ich mir nur nasse Schuhe. Am fünften Tag schließlich bemerke ich, dass es viel einfacher wäre, die Straßenseite zu wechseln.

Tauschen wir die Positionen: Setzen Sie sich auf meine Seite des Schreibtisches und ich setze mich auf Ihren Stuhl, damit wir beide einen neuen Blick auf das Thema bekommen.

---

**TIPP: ES WAR EINMAL ...**

Legen Sie sich eine reichhaltige Sammlung an Geschichten zu. Ob es sich um Märchen oder Filme wie Star Wars handelt, ist mehr eine Kultur-, denn eine Qualitätsfrage. Am besten, Sie haben jederzeit einen Stift und Papier zur Hand und notieren sich nach dem Genuss eines Films: Welche Szene hat mich beeindruckt? Was lässt sich mit dieser Szene vermitteln?

Einer meiner aktuellen Favoriten stammt aus dem Film „Interstellar": Dort gibt es einen Roboter, der auf 100-prozentige Ehrlichkeit eingestellt wurde. Nach einer kurzen Diskussion nach dem Start der Rakete wird er auf 75 Prozent heruntergestuft.

---

**Übung: Herr Bruckner auf Heldenreise**

1. Denken Sie an einen veränderungsresistenten Mitarbeiter, sagen wir Herrn Bruckner. Wie sieht der Arbeitsalltag von Herrn Bruckner aus?
2. Nun taucht etwas Hinderliches auf, was Herrn Bruckner ärgert. Der normale Tagesablauf wird unterbrochen. Es entsteht ein Problem. Alternativ könnte Herr Bruckner ein Ziel haben, doch der Weg dorthin ist mit Hindernissen gespickt. Beschreiben Sie die Hindernisse.
3. Äußere Hindernisse führen oft zu inneren Hemmnissen. Herr Bruckner ist – wie jeder gute Held – persönlich gespalten. Er will das Alte behalten und strebt gleichzeitig das Neue an. Beschreiben Sie seine Zerrissenheit.
4. Nun tauchen echte Freunde, falsche Freunde, Unterstützer und Widersacher auf. Welche Wirkung haben sie?
5. Herr Bruckner besinnt sich auf seine Ressourcen und Stärken. Die Zerrissenheit bleibt, doch es geht voran. Wie sehen diese Ressourcen und Stärken aus? Wie helfen sie ihm, das Hindernis zu überwinden?
6. Als Herr Bruckner glaubt, es geschafft zu haben, passiert etwas Unvorhergesehenes. Was könnte das sein?
7. Herr Bruckner hat es geschafft. Er hat alle Hürden genommen und bringt das „magische Elixier" mit nach Hause. Er wurde zu einem anderen Menschen. Beschreiben Sie den neuen Herrn Bruckner.

---

## 1.2  Ohne Vertrauen kein Zutrauen

Es benötigt Mut und Vertrauen, sich auf den Weg zu einem unbekannten Ziel zu machen, erst als Visionär, später als Kämpfer. Christoph Columbus hatte die Vision, etwas Großes zu entdecken, auch wenn er nicht genau wusste, wie dieses Große aussehen sollte. Er verfolgte ein grobes Ziel. Doch auf dem Weg dorthin musste er sich an den Sternen orientieren. Vermutlich wurden die Wasser- und Essensvorräte rationiert. Es galt, jeden Moment so stimmig zu gestalten, dass er und seine Schiffscrew am Ende überhaupt irgendein Ziel erreichten. Tatsächlich entdeckte er, wie wir alle wissen, nicht Indien, sondern das viel größere und letztlich bedeutendere Amerika. Es ist nicht bekannt, ob er, als er seinen „Fehler" bemerkte, jammerte: „Och Nee! So ein Mist! Da hätte ich auch zuhause bleiben können."

Hätte Columbus das Vertrauen in seine Mission verloren, wäre ihm seine Crew kaum gefolgt. Gleichzeitig musste er Vertrauen in seine Schiffsmannschaft haben, um Stürme und Unwetter zu meistern. Die Vorstellung, Columbus hätte auf halber

Strecke zu seinen Mannen „Das schafft ihr sowieso nicht" gesagt, erscheint grotesk. Die Idee, gemeinsam in einem Boot zu sitzen, mit allen Abhängigkeiten und Konsequenzen, als Führungsperson gleichzeitig noch die Verantwortung für das Team zu haben, ist überaus hilfreich für die Etablierung einer inneren Haltung des Vertrauens und der Fürsorge – im Gegensatz zu den Überlegungen mancher berühmt-berüchtigter Manager, vor dem Untergang des „Schiffs" noch schnell bei einem anderen Unternehmen anzuheuern.

Auch Barack Obama hatte Großes vor, stieß dabei jedoch immer wieder auf republikanische Gegenwehr. Dennoch kennen wir keine Szene, in der er den Mut, seine Geduld, sein Vertrauen oder seinen Glauben verlor. Selbst bei der Übergabe an seinen Nachfolger, der offen damit drohte, sein Lebenswerk zu zerstören, blieb er gelassen. Können Sie sich einen ausrastenden Obama vorstellen?

Natürlich hatte er Gegner. Nicht alle waren mit seiner Amtsführung einverstanden. Manche empfanden ihn als zu locker, zu wenig dominant. Doch für die große Mehrheit der US-Amerikaner war er „ihr Präsident". Unter ihm gab es keine Ausschreitungen, keine Gerüchte oder Verdächtigungen wie unter Trump. Vielleicht, weil die Menschen sich mit ihm sicher fühlten und ihm trotz allem vertrauten.

Schauen wir uns einen Trainingsbereich an, der schon manchen tiefenentspannten Chef zum Verzweifeln brachte:

**BEISPIEL:**

Ein Vater hilft seinem Sohn bei den Mathe-Hausaufgaben. Die abstrakten Zahlenspiele wollen im Gehirn des Sohnes einfach keine Wurzeln schlagen. Was heute gelernt wurde, wird auf geheimnisvolle Weise von Gehirnwichteln über Nacht wieder gelöscht.

Wenn Sie Kinder haben, kommt Ihnen dieses Phänomen vielleicht bekannt vor. Wenn nicht, kennen Sie mit Sicherheit mindestens einen Mitarbeiter, mit dem es Ihnen ähnlich ergeht. Gehen wir Ihre Optionen durch:

Ist es sinnvoll, das Kind oder Ihren Mitarbeiter anzubrüllen? Irgendwann muss diese Formel doch sitzen! Irgendwann muss er diese Anleitung doch verstanden haben. Wie erfolgreich auf einer Skala von 0 bis 10 wird eine rein aggressive Vorgehensweise sein? Wieviel Sinn macht Druck auf jemanden, der sich vermutlich selbst über sein Unvermögen ärgert oder sich Vorwürfe darüber macht, zu dumm zu sein?

Ohne Vertrauen kein Zutrauen!

## Die Balance zwischen Planung und Vertrauen

Visionäre haben meist ein Problem damit, eine echte Beziehung aufzubauen. Doch ohne Beziehung gibt es kein Vertrauen. Mit einer rein idealistischen Sichtweise kommen Sie ebenso wenig weiter. So mitreißend Idealisten auftreten, so einschüchternd können sie sein. Um Vertrauen aufzubauen, brauchen Sie neben einem sachlichen Überblick und einem nachvollziehbaren Entwicklungsplan eine Perspektive in die Zukunft. Vertrauen wird damit zum Ergänzungsspieler zu einer Planung, die Möglichkeiten in der Zukunft absteckt, um für Krisen gewappnet zu sein:

Eine Überplanung führt zu detailversessenem Perfektionismus bis hin zur planwirtschaftlichen Realitätsverleugnung. Eine menschenwürdige Planung braucht das Gegengewicht des Vertrauens, das die verantwortungsvolle Zukunftsvorbereitung durch einen gelassen-flexiblen Umgang mit der Gegenwart ergänzt und damit Potenziale der Mitarbeiter, die zur Zeit der Planung noch unbekannt waren, fördert und mit einbezieht. Eine zu strenge Planung würde diese Potenziale im Keim ersticken.

## Raus aus der Stressspirale

Angesichts einer unsicheren Zukunft tendieren viele Führungskräfte dazu, auf das Prinzip der Überplanung zu setzen. Das treibt jedoch die Stressspirale immer weiter, da das Ur-Problem, nämlich sich einen gelassenen Umgang mit einer sich schnell wandelnden Zeit anzueignen, nicht gelöst wird. Unter Stress wird unsere Amygdala aktiv, die für die Verarbeitung von Ängsten und Wut in unserem Gehirn zuständig ist. An konstruktive Ideen ist nicht mehr zu denken. Sobald in unserem Gehirn starke Emotionen vorherrschen, hat das logische Denken Sendepause. Dann regieren Tunnelblick und Freund-Feind-Schemata: Ist meine Führungskraft auf meiner Seite oder arbeitet sie vielleicht sogar gegen mich?

Anstatt den Stresstreiber Überplanung zu bemühen, verfügen zwei unserer vier Provokationstypen über Strategien, die im Moment des Stresses auch nicht immer hilfreich sind:

- Visionäre platzieren zwar Ideen, die Umsetzung soll jedoch jemand anders übernehmen.
- Idealisten tendieren ab und an zu blindwütigem Aktionismus. Dies kann Mitarbeiter mitreißen, birgt jedoch die Gefahr eines Strohfeuers in sich.

Der Umgang mit Krisen ist folglich langfristig die Stunde der Feldherren und Mediatoren:

- Feldherren reduzieren die kommende Wirklichkeit auf die wesentlichen Möglichkeiten. Sie bleiben dabei sachlich und realistisch.
- Mediatoren blicken der Zukunft gelassen entgegen. Sie gehen davon aus, dass ihre Mitarbeiter an den Anforderungen wachsen und sie bewältigen werden.

Was Sie als Führungskraft konkret tun können, zeigt sich anhand der drei Komponenten des Vertrauens nach dem Medizinsoziologen Aaron Antonovsky:[23]

1. Ein Gefühl der *Verstehbarkeit* hilft dem Mitarbeiter, einzuschätzen, was auf ihn zukommt und diese Einflüsse auf ihn in ein logisches Gesamtkonzept einzuordnen.
2. Ein Gefühl der *Handhabbarkeit* vermittelt ihm die Zuversicht, eine Situation sowie sich selbst in der Situation im Griff zu haben.
3. Ein Gefühl der *Sinnhaftigkeit* hilft ihm, die Einflüsse auf ihn in einen größeren Sinnzusammenhang zu stellen.

Merke: Keine Überraschungsangriffe und Tiefschläge! Wenn Sie Ihren Mitarbeitern schon auf die Füße treten, muss das Sinn machen, der „Angriff" muss zu bewältigen sein und Ihr Gegenüber muss gewappnet sein.

## Selbstsichere und unsichere Mitarbeiter

Unsichere Mitarbeiter bekommen auf der Basis einer tragfähigen Bindung, eines guten Vertrauensverhältnisses zu ihrer Führungskraft, durch eine Neubewertung ihrer Potenziale von außen, durch Verstehbarkeit, Handhabbarkeit und Sinnhaftigkeit ein positiveres Bild von sich.

Gerade bei unsicheren Mitarbeitern muss das Vertrauen in deren realistische Potenziale auf belegbaren Beobachtungen fundieren, um glaubhaft zu sein. Es geht vor allem auch darum, dass Mitarbeiter selbst an ihre Potenziale glauben.

Dass es kein Rezept für alle Fälle gibt, zeigte eine Studie[24] des Psychologen Adam Grant. Grant analysierte die fünf größten Pizza-Dienste der USA. Das Ergebnis:

---

[23] Vgl. Antonovsky, S. 34 f.

- Extravertierte Chefs führen passive Mitarbeiter zu einem 16 Prozent höheren Gewinn.
- Introvertierte Chefs führen aktive Mitarbeiter zu einem 14 Prozent höheren Gewinn.

Extravertierte Chefs untergraben die Aktivitätsfreude ihrer selbstsicheren Mitarbeiter, die sich demotiviert zurückziehen. Dagegen profitieren unsichere Mitarbeiter von kleinen Anstupsern von etwas dominanteren Chefs. Wie diese Stupser aussehen, ist jedoch entscheidend, da Unsichere zum Herdentrieb-Effekt neigen: „Ich mach', was die anderen machen. So falle ich nicht auf." Sollten Sie als extravertierter Chef „vortanzen", tanzen unsichere Mitarbeiter nach. Das kann in Krisen sinnvoll sein, langfristig innovativ ist es sicherlich nicht.

Das Zustandekommen eines Herdentriebs lässt sich auf einfache Weise mit spieltheoretischen Mitteln erklären. Gehen wir von zwei beinahe gleich guten Optionen aus, einer Option A mit einer Wahrscheinlichkeit von 60 Prozent positiver Folgen und einer Option B mit einer 40-prozentigen Wahrscheinlichkeit positiver Folgen. Somit besteht bei jeder Person, die eine Wahl treffen muss, immer noch die 40-prozentige Wahrscheinlichkeit, die schlechtere Option zu wählen. Was passiert nun, wenn der wählenden Person ein Freund einen persönlichen positiven Hinweis zu B oder einen negativen Hinweis zu A gibt?

Vermutlich kennen Sie die folgende Situation: Sie wollen sich ein neues Auto kaufen, wälzten in den letzten Monaten diverse Autozeitschriften und legten sich auf ein bestimmtes Modell fest. Jetzt lernen Sie auf einer Party diesen einen Menschen kennen, der aufgrund eigener Erfahrungen ganz und gar von diesem Modell abrät. Ihr eigentlicher fester Entschluss gerät plötzlich ins Wanken.

Lassen Sie uns die Logik dahinter auf eine Situation in Ihrem Arbeitsalltag übertragen. Nehmen wir an, Ihr Team, bestehend aus zehn Personen, kann sich zwei Visionen zur Veränderung des Servicepoints vorstellen. Nehmen wir weiter an, dass sechs Personen für Vision A (A1–A6), die anderen vier für Vision B (B1–B4), sind. Alle bildeten sich unabhängig voneinander eine Meinung. Normalerweise ein klares Verhältnis. Was aber passiert, wenn sich B1 als Erster zu Wort meldet? Das könnte B2 ermutigen, sich ebenfalls zu äußern, was wiederum A1–A6 beeinflussen könnte, die nichts von ihrer 60-prozentigen Dominanz wissen. A1–A6 könnten sich denken: Aufgrund meiner Erkenntnisse bin ich für A. Nun bekam ich anderweitige Informationen. Nachdem sich B1 äußerte, liegt für A1–A6 ein inneres Patt vor: B1 gegen mich. Sobald B2 spricht, steht es bei A1–A6 innerlich 2:1 für B. Lässt sich nur ein A von B1–B4 überzeugen, beginnt das Verhältnis zu kippen.

Kommt Ihnen das bekannt vor? Was passiert, wenn sich Ihr Vorgesetzter in einer Diskussion als erstes meldet? Vielleicht hängt sich einer Ihrer Kollegen an dessen Meinung. Sie selbst sind anderer Meinung. Aber bei so viel Übermacht …

Um den Herdentrieb zu verhindern, empfiehlt es sich:
- Vor Beginn einer Diskussion zu klären, wer zu Option A oder B neigt, notfalls in einer geheimen Abstimmung.
- Eine argumentative Diskussion zu führen.
- Eine endgültige Abstimmung vorzunehmen.

Nun könnten wir meinen, dass selbstsichere Menschen gegen diesen Effekt gewappnet sind und sich nicht so leicht überzeugen lassen. Stimmt. Doch leider gibt es auch hier einen Effekt mit ungünstigen Folgen. Selbstsichere tendieren zum sogenannten Veblen-Effekt, das heißt sie grenzen sich von der Masse ab.

Gehen wir in unserem Beispiel davon aus, dass Vision A die besseren Argumente hat und in der Überzahl ist. Jedoch sind in Gruppe A weitgehend introvertierte Denker, während Gruppe B überwiegend aus extravertierten Selbstdarstellern besteht. Dennoch traut sich A1 mit seiner Meinung nach vorne. Sobald A1 jedoch seine Argumente vorträgt, tendieren B1-B4 zum vehementen Widerspruch, selbst wenn A1 die besten Argumente der Welt vorbringt. Wettert B1 nun postwendend gegen A1, macht das Eindruck auf die anderen As. Es könnte sie verunsichern. Sollte nur ein A umkippen, steht es 50 zu 50. Noch einer und die Entscheidung fällt zugunsten der Gruppe B. Das zu verhindern geht genauso wie die Verhinderung des Herdentriebs.

## 1.3  Fehler sind sexy

Thomas Alva Edison meldete Patente für über 1.000 Erfindungen an. Manche davon sind kaum bekannt wie der elektrische Schreibstift von 1876, andere fragwürdig wie der elektrische Stuhl, wieder andere revolutionär, wie das Telefon, das wir heute noch benutzen. Eine gewisse Leidensfähigkeit sollten Visionäre, Forscher und Entdecker in jedem Fall mitbringen. Für etwas zu kämpfen bedeutet, ein Scheitern in Kauf zu nehmen.

---

[24] Vgl. http://knowledge.wharton.upenn.edu/article/analyzing-effective-leaders-why-extraverts-are-not-always-the-most-successful-bosses

Die Biologie liefert dafür das ideale Vorbild. 99 Prozent aller Arten, die jemals die Erde bevölkerten, gibt es nicht mehr.[25] Die Natur macht Fehler – und lernt daraus. Konsequent und mit einem schier unerschöpflichen Mut. Doch offenbar scheint es sich zu lohnen, 99 Prozent der Energien darauf zu „verschwenden", um die restlichen 1 Prozent zu optimieren. Die Natur nutzt Fehler als Informationsquelle. Sie geht Wagnisse ein. Ein riskanter Umgang mit Ressourcen, der deshalb sexy ist, weil die Natur es sich leisten kann. Oder leisten muss, um zu optimalen Ergebnissen zu kommen.

Es ist sehr wahrscheinlich, dass die Natur einst eine Raupenart testete, die sich nur eine Woche verpuppte. Doch leider konnte diese ihr Falterdasein nicht lange genießen. Ihre Muskeln waren zu schwach zum Fliegen. Ihre Raupenkollegen mit einer Verpuppungsdauer von zwei Wochen überlebten. Gut, dass wir Menschen nicht bei jedem Fehler sterben, sondern aus eigenen wie aus den Fehlern anderer lernen, wobei gilt: Je größer der Fehler, desto größer der Lerneffekt. Kein Wunder, dass sich der Mensch evolutionsbiologisch einen natürlicheren Umgang mit Fehlern wünscht. Denn Fehler sind eine wesentlich reichhaltigere Informationsquelle für unsere Weiterentwicklung als Erfolge.

Ein Blick in meine Aphorismen-Sammlung als Ausdruck dieses Wunsches förderte folgende Schätze zu Tage:

- Fehler zu machen ist menschlich. Fehler zu wiederholen ist schmerzlich. Dieselben Fehler immer wieder zu machen ist dämlich.
- Wer arbeitet, macht Fehler. Wer viel arbeitet, macht viele Fehler. Ich kenne Menschen, die niemals Fehler begehen!
- Erfahrung ist, wenn man anstelle der alten Fehler neue Fehler macht.
- Es ist von großem Vorteil, die Fehler, aus denen man lernen kann, frühzeitig abzuhaken.
- Der größte Fehler des Lebens besteht darin, sich ständig vor Fehlern zu fürchten.
- Durch Fehler wird man klug! Manche Organisationen scheinen den Begriff des Fehlers nicht zu kennen!

Warum jedoch wird die Forderung nach einer effektiveren Fehlerkultur so selten umgesetzt? Warum sind Organisationen so wenig durchdrungen vom Geist eines offenen, lernenden Umgangs mit Fehlern? Fehler vermeidet man, indem man Erfahrungen sammelt. Erfahrungen sammelt man durch Fehler. So einfach könnte es sein. Und doch fällt es Organisationen immer noch schwer, mit Fehlern angemessen umzugehen.

---

[25] Vgl. Beetz, S. 101

Dabei ließe sich klein anfangen. Fragten Sie einen Bewerber in einem Vorstellungsgespräch jemals nach seinen größten Fehlern? Nicht um ihn zu provozieren oder gar zu denunzieren, sondern um herauszufinden, was er daraus lernte oder seine Risikofreudigkeit abzuschätzen.

Herausfordernd zu führen heißt auch, sich für einen offeneren Umgang mit Fehlern auszusprechen. Fehlern haftet jedoch immer noch der Makel des Fehlens an. Was jedoch fehlt, ist das Stehen zu einer gescheiterten Idee. Dabei könnten Fehler so sexy sein, würden wir realisieren, dass jedes Scheitern den Mut voraussetzt, Wagnisse einzugehen.

## 1.3.1  Der richtige Umgang mit Fehlern

Ein Mitarbeiter wird öffentlich für einen Fehler gerügt – ein klassischer Verstoß gegen die Provokationsregel Nummer 1: Fairness. Der Bloßgestellte fühlt sich gegenüber anderen unfair behandelt, schließlich ist er nicht der Einzige, der Fehler macht. Möglicherweise beruhte der Fehler auch auf unzureichende oder sogar falsche Informationen. Was passiert? Der Mitarbeiter zieht sich zurück und orientiert sich womöglich über kurz oder lang neu. Denn wie hoch schätzen Sie die Wahrscheinlichkeit ein, dass er freudestrahlend ausruft: „Das geschieht mir recht! Endlich erkennt jemand, was für eine Niete ich bin!" Oder wird er im Dienste seiner Psychohygiene in sich hinein grummeln: „Warum ich? Die anderen machen auch Fehler. Außerdem wurde ich falsch informiert. Hingehängt werden sowieso nur die kleinen Fische." Sobald ein Skript zum Thema abläuft, droht dem Unternehmen somit der Verlust dieses Mitarbeiters. Die Kündigung mag sich noch ein Jahr hinziehen, doch die öffentliche Rüge den Grundstein dazu legte.

Besser wäre es, das Zugeben eines Fehlers öffentlich zu honorieren. Denn wer Fehler zugibt, zeigt Mut und verhindert dabei, dass anderen dieser Fehler ebenfalls unterläuft.

## Fehlerhypnose

Wird der Mitarbeiter jedoch auf Fehlervermeidung getrimmt, laden Sie ihn dazu ein, sich auf Fehler geradezu zu hypnotisieren:

Stellen Sie sich vor, Sie säßen in Ihrem Wagen auf dem Weg nach Hause und würden mantra-artig wiederholen: „Ich darf nicht gegen einen Baum fahren. Ich darf nicht gegen einen Baum fahren. Ich darf nicht …" – Bumm!

Macht das Sinn? Würden Sie es gerne ausprobieren? Würde es Sie davon abhalten, tatsächlich gegen einen Baum zu rauschen? Oder würde Sie einer der vielen Bäume magnetisch anziehen?

Die Angst davor, einen Fehler zu machen, lässt uns verkrampfen, das verdeutlichen Wärmebilder[26] ängstlicher Menschen: Zwar können wir nicht vorhersehen, ob sich die Fehlerwahrscheinlichkeit durch Angst erhöht, jedoch reduziert sich die Kreativität im Umgang mit heiklen Situationen deutlich. Kreativität benötigt Energie. Energie kommt aus einer unverkrampften Blutzirkulation, die bei ängstlichen Menschen unterbrochen ist.

Gleichzeitig führen Ängste zu einer Vermeidung von Risiken, wodurch sich weder der Mitarbeiter, noch die gesamte Organisation weiterentwickeln wird. „Lieber nichts tun" lautet die Devise der Misserfolgsvermeider. Der Psychologe Gerd Gigerenzer spricht in diesem Zusammenhang von defensiven Entscheidungen.[27]

### Exkurs: Tendenz zur Mitte

Es ist nicht unüblich, dass Mitarbeiter für eine positive Leistung gelobt werden und anschließend schlechter werden oder aufgrund eines Fehlers eine Rüge bekommen und danach besser aufpassen. Schnell werden kausale Verbindungen erstellt, die keine sind. Vielleicht liegt es nur daran, dass der Mitarbeiter in einem bestimmten Moment großes Glück hatte und in einem anderen Pech. Die Rolle von Zufällen wird aufgrund unserer Kontrollgläubigkeit häufig unterschätzt. Nach solchen Zufällen entsteht meist der Sog zur wahrscheinlichen Mitte, zurück zur Normalität. Umso wichtiger ist es, sich die persönlich veränderbaren anstatt zufälligen Faktoren genauer anzusehen.

## Kommunikation als Sicherheitsnetz

Für Menschen, die ihre Aufgabe ernst nehmen, sind Fehler unangenehm genug. Eine externe Bestrafung erübrigt sich. Besser wäre es, sich dem „Wie konnte das passieren?" statt dem „Wer war das?" zu widmen. Mit dem Ergebnis, dass 80 Prozent aller Fehler durch ein positives Arbeitsklima und eine funktionierende, hierarchieübergreifende Kommunikation vermieden werden:

---

[26] Vgl. Nummenmaaa/Glereana/Harib/Hietanend: Bodily maps of emotions, http://www.pnas.org/content/111/2/646.full
[27] Vgl. Gigerenzer

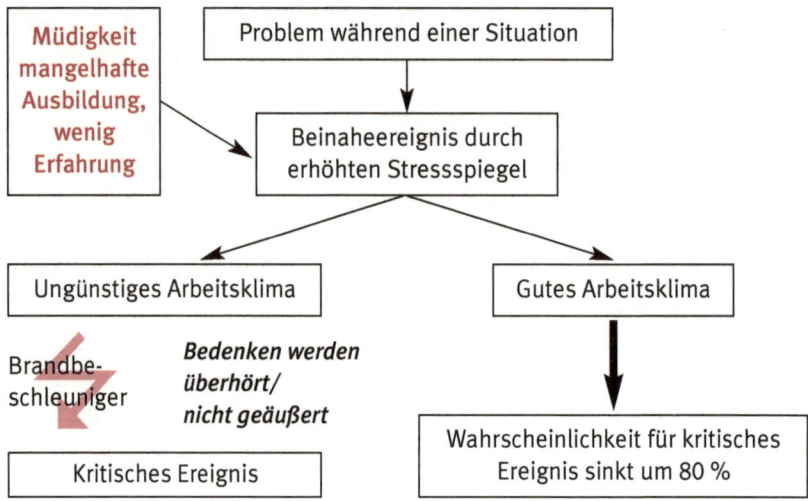

### 1.3.2 Perfekter Perfektionismus

**Reflexion: Einstellungskriterien**

*Worauf achten Sie bei der Einstellung eines Mitarbeiters am meisten?*

*a) Selbstständigkeit*
*b) Neugier*
*c) Risikofreude*
*d) Perfektionismus*

*Sollten Ihnen die Eigenschaften a) bis c) wichtig sein, müssen Sie mit Fehlern rechnen. Wer selbstständig, neugierig und risikofreudig ist, macht Fehler, aus denen er – hoffentlich – in Sprüngen lernen wird. Perfektionistische Mitarbeiter hingegen lernen – wenn überhaupt – nur in kleinen Schritten.*

Der italienische Volkswirtschaftler Wilfredo Pareto beobachtete, dass im Italien des 19. Jahrhunderts nur 20 Prozent der Bevölkerung über 80 Prozent des Geldes verfügten. In der Folge beobachtete Pareto diesen Effekt an weiteren wirtschaftlichen und natürlichen Prozessen, woraus er folgende Regel formulierte:

In einer beliebigen Menge von Einflussfaktoren bewirkt eine zahlenmäßig kleine Menge den größten Effekt:

- 20 Prozent der angebotenen Dienstleistungen erbringen 80 Prozent der Umsätze.
- 20 Prozent der Aufgaben eines Mitarbeiters sind für 80 Prozent seines Erfolgs verantwortlich.
- Ein Prototyp lässt sich in 20 Prozent der Gesamtzeit erstellen. Die Produktion des perfekten Produkts dauert weitere 80 Prozent.

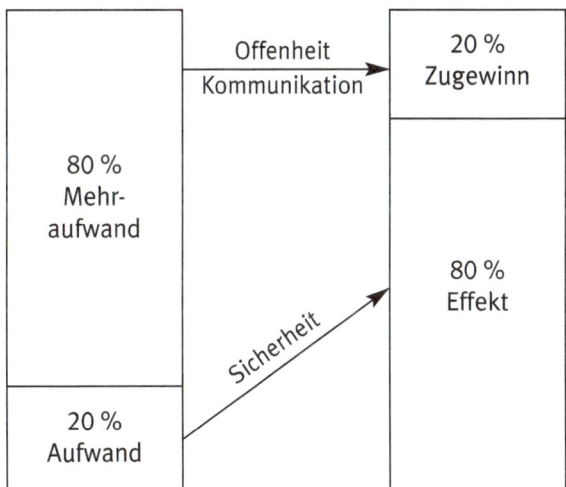

Fragen Sie Ihre fehlervermeidenden, perfektionistischen Mitarbeiter:
- Bei welchen 20 Prozent einer Aufgabe darf auf keinen Fall ein Fehler passieren?
- Bei welchen 80 Prozent darf ich riskanter vorgehen? Sollten dort Fehler entstehen, werden wir diese anschließend gemeinsam aufarbeiten.
- Wo muss ich in einem Konzept sogar Luft lassen, um den Rest gemeinsam mit dem Kunden zu klären?

Sie wissen ja: Aus Fehlern wird man klug, drum ist einer nicht genug!

---

**TIPP: RISIKORUNDEN**

Fehler sind menschlich. Führen Sie in Teamsitzungen Risikorunden ein:

- Wer ging ein Risiko ein, das belohnt wurde?
- Welche Risiken führten zu Fehlern und was lernen wir daraus?
- Gehen Sie als Führungskraft mit gutem Beispiel voran. Aber Vorsicht: Über Fehler und deren Folgen zu sprechen, könnte heitere Nebeneffekte haben.

# 1.4 Mental vorbereitet in den Ring

Ein aufmerksamer Kämpfer ist einem ungestümen langfristig immer überlegen. Der Heißsporn prescht nach vorne und rennt in Fallen, die er sich selbst legte. Der Wachsame geht auf Tuchfühlung. Er beobachtet, zieht seine Schlüsse und nimmt dort, wo es sinnvoll erscheint, Kon-Takt auf. Er lässt sich auf jeden Gegner individuell ein und führt ihn mit unsichtbarer Bindung. Provokationen bekommen durch Achtsamkeit eine wesentlich höhere Treffsicherheit.

In Mitarbeitergesprächen manifestiert sich diese unsichtbare Verbundenheit durch Fragen, Zuhören, Wahrnehmen und Reagieren. So wird der Mitarbeiter eingeladen, vom gegenseitigen Schlagabtausch zu einem gemeinsamen Wettbewerb der Ideen bis hin zu einem wertschätzenden Kommunikationstanz zu kommen.

## 1.4.1 Auf dem Weg zu einer achtsamen Streitkultur

### Mit Achtsamkeit zu mehr Souveränität

> **Übung: Muskelentspannung**
>
> Ballen Sie Ihre Fäuste und achten drei Atemzüge lang auf Ihre Atmung. Öffnen Sie Ihre Fäuste und achten darauf, wie sich Ihre Atmung verändert. Wurde es leichter und entspannter zu atmen? Hatten Sie das Gefühl, sich weniger anstrengen, die Luft weniger in Ihre Lungen pressen zu müssen? Vielleicht hatten Sie das Gefühl, dass Ihre Atmung beinahe von alleine funktioniert?

Entspannung, insbesondere Muskelentspannung, führt dazu, Druck aus Gesprächen zu nehmen. Das macht es möglich, einen Prozess zu entschleunigen und genauer hinzuhorchen, um was es wirklich geht und auf meine Intuition zu achten.

Ein zentraler Aspekt in der Achtsamkeitsmeditation ist die Trennung von Wahrnehmung und Bewertung, um neue Informationen als das wahrzunehmen, was sie sind: Optionen, die ich erst später bewerte.

### Aus der Wissenschaft: Meditation macht klug
Richard Davidson und Britta Hölzel[28] stellten fest, dass regelmäßig meditierende Menschen eine 30mal höhere Aktivität von Gammastrahlen im Gehirn besitzen. Dadurch

---

[28] Vgl. Davidson/Begley, S. 322 ff.

nimmt die graue Masse zum Aufbau neuer Strukturen und Netzwerke im Hippocampus zu, in der Amygdala dagegen nimmt sie ab. Meditierende sind damit weniger gestresst, kreativer und schneller im Denken und Erfassen komplexer Zusammenhänge.

### Test zum Aufmerksamkeitsblinzeln

Folgen zwei ähnliche Reize (zum Beispiel die Buchstaben und Ziffern P N E 3 T U S 7 G B J) innerhalb einer halben Sekunde aufeinander, wird der zweite Reiz mit einer Wahrscheinlichkeit von 50 Prozent nicht wahrgenommen. Nach drei Monaten Achtsamkeitstraining erhöhte sich das Erkennen auf 83 Prozent. Meditation verringert den Energieaufwand der Wahrnehmung. Es wird nur wahrgenommen, nicht jedoch bewertet.

### Test zur selektiven Wahrnehmung[29]

In einer weiteren Studie wurden Probanden auf beide Ohren hohe und tiefe Töne geschickt. In der ersten Phase sollten sie 5 Minuten lang auf eine Taste drücken, sobald links der hohe Ton kam, in der zweiten Phase sollten sie 5 Minuten lang auf eine Taste drücken, sobald rechts der tiefe Ton kam, in der dritten Phase 5 Minuten lang die Taste drücken, sobald links der tiefe Ton kam und zum Schluss 5 Minuten lang die Taste drücken, sobald rechts der hohe Ton kam. In einem ersten Durchlauf lag die Fehlerquote bei 20 Prozent, nach einer dreimonatigen Achtsamkeitspraxis und der anschließenden Wiederholung des Tests lag sie bei 9 Prozent. Wird Wahrgenommenes nicht sofort bewertet, können wir mehr Informationen aufnehmen. Die spätere Verarbeitung erfolgt schneller und intuitiver, als schwebten Sie wie ein Zenmeister über den Fakten.

### Reflexion: Die große Leere

*Kennen Sie die Momente, in denen sich Erkenntnisse scheinbar aus dem NICHTS ergeben? Sie sitzen da und auf einmal: Heureka! So sollte ich diese Aufgabe angehen. Wie oft in der Woche nehmen Sie sich Zeit für ein solches NICHTS? Für dieses NICHTS müssen Sie nicht einmal im Lotussitz durch Ihr Büro schweben. Ein langsamer Spaziergang im Park reicht meist vollkommen aus.*

## Abstand und Perspektivwechsel

Neurowissenschaftler stellten fest, dass Übungen, die einen Abstand in das eigene Erleben einbauen, dabei helfen, Emotionen rationaler zu betrachten und so dem Präfrontalen Cortex und damit der Rationalität die Chance zu geben, Situationen

---

[29] Ebd. S. 324 ff.

neu zu bewerten, statt die immer gleichen Emotionen in Endlosschleifen zu durchleben.

### Aus der Wissenschaft: Abstand fördert Reflexion

Walter Mischel et al.[30] gaben in einer Studie die Anweisung „Stellen Sie sich vor, Sie erleben eine unangenehme Situation aus der Sicht einer Fliege an der Wand." Der Effekt: Die Amygdalae funkten weniger, der Präfrontale Cortex umso mehr. Unangenehme Emotionen lassen sich damit leichter regulieren, was ein Anlegen neuer Wege im Gehirn fördert. Eingeübte Achtsamkeit funktioniert wie ein Stopp-Schild: Moment! Kann ich hier wirklich mit meinen üblichen Denk-, Verhaltensweisen und Argumenten agieren? Oder sollte ich mir die Situation genauer ansehen?

Mit Achtsamkeit lassen sich mögliche Fehler wie ein Fehlerdetektor vorwegnehmen, bevor sie passieren.[31] Statt Fehler zu vermeiden und gerade deshalb nicht wahrzunehmen, werden sie gezielt gesucht, um reagieren zu können.

---

**TIPP: PAUSEN SIND ARBEIT**

Wann haben Sie Ihre besten Ideen?

Meine Seminarteilnehmer antworten auf diese Frage meist mit „unter der Dusche", „im Urlaub", „auf dem Weg nach Hause" oder „in den Pausen". Pausen sind eben auch Arbeit, vermutlich sogar die wertvollsten Stunden in oder außerhalb der Arbeitszeit. Wenn der Geist zur Ruhe kommt, kann unsere Intuition Aufgenommenes verarbeiten.

Bitten Sie deshalb Ihre Mitarbeiter nach einem Feedbackgespräch nicht um eine sofortige Rückmeldung, sondern nur darum, über das Besprochene bis zu einem klar vereinbarten Termin nachzudenken.

---

## Achtsamkeit im Gespräch

Unter Stress tendieren Mitarbeiter dazu, in Rollenzwänge zu verfallen. Denken, Fühlen und Wollen werden fixiert. Mitarbeiter tendieren dazu, altbekannte, gewohnte Methoden zu nutzen, selbst, wenn diese im Moment nicht zu funktionieren scheinen: Die Stimme wird lauter, die Gesten kantiger, die Argumente einseitiger.

Als Einstieg in ein Gespräch sollten Sie sich Ihrer eigenen Achtsamkeit gewahr werden. Das achtsame „Nach-Innen-Schauen" hilft Ihnen, den eigenen Erfolgs- oder

---

[30] Vgl. Mischel, S. 191 f.
[31] Vgl. Welzer, S. 143 f.

Zeitdruck zu bemerken und durch Verbalisierungen zu entwaffnen, bevor er auf Ihr Gegenüber ausstrahlt. Natürlich teilen Sie Ihrem Gegenüber nicht mit, dass Sie gestresst sind. Sie können jedoch sehr wohl ansprechen, dass im anstehenden Gespräch spannungsgeladene Themen zur Sprache kommen werden, die Ihnen selbst nicht besonders angenehm sind, die jedoch besprochen werden müssen. Neben der Spannungsreduzierung auf der eigenen Seite, geben Sie Ihrem Gegenüber die Chance, sich für das kommende Gespräch angemessen zu wappnen.

Die eigene Achtsamkeit hilft Ihnen dabei, vom kopflosen, nach vorne stürmenden Soldaten zum überlegten, taktisch und strategisch versierten Feldherrn zu mutieren. Der Soldat ist zwar näher an seinem Team und kennt dessen Stärken und Schwächen. Der Feldherr jedoch behält den Überblick über die aktuelle Lage und die langfristigen Konsequenzen des Teamverhaltens. Er lässt sich von einzelnen Faktoren nicht über Maß beeinflussen, sondern behält mit großer Aufmerksamkeit und Konzentration das große Ganze im Blick. Das hilft ihm dabei, an seinen moralischen Überzeugungen festzuhalten und notwendige Kritik anzubringen, ohne Mitarbeiter persönlich zu attackieren. Generälen geht es nicht um emotional eingefärbte Ideale, die das Team motivational mitreißen, sondern um das Team selbst. Denn nach jedem Erfolg braucht es ein effizient aufeinander eingestimmtes Team, um den nächsten Erfolg in Angriff zu nehmen. Gleichzeit muss das Team auch die Fähigkeit besitzen, sich nach jedem Misserfolg neue Ziele zu stecken.

Bemerkt Ihr innerer Feldherr, dass Ihr Gegenüber wütend, enttäuscht oder besorgt reagiert und damit das Gespräch ins Stocken gerät, können Sie seine Empfindungen „externalisieren", um sie sachlich aus der Distanz zu betrachten.

---

**BEISPIEL:**

„Herr Schubert, ich möchte Ihnen einen Vorschlag machen. Lassen Sie uns Ihren Ärger ein wenig aus der Distanz betrachten, zum Beispiel als Bild in einem Museum: Wie sähe dieses Bild aus?"

Sollte Ihr Mitarbeiter Sie mit großen Augen ungläubig anstarren, sollten Sie ihm ein Angebot machen, indem Sie den ersten Schritt tun: „Mein Bild sähe in etwa so aus: Da ist ein Vulkan, der noch nicht weiß, ob er ausbrechen soll oder nicht. Durch diese innere Spannung entstehen kleine Risse an der Oberfläche. Passt dieses Bild zu Ihrem Ärger?"

Aber Vorsicht: Von Körpermetaphern ist in diesem Kontext abzuraten. Sie liegen zu nahe am Empfinden und könnten zu einer emotionalen Eskalation führen.

Der Abstand hilft, einen klaren Blick zu bekommen. Die Trennung von Wahrnehmung und Bewertung hilft zudem, die vermeintlichen Fehler anderer nicht gleich als Fehler zu definieren, sondern als Optionen einzuräumen. Wird das Wahrgenommene nicht sofort bewertet, bleiben unterschiedliche Meinungen für einen Moment nebeneinander stehen, um in Ruhe zu klären, ob ein vermeintlicher Angriff sachlich oder persönlich gemeint war. So übernehmen beide Kontrahenten Verantwortung für das eigene Verhalten. Im Anschluss an die Analyse des Problem- und Verantwortungseigentums lässt sich die Übernahme und Teilung der Verantwortung leichter erörtern.

Erst wenn ich mich von meiner Meinung als einzig Wahrem löse, bin ich offen, neue Erfahrungen aufzunehmen, darauf einzugehen und die Meinungen meines Gegenübers als Ergänzung meiner eigenen Erkenntnisse wahrzunehmen. Damit fördert Achtsamkeit eine Streitkultur ohne Vorurteile.

## 1.4.2 Wirkungen und Status

### Unbewusste emotionale Wirkungen

Jenseits des Gesagten entfaltet das Ungesagte eine Wirkung auf uns. So teilt sich die Unzufriedenheit des Mitarbeiters ebenso unbewusst über seine Körpersprache mit und färbt auf uns ab wie seine Begeisterung oder sein Optimismus.

Um Körpersprache nachzuempfinden gibt es die sogenannten Spiegelneuronen. Sie gelten als Bibliothek körperlicher Handlungsakte, indem sie uns bei der Deutung dahinter liegender Emotionen helfen.

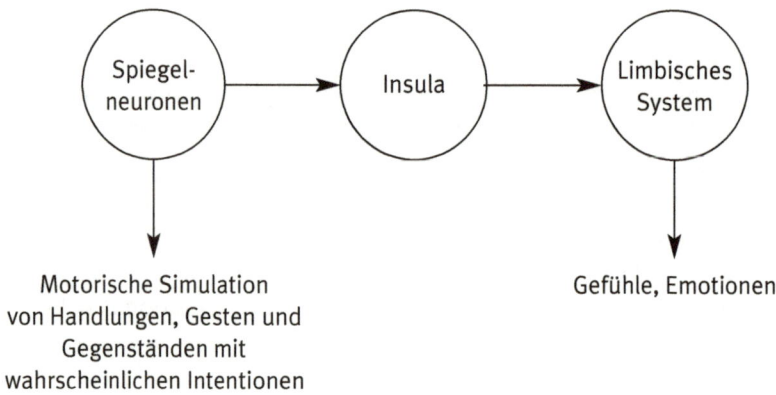

Spiegelneuronen helfen uns, unser Gegenüber emotional einzuordnen und Bindungen aufzubauen. In Kulturen, in denen Menschen stärker aufeinander angewiesen sind und in denen folglich Bindung wichtig(er) ist, gibt es auch mehr Menschen mit absolutem Gehör, in China mehr als in den USA. In Städten reicht es oftmals aus, pure Sachinformationen auszutauschen. In dörflichen Gegenden spielt auch die Sprachmelodie im Dialekt eine wichtige Rolle, um den Bindungsaufbau zu erleichtern. Wird die Sprachmelodie nachgeahmt, zum Beispiel bei der Wiederholung eines Satzes in einer fremden Sprache, wird dieser besser verstanden.[32] So haben US-Amerikaner oft einen breiten Akzent, während Engländer singen, Deutsche sachlich und klar akzentuiert sprechen und Italiener die Vokale dehnen.

## Klärung des eigenen Status

Da unsere Spiegelneuronen unwillentlich funken, sollten Sie als Führungskraft besonders auf Ihre Wirkung achten. Diese hängt im kommunikativen Wettstreit vor allem von Ihrem Provokationsstatus ab:

- Als Visionär sind Sie optimistisch und enthusiastisch. Allerdings laufen Visionäre oft Gefahr, abgehoben und nicht greifbar zu wirken.
- Als Idealist spielen Sie den mitreißenden, Hoffnung gebenden Retter, können aber auch die Wirkung eines kompromisslosen Berserkers haben.
- Als Feldherr vermitteln Sie Zuversicht und Souveränität, können auf Ihre Umgebung aber auch kühl und distanziert wirken.
- Als Mediator strahlen Sie Ruhe und Gelassenheit aus, müssen sich eventuell jedoch den Vorwurf der Trägheit oder Unbeteiligtheit gefallen lassen.

Achten Sie darauf, in welcher Rolle Sie auftreten und was der Gesprächsprozess benötigt: Wollen Sie das Gespräch kreativ vorantreiben, Ihren Mitarbeiter motivational mitziehen, ihm mithilfe von Strukturen Sicherheit und Klarheit bieten oder ihm den Freiraum zur Entwicklung geben?

Klären Sie Ihren Status nicht, besteht die Gefahr einer mangelnden oder übertriebenen Abgrenzung. Bei einer mangelnden Abgrenzung sind Sie zu sehr Teil des Teams, was Ihre freie Entscheidungskraft lähmt. Eine übertriebene Abgrenzung macht aus logisch nachvollziehbaren Reflexionsphasen Elfenbeintürme und aus Entscheidungsfreude Brutalität.

---

[32] Vgl. Interview mit Diana Deutsch im Zeitmagazin, Ausgabe 50/2015.

Optimal wäre ein Kreislauf vom Visionär bis zum Mediator: Visionäre grenzen sich ab, um Ideen zu generieren, die nicht jedem schmecken. Idealisten suchen sich für diese Ideen Verbündete, grenzen sich aber gegen vermeintliche Gegner klar ab. Feldherren haben das große Ziel im Blick. Sie nutzen die Meinungen der Abgegrenzten als wertvolle Informationen. Mediatoren schließlich holen diese wieder ins Boot, um zu guter Letzt an gemeinsamen Lösungen zu arbeiten.

### 1.4.3 In Kon-Takt gehen

**Erde, Wasser, Feuer, Luft**

Als einfachstes System an unser Gegenüber „anzudocken", bieten sich die klassischen Elemente Erde, Luft, Feuer und Wasser an:

- luftig, frei und kreativ
- feurig, herausfordernd und energisch
- geerdet, mit klaren Standpunkten
- fließend, reflektiert und verständnisvoll

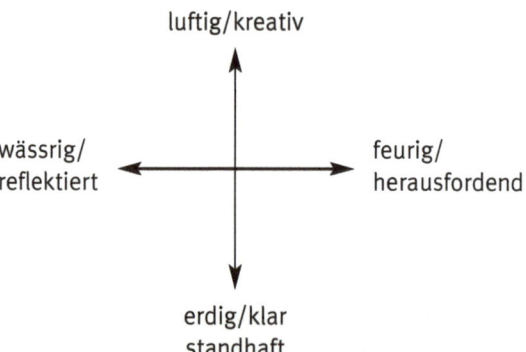

Der Visionär hebt vom Boden ab, in der Hoffnung auf spannende Erkenntnisse. Der Idealist prescht nach vorne, um sich Respekt zu verschaffen. Der Feldherr steht klar geerdet auf dem Boden der Tatsachen. Und der Mediator nimmt sich Zeit zum Nachdenken oder schwingt elegant-verbal mit dem Gesprächspartner mit.

Jede Art hat ihre Qualitäten. Wollen Sie neue Themen etablieren, sollten Sie einen luftig-kreativen Freiraum kreieren. Brauchen Sie Verbündete, müssen Sie engagiert-motiviert auftreten. Wollen Sie Werte vermitteln, für die Sie einstehen, brauchen Sie

Bodenhaftung. Haben Sie das Gefühl, jeder weitere Druck würde die Situation nur verschlimmern, sollten Sie einen Gang herunterschalten.

Um sich mit Ihren Mitarbeitern zu synchronisieren, in der therapeutischen Fachsprache Pacing genannt, können Sie je nach Bedarf klarer, energischer, freier oder fließender (re)agieren. So verfügen Sie über vier verschiedene Möglichkeiten, einen einfachen Satz wie „Ich erkläre es Ihnen gerne noch einmal" auszusprechen.

Wenn Sie diesen Satz testen, merken Sie, wie sich Ihre Körpersprache je nach Element verändert, Sie nach vorne oder oben gehen, standhafter oder versöhnlicher werden. Vielleicht stemmen sich Ihre Hände dazu in die Seiten oder eine Hand bewegt sich nach vorne. Vielleicht wackeln Sie dazu mit dem Kopf oder Ihre Augen verengen sich.

Wenn Sie eine der vier Elemente verbal und nonverbal nutzen, verfolgen Sie das, was ich den kleinsten wissenschaftlichen Ansatz der Welt nenne: Je nachdem, wie Sie den Satz artikulieren, wird Ihr Gegenüber mehr oder weniger Lust haben, auf Sie einzugehen, Ihnen zuzuhören oder sofort in Gegenwehr zu gehen. Damit testen Sie unmittelbar die Wahrscheinlichkeit, Ihr Ziel zu erreichen – in diesem Fall, dass Ihr Mitarbeiter konzentriert zuhört.

In einem Buch über Provokationen hat das Feurige eine spezielle Berechtigung. Ein Mitarbeiter, der Sie herausfordert, ist möglicherweise selbst auf der Suche nach Respekt und Anerkennung und zwar auf die Weise, die er im Laufe seines Lebens als besonders hilfreich kennenlernte. Was Sie als respektlos betrachten, mag für ihn das Gegenteil sein. Vielleicht ist für ihn etwas Wässeriges oder Luftiges respektlos. Er hingegen braucht die Reibung. Lassen Sie sich darauf nicht ein, fühlt er sich in seinem Bemühen missverstanden.

Sie selbst sollten Herausforderungen, mal frech, mal feurig, selten und gezielt einsetzen. Wie Paracelsus einmal sagte: „Die Dosis macht das Gift", in unserem Fall macht die Dosis die Wirkung. Ein Schlag, der daneben geht, schmerzt Sie selbst am meisten, als würden Sie sich bei einem Boxhieb mit voller Wucht ins Leere die Schulter auskugeln. Im Berufsleben merken Sie die Folgen eines solchen Hiebes erst viel später. Sie verlieren nicht das Gleichgewicht wie ein Boxer, der daneben schlägt.[33] Dafür droht Ihnen in einigen Jahren die Gefahr, mit einem Burnout zu Boden zu gehen.

Sie sollten die Herausforderung eines Mitarbeiters annehmen. Das heißt jedoch nicht, sich einen Grabenkampf zu liefern. Als Führungskraft besteht Ihre Aufgabe darin, grundsätzlich ein wenig mehr Verantwortung in Streitgesprächen zu übernehmen und ihm nach einem knackigen Meinungsaustausch ein Angebot zur produktiven Nutzung der neuen Informationen zu unterbreiten.

---

[33] Vgl. Hoffmann, S. 119

## Bindung und Wertschätzung

Neben einer 100 prozentigen Präsenzhaltung sind körpersprachliche Wertschätzung und Anerkennung die zentralen Faktoren, um unserem Gegenüber zu signalisieren, dass uns seine Meinung wichtig ist. Mitarbeiter wollen spüren, ob derjenige, für den sie sich die Mühe machen und ihren Kopf hinhalten, zuhört. Sie wollen wissen, wo ihr Platz im Unternehmen ist, wie ihre Rolle im Team aussieht und auf wen sie sich verlassen können. Dazu gehört, dass Führungskräfte ein offenes Ohr und eine gute Wahrnehmung für die Sorgen ihrer Mitarbeiter haben und diese Sorgen offen ansprechen. Sieht ein Mitarbeiter für sich keine oder eine nur geringe Zugehörigkeit im Team, weil er sich nicht als Person, sondern als Objekt empfindet, erzeugt sein Körper eine schmerzhafte Bedrohungsreaktion.[34]

### Aus der Wissenschaft: Bindung fördert das Gedächtnis und die Motivation

In einer Studie von Carr & Walton (2012) wurde der Einfluss von Bindung auf Aufmerksamkeit, Merkleistung, Motivation, Ausdauer und Sinnhaftigkeit einer Aufgabe getestet. Zwei Gruppen sollten jeweils die gleichen Aufgaben lösen (ein unlösbares Puzzle). Gruppe A bekam die Anweisung: Lösen Sie dieses Puzzle gemeinsam. Bei der Gruppe B fehlte lediglich das Wort „gemeinsam". Nach einigen Minuten bekamen die Teilnehmer einen Hinweiszettel vom Versuchsleiter. Der Hinweiszettel für die Gruppe A war im „Wir-sollten-..."-Stil eines Teilnehmers verfasst, die Anweisung für Gruppe B im sachlichen Stil des Versuchsleiters. Anschließend fanden Befragungen und ein Stroop-Test statt. Bei einem Stroop-Test erscheinen auf einem Bildschirm nacheinander vier verschiedene Farb-Begriffe in verschiedenen Farben. Die Teilnehmer hatten die Aufgabe, den farbigen Knopf zur angezeigten Schriftfarbe zu drücken. Erschien zum Beispiel der Begriff „Blau" in der Schriftfarbe rot, musste der rote Knopf gedrückt werden.

Die Erkenntnisse:
- Gruppe B befasste sich durchschnittlich 11,5 Minuten mit dem Puzzle, bis sie die Lust verlor, Gruppe A 17 Minuten.
- Gruppe A hatte im Stroop-Test eine um 38 Prozent schnellere Reaktionszeit als Gruppe B.

Aus diesem Test wird deutlich, wie wichtig der Faktor Bindung ist. In Gruppe B gab es einen hierarchischen Bruch zwischen Versuchsleiter und Versuchsgruppe. In

---

[34] Vgl. Gerald Hüther: Vortrag: Über die Freude am eigenen Denken und die Lust am gemeinsamen Gestalten beim Entrepreneurship Summit 2015, https://www.youtube.com/watch?v=WROvwFepqos

Gruppe A wirkte der emotionale Bindungsfaktor. Sollen sich Mitarbeiter mit der Übernahme einer Aufgabe auf etwas Neues einlassen, benötigen Sie Bindung und Vertrauen in die Sinnhaftigkeit der Aufgabe. Ohne Bindung werden Unsichere noch unsicherer, so dass an neue Aufgaben gar nicht erst zu denken ist. Die Selbstsicheren dagegen verfolgen eigene Pläne und fordern aktiv ihren Platz im Unternehmen ein. Ein Bindungsverlust führt hier eher zu einer aggressiven Gegenreaktion: „Der Chef hat keine Ahnung! Kritik von dem nehme ich sowieso nicht an!".

### TIPP: ANDOCKEN

Wann nahmen Sie sich zuletzt die Zeit, nachzuempfinden, was einem Mitarbeiter wichtig ist? Der erste Schritt dazu ist lediglich die Zeit und Ruhe, die es für einen offenen Dialog braucht. Docken Sie in einem zweiten Schritt intuitiv-emotional an Ihre Mitarbeiter an, indem Sie Verständnis für die Bedürfnisse der Mitarbeiter nach klaren Rollenaufteilungen, Strukturen, Aufgabenverteilungen oder kreativen Freiräumen ausdrücken. Auf dieser Basis erscheint der dritte Schritt, ein offener „Schlagabtausch", die logischste Sache der Welt. Alles andere wäre verschenkte Zeit.

## 1.4.4  Ein Angebot, das Sie nicht ablehnen können

Sie erklären eine Aufgabe und die Mitarbeiter setzen diese ohne Wenn und Aber um. Dieser Wunschtraum ungeduldiger Visionäre und Idealisten entspricht bedauerlicherweise zumeist nicht der Realität. Weitergesponnen bringt uns dieser Traum zum Thema Selbstorganisation, die nur aus einer Position der Freiwilligkeit möglich ist. Freiwilligkeit jedoch erfordert die Sachlichkeit, Geduld und das Vertrauen strukturiert-mediativer Haltungen. Der Rahmen muss stimmen und es muss genügend Zeit sein, ohne Druck und Hektik.

## Inspirieren, ermutigen, einladen

Wenn es nicht möglich ist, Selbstorganisation nach eigenem Plan zu erzwingen, brauchen wir kooperativere Methoden. Gerald Hüther empfiehlt in seinem Konzept „Supportive Leadership" drei Schritte, um Mitarbeiter wieder zu Subjekten ihres eigenen Denkens und Handelns zu machen:[35]

---

[35] Vgl. Gerald Hüther: Die neue Lust am eigenen Denken. Im Gespräch mit dem Wissens-Verlag (https://www.youtube.com/watch?v=82jJ_WbcIV8)

1. *Inspirieren* Sie Ihre Mitarbeiter, basierend auf dem Leitgedanken „nur wenn ich selber für mein Thema brenne, kann ich ein Feuer in anderen entfachen".
2. *Ermutigen* Sie Ihre Mitarbeiter, indem Sie vermeintlich Feststehendes hinterfragen, Vertrauen signalisieren und chancen- statt defizitorientiert an Probleme herangehen.
3. *Laden* Sie Mitarbeiter *ein*, gemeinsame Erfahrungen zu machen und regen Sie sie dadurch an, zusammen Wagnisse einzugehen und etwas Neues auszuprobieren.

Inspirieren, Ermutigen und Einladen stehen für ein koevolutives Führen, das auf zwei Prinzipien beruht:

1. Mitarbeiter sind von sich aus motiviert. Sie zu schieben oder zu einer Aufgabe zu zwingen, gleicht einem Korken, der in einem Bottich mit dem Daumen gelenkt oder unter Wasser gedrückt wird: Drücke ich einmal, muss ich dauerhaft Druck ausüben. Inspirieren bedeutet, gemeinsam ein Segel für den Korken zu entwickeln, um den Wind auszunutzen. Ermutigen bedeutet: Trau dich. Leg einfach los. Wenn es nicht funktioniert, lernen wir aus unseren Fehlern. Einladen schließlich bedeutet, dass Sie als Kapitän mit an Bord zu sitzen. Die Reise wird mindestens zu zweit stattfinden. Nun stellt sich die Frage, wer welche Rolle übernimmt?
2. Was Ihre Mitarbeiter wirklich antreibt, können und müssen Sie nicht wissen. Selbstreflektierte Mitarbeiter wissen, was sie motiviert und was ihnen wichtig ist. Hier reicht es, Fragen zu stellen. Unreflektierten Mitarbeitern können Sie mit Angeboten auf die Sprünge helfen.

## Mit Angeboten zur Selbstorganisation

Wenig kampferprobten Mitarbeitern, die nicht gerade vor Energie strotzen, können Sie mit einem Augenzwinkern in Mafiosi-Manier „unablehnbare Angebote" unterbreiten. Da selbst unsichere Mitarbeiter zumindest unbewusst am besten wissen, welche Schritte für sie wann am sinnvollsten sind, bieten Angebote einen Ausweg aus dem Dilemma, nicht zu wissen, wie die Mitarbeiter Aufgaben am besten erledigen können, ohne zu bestimmend zu wirken und damit die Motivation abzutöten. Selbstverantwortung wird damit zum letzten Ausweg.

In einem klassischen Marktforschungsexperiment durften Kunden an einem Supermarktstand verschiedene Marmeladensorten testen. Ein Zehn-Sorten-Stand zog mehr Esslustige an, als ein Drei-Sorten-Stand. Von denjenigen, die an dem Drei-Sorten-Stand etwas probierten, kauften jedoch signifikant mehr Personen ein.

Die Zahl drei kommt nicht von ungefähr. Wir denken häufig, es gäbe nur die eine oder die andere Wahlmöglichkeit. Daraus resultiert die manipulative Methode der falschen Wahlmöglichkeiten: „Wollen Sie die Aufgabe jetzt gleich oder bis heute Abend erledigen?" Dabei gibt es meist eine dritte, deutlich weniger manipulative Option, nämlich den Kompromiss: „Wollen Sie die Aufgabe jetzt gleich oder bis heute Abend erledigen? Oder haben Sie eine bessere Idee?" Frei nach Hegel ermöglicht es die dritte Option als Synthese nach These und Antithese Mitarbeitern von starren Entweder-Oder-Positionen wegzukommen, vom entweder „Ich habe recht" oder „Der Chef hat recht" zu einem mediativen Mittelweg, in dem beide recht haben. Das Entweder-Oder steckt die Grenzen der Entscheidungsmöglichkeiten ab. Dazwischen liegt der Handlungsspielraum, der mit Angeboten und Gegenangeboten zu einer reichhaltigen, kreativen und lebendigen Auswahl führt.

Angebote fördern damit die Autonomie des Mitarbeiters und führen ihn schrittweise in Richtung Selbstreflexivität und Verantwortungsbewusstsein.

Ein Prinzip, das selbst in extremen Fällen zum Tragen kommt:

Wenn zwei Mitarbeiter sich streiten, könnten sie als erstes ermutigt werden, selbst Lösungen für ihren Konflikt zu finden. In der Regel braucht es dazu die Einladung, gemeinsam mit einer dritten Person, der Führungskraft oder einem Mediator, den Konflikt zu beleuchten und zu dritt die ersten Schritte zu gehen, bis es auch zu zweit funktioniert. Wird dieses Angebot zur Restautonomie von den Mitarbeitern ausgeschlagen, können Sie den Führungskraft-Joker, die ultima ratio ins Spiel bringen: „Sie haben die Möglichkeit, sich gemeinsam zu einigen. Sollte das nicht funktionieren, muss ich leider im Dienste des Teams bestimmen, wie es weitergeht."

## Geben und Begrenzen

Fragen und Angebote stellen Führung auf den Kopf: Nicht Sie führen den Mitarbeiter, sondern er lenkt sich in einer 360-Grad-Führung selbst: „Herr Schubert, ich habe das Gefühl, unsere beiden Uhren ticken schon seit einiger Zeit nicht mehr synchron. Es irritiert mich, dass eine halbe Sekunde nach meinem Ticken ein Ticken von Ihnen kommt. Was könnten wir aus Ihrer Sicht tun, um unsere Sekundenzeiger wieder zu synchronisieren?"

Das jedoch fällt vielen Vorgesetzten schwer. Viele Führungskräfte, die ich in Coachings und Seminaren kennenlernen durfte, sind passionierte Geber, Kümmerer, Experten und Macher. Sie wollen etwas bewegen und stoßen leider oft an Grenzen. Eine frustrierende Erfahrung. Gemäß dem Watzlawickschen „Mehr vom Gleichen" gilt: Sollte eine Art des Gebens nicht funktionieren, versuchen wir mit einem Mehr davon doch noch unser Ziel zu erreichen: Umfassender Erklären. Die Lautstärke nach oben schrauben. Das Muli energischer anschieben.

Einer Führungskraft dieses Geben, das Sprechen, Begeistern, Anleiten, Erklären und Lösungen finden zu nehmen, gleicht einem Junkie die Droge zu entreißen. Den Mitarbeiter zu fragen, was er braucht, zuzuhören und Hilfestellung bei der persönlichen und fachlichen Entwicklung des Mitarbeiters anzubieten, klingt nach Jobverweigerung. Führungskräfte brauchen ein Methadon-Programm. Sie sollten ihre „Droge" nach wie vor nutzen, sich aber gleichzeitig fragen, ob deren Einsatz noch die erwünschte Wirkung erzielt.

Gleichzeitig wollen Führungskräfte verständlicherweise für ihr Engagement etwas zurückbekommen gemäß dem berühmten Return of Investment-Modell. Das Geben des Mitarbeiters haben Sie jedoch nicht im Griff. Bereits die griechischen Stoiker um Epiktet empfahlen: „Pack nur Dinge an, die du verändern kannst." Sinnvoller ist es deshalb, dem Geben nicht ein Nehmen gegenüberzustellen, sondern ein Begrenzen, um die eigene Kontrolle wieder herzustellen.

- Was bin ich bereit zu geben?
- Zwischen welchen Grenzen liegen meine Angebote?
- Mit welchen Fragen kann ich die Grenzen des Mitarbeiters spielerisch-herausfordernd ausloten und bestenfalls erweitern?

Ohne eine bewusste Begrenzung besteht auf der einen Seite die Gefahr einer Überregulierung, das Mikromanagement alter Schule, auf der anderen Seite die Gefahr des Anpassungseffekts, wodurch Sie Ihre Grenzen stufenweise an die Grenzen der Mitarbeiter anpassen.

Lautet die Alternative, Sie geben Ziele vor (die Obergrenze) und der Mitarbeiter nickt diese ab, macht jedoch aufgrund mangelnder Einsicht nur das Nötigste (die Untergrenze), bieten klar definierte Spielräume der eigenen Erwartungen eine sinnvollere Variante. Besser ist es Ober- und Untergrenzen zur Spielraumbegrenzung offen anzusprechen, um anschließend die Ziele dazwischen auszudiskutieren.

Die einfachsten Grenzen beziehen sich auf zeitliche Absprachen. Ein ehemaliger Chef von mir verzierte Aufträge an mich grundsätzlich mit ‚!!!': Super Dringend! Nachdem ich mehrmals die Erfahrung machte, dass sich manche super-dringenden Aufgaben nach einer Stunde ohne mein Zutun erledigten, erschienen mir die Grenzen meines Chefs zu vage, um sich angemessen daran zu orientieren. Mit Grenzen zu arbeiten, bedeutet demnach auch, klare Abstufungen der eigenen Grenzen für Wichtigkeit oder Dringlichkeit anzuwenden.

## 1.4.5  Der Wettkampf vor leeren Rängen

Der Vergleich eines kommunikativen Austausches mit Wettkämpfen zum Beispiel vor, während und nach einem Fußballspiel bietet uns in vielen Punkten aufschlussreiche Erkenntnisse. Das aufgrund eines Anschlags auf den BVB-Mannschaftsbus verschobene Fußballspiel führte dazu, dass Hunderte von Monaco-Fans von Dortmund-Fans zuhause aufgenommen wurden, getreu dem Motto: „Hart auf dem Platz, aber freundlich vor und nach dem Spiel". Dieser Leitspruch klingt verdächtig nach der Verhandlungsregel „Hart in der Sache und fair in der Beziehung". Auch in punkto Kreativität lassen sich Vergleiche ziehen. Im Fußball gibt es die Intention des 12. Mannes auf dem Platz, der der Mannschaft einen entscheidenden Schub geben kann. Gemeint sind damit die jeweiligen Fans der Mannschaft. Tatsächlich machen Diskussionen mit mehreren Personen nicht nur mehr Spaß, sondern führen in aller Regel auch zu kreativeren Ideen, sofern die entscheidende Innovations-Regel beachtet wird: Keine Bewertung während des Brainstormings! So kann ein freundschaftliches Anfeuern der eigenen Mannschaft diese zu spielerischen Höhenflügen geleiten, während Schmäh-Gesänge auf den Gegner die Aggressionen auf den Rängen wie auf dem Platz schüren können. Sollten Sie im übertragenen Sinne etwas Ähnliches in Meetings erleben, ist der verbale Einwand einer Wettbewerbsverzerrung oder eines unlauteren Wettbewerbs erfolgreicher, als die bloße Feststellung, Kollege X sollte sich mit seinen bissigen Bemerkungen zurückhalten. Der Wettkampf ist auf gemeinsame Ziele gerichtet: Ein spannendes Spiel, kreative Ideen, keine Verletzten. Ein unfaires Spiel zerstört genau diese Ziele und sollte deshalb von niemandem gewollt sein.

Wird ein Ball zur Behandlung des Spielers ins Aus gespielt, gebietet es die Fairness, diesen wieder zurückzugeben. Vorzutäuschen, den Ball ruhen zu lassen, um einen eigenen Spieler zu versorgen, mit dem Plan, in der trügerischen Ruhephase doch nach vorne zu stürmen, sorgt nicht unbedingt für ein gutes Klima im Team. Und der Slogan „Leistung muss sich wieder lohnen" lässt sich kaum auf „Eine Schwalbe muss sich wieder lohnen (vor allem im Elfmeterbereich)" übertragen. Dramen gehören ins Theater und weder auf dem Fußballplatz noch in Teambesprechungen.

Eine der höchsten Strafen im Fußball ist das Spiel vor einer leeren Tribüne. Übertragen wir diese Metapher auf den Teambereich, gibt es Situationen, in denen es sinnvoller ist, vor leeren Rängen zu kämpfen. Machen Sie nicht den Fehler, zu glauben, in Diskussionen ginge es nur um Sachthemen, die Sie visionär, vielleicht sogar humorvoll voranbringen wollen. Diskussionen beinhalten immer eine emotionale Seite. Deshalb sollten Sie sehr sensibel auf das perfekte Timing für einen offenen Schlagabtausch im Team achten.

Als Orientierung hierzu dient das konkrete Verhalten Ihrer Mitarbeiter:

1. *Ignorieren* oder *verdrängen* Mitarbeiter die Notwendigkeit einer Veränderung, macht es Sinn, sie frühzeitig zu informieren und Veränderungspläne erst später offen auszudiskutieren. Sollen Ihre Mitarbeiter ohne Zeit zum Nachdenken postwendend ideenreich diskutieren, kurz nachdem sie von geplanten Neuerungen erfahren haben, fördern Sie bestenfalls eine Blockade-Haltung, schlimmstenfalls einen schnellen Sprung zu Wut und Frustration. Die spannende Diskussion über das Für und Wider wird jedoch nicht in Ihrem Sinne verlaufen. Die verschiedenen Sichtweisen der Mitarbeiter einzuholen und offen auszudiskutieren ist nur möglich, wenn Ihre Mitarbeiter Zeit zur eigenen Meinungsbildung haben.

2. Reagieren Mitarbeiter *wütend* oder *frustriert* auf Neuerungen, ist von Auseinandersetzungen auf offener Bühne gänzlich abzuraten. In dieser Phase gilt es, die Aggressionen oder sogar Depressionen in Einzelgesprächen aufzuarbeiten.

3. Sind Mitarbeiter in den Phasen der *Akzeptanz* und *Integration* der neuen Ideen angekommen, können Sie als Führungskraft wieder aus den kreativen Vollen des offenen Team-Austauschs schöpfen.

## 1.5  Provokationen mit Humor

> Humor ist mein Boxhandschuh.
> EIGENZITAT

Metaphern, Anekdoten und Humor tanzen aus der Reihe und bieten Zündstoff für mutig-forsche Krieger. Immerhin kann mit Humor einiges schief gehen. Humor gilt nicht umsonst als Waffe. Wie Loriot einmal sagte: „Wenn niemand leidet, ist es auch nicht lustig." Zudem kann Sie der Einsatz von Metaphern und Bildersprache zu einem seltsamen Sonderling machen.

Wenn ich in meinen Seminaren die Methoden Humor, Storytelling oder Metaphern- und Bilder-Arbeit vorstelle, folgen typischerweise zwei Reaktionen:

1. Spannend!
2. Würde ich mich niemals trauen!

Sie werden noch sehen, dass in diesen Methoden eine Menge Lebendigkeit und damit die Möglichkeit steckt, wirklich etwas zu bewegen, zu motivieren, zu verändern, zu entwickeln.

Holen Sie also den unerschrocken-humorigen Krieger in Ihnen hervor und steigen Sie ein in die fröhliche Welt der Provokation, um Ihre Mitarbeiter auf eine geschmeidige Art mit Werten und Prinzipien zu konfrontieren, gegen die sie sich – ernsthaft vermittelt – vehement wehren würden, so jedoch zumindest darüber nachdenken. Wenn Sie scheitern, halten Sie sich an die Tugend erfahrener Komödianten: Machen Sie Ihr Scheitern zum Metathema und werden damit als leibhaftiger Wertevermittler umso glaubhafter.

Vor einiger Zeit begann ich ein Seminar zum Thema Humor in der Führung mit einem Rohrkrepierer. Ich hatte anscheinend einen Witz, der ansonsten immer funktioniert, zu Tode erzählt. Das Beste, was ich tun konnte, war, mich selbstironisch über mein eigenes Scheitern lustig zu machen: „Haben Sie so etwas jemals erlebt? Wie bescheuert muss man sein, ein Seminar zum Thema Humor mit einem Rohrkrepierer zu beginnen?" In manchen Situationen besteht die einzige Möglichkeit, seinen Führungsstatus wieder herzustellen, darin, über sich selbst zu lachen.

Doch nicht nur mutige Idealisten kommen mit Humor zum Einsatz. Tiefenentspannte Gurus lassen Angriffe leicht und locker mit einem gelassen-frechen „Ehrlich?", „Ach was!", „Nein!" oder „Echt jetzt?" ins Leere laufen. Meine ältere Tochter übt gerade intensiv mit „Dein Ernst?" inklusive schrägem Blick von unten.

Assoziative Schnelldenker hingegen nutzen die Energie des Angreifers, indem sie ihm den Satz im Mund verdrehen. So folgt auf ein „Ich kann das jetzt nicht machen" die provokante Antwort: „Können wäre gut!" Assoziative Denker müssen in Wirklichkeit gar nicht denken, sondern nur die Vorgaben ihres Gegenübers aufnehmen und spontan und schlagfertig zurückgeben.

Kühle Kommandeure vermeiden einen Ringkampf der Worte, indem sie die Gesprächsebene wechseln. So folgt auf die „Ich kann das jetzt nicht machen"-Weigerung der Ebenensprung und damit die Antwort: „Darüber würden Sie jetzt offensichtlich gerne diskutieren!"

Über Humor zu schreiben ist streng genommen ein Unding. Ich müsste stets Regieanweisungen mitliefern, zum Beispiel: Lächeln Sie dabei wohlwollend. Oder: Knuffen Sie Ihrem Kollegen dazu mit einem Lächeln freundschaftlich in die Seite. Da dies den Lesefluss enorm behindert, müssen Sie sich diese Regieanweisungen hinzudenken. Sollten Sie sich unsicher sein, wie diese auszusehen haben, gilt: In der Not immer freundlich. Äußern Sie etwas Böses, aber lassen Sie es von Herzen kommen und lächeln dabei. Gleiches gilt umgekehrt: Wenn wir unehrlich sind, bleiben wir verbal höflich, doch die Lüge ist uns ins Gesicht geschrieben, auch wenn wir glauben oder vielmehr hoffen, das würde niemand merken!

### 1.5.1 Humor als Handicap

Fünf Personen stehen um ihren Chef. Vier davon lachen. Daraufhin wird die fünfte Person gefragt: „Warum lachen Sie nicht?" Die Antwort: „Ich muss nicht mehr. Ich habe gekündigt."

Mit diesem Witz beginne ich meine Führungstrainings, wenn ich besonders wagemutig bin. Meist jedoch bringe ich ihn nach etwa einer Stunde, wenn meine Teilnehmer wissen, mit wem sie es zu tun haben und eine erste Bindung entstanden ist. In den ersten Minuten erzählt wirkt er oft verunsichernd. Später ist der Lacherfolg größer.

Humor ist ein Handicap, das ich mir leisten können muss. Zahlte ich zuvor einiges auf das Beziehungskonto ein, kann ich ein Wagnis eingehen und etwas abheben. Bin ich kompetent genug und strahle genügend Ernsthaftigkeit aus, kann ich mir ab und an einen Scherz erlauben.

Humor anzuwenden erfordert den Mut, die üblichen Kommunikationsmuster zu durchbrechen. Als Alexander der Große fragte, was er Diogenes bieten könne, entgegnete dieser nicht das plumpe „Geh mir aus der Sonne", sondern den um Meilen lyrischeren Spruch: „Du kannst mir nicht bieten, was die Sonne mir bietet." Diogenes kam mit einer minimalen Anzahl an Gütern aus. Er lebte von der Hand in den Mund. Warum diese Erkenntnis wichtig ist? Der assoziative Trickser Diogenes hatte nichts zu verlieren. Und wer derart frei ist, kann sich den Mut leisten, humorvoll auszuteilen. Als Platon ihn herausforderte: „Würdest du dich mehr anpassen, müsstest du nicht jeden Tag Linsensuppe essen", entgegnete Diogenes: „Würde es dir nichts ausmachen, Linsensuppe zu essen, müsstest du dich nicht anpassen." Treffer, versenkt.

Da die meisten von uns ein wenig mehr zu verlieren haben als Diogenes, gilt: Humor ist wie Champagner: Als Aperitif oder edler Abschluss eines Essens wunderbar geeignet, doch als Hauptgang nicht zu empfehlen.

## Humor in der Praxis

Laut einer Leserumfrage der Zeitschrift „managerSeminare"[36] denken
- 62 Prozent der Mitarbeiter, Humor stelle auf konstruktive Art bestehende Spielregeln infrage.
- 68 Prozent, Humor führt zu kreativeren Lösungen.
- 25 Prozent, Humor fördert die Identifikation mit dem Unternehmen (ein kritischer Wert, denn was ist mit den anderen 75 Prozent?).

---

[36] Unbekannte Ausgabe

- 84 Prozent, Humor helfe dabei, Stress abzubauen.
- 48 Prozent, Humor fördere den Teamgeist.
- 43 Prozent, Humor sei ein Motivator.
- 68 Prozent, Humor helfe in verfahrenen Konfliktsituationen.

Interessante Zahlen. Doch wie sieht der Einsatz von Humor in der Praxis aus? Es gibt mittlerweile eine umfassende Anzahl bekannter Firmen, die gezielt mit Humor arbeiten. Bei der amerikanischen Friseurkette „Supercuts" wischen die Chefs den Boden in einem Hausmädchenkostüm, wenn die Erfolgserwartungen übertroffen wurden. Und als bei Audi eine Fusion auf erbitterten Widerstand stieß, wurden die Verantwortlichen beider Lager überspitzt als Karikaturen dargestellt. So konnten die gegenseitigen Vorurteile humorvoll bearbeitet werden.

Doch es gibt auch Negativbeispiele: Mitarbeitern der amerikanischen Supermarktkette „safeway" wird laut Arbeitsvertrag ein Lächeln vorgeschrieben. Wer nicht täglich lächelt und dabei erwischt wird, muss mit einer Kündigung rechnen. – Schöne neue Arbeitswelt! Dagegen musste Humphrey Bogart eine Geldstrafe zahlen, wenn er in der Öffentlichkeit lächelte. Er hatte einen zwanzigjährigen Vertrag mit einem Filmstudio unterzeichnet, in dem dies untersagt wurde: Lächeln und freundlich sein in der Öffentlichkeit passte nicht zu seinem Image.

## Humor: Verbindend oder separierend?

Humor gilt laut Duden als die Fähigkeit, mit Widrigkeiten des Alltags gelassen umzugehen. Der Dichter Jean Paul sagte: „Humor ist der Gegensatz zwischen Natur und Geist" und meint damit den Gegensatz zwischen dem, was ist, wovon wir abhängig sind und dem, was sein könnte.

Soziale Theorien betrachten Humor als verbindend oder separierend: Wer lacht mit wem? Wer hat wessen Humor? Wer lacht über Mario Barth und wer über Hagen Rether? Beide arbeiten mit Humor. Doch dazwischen liegen Welten. Unser Individuum, mehr noch, unsere Gruppenzugehörigkeit, definiert sich über Humor. Wenn Harald Schmidt im öffentlich-rechtlichen Fernsehen eine Minute lang nichts anderes macht, als auf die Uhr zu blicken und dem Zuschauer damit vor Augen führt, wie GEZ-Gebühren verschleudert werden, ist dies für die einen ein ironisch-zynischer, revolutionärer Akt, für die anderen ein Affront, ein Schlag ins Gesicht. Erst durch diese Zweiteilung funktioniert Humor. Erst wenn sich die bisweilen Intellektuellen vom Bild-Zeitungs-Publikum distanzieren, wird dieser Akt der „Stillen Minute" zu einem spannenden humorvollen Experiment.

Die Inkongruenz-Theorie besagt: Stimmt die Wirklichkeit nicht mit den eigenen Gedanken oder Gefühlen überein, erfolgt eine Anspannung. Als zweites folgt die Auflösung und mit ihr das Lachen als Entspannungsreaktion: Ah! So ist das!

Gute Werbungen arbeiten mit solchen Aha-Effekten: Ein Mann verursacht einen Unfall. Aus dem anderen Wagen steigt ein brutal aussehender Typ wie ein Schrank, der unseren Helden zwingen will, ebenfalls aus seinem Wagen zu steigen. Dieser drückt auf einen Knopf mit der Aufschrift „Trunk Monkey".[37] Unser Gehirn fragt sich: Ein Affe im Kofferraum? Was soll das? Der Kofferraum öffnet sich. Heraus steigt ein kleiner Schimpanse mit einem Baseballschläger. Den Rest malen Sie sich bitte selbst aus.

Nicht nur der Schimpanse, auch Humor an sich kann eine Waffe sein. Wer als Kind ausgelacht wurde, weiß, wie sich boshafter Humor anfühlt. Selbst etwas harmloses wie gemeinsames Lachen wirkt aggressiv, wenn sich die Gesprächspartner dabei ansehen. Beobachten Sie einmal, wie Menschen miteinander lachen: Im Moment der Gesichtsmuskelexplosion blicken sie zur Seite oder auf den Boden. Das gegenseitige Anblicken wäre zu herausfordernd. Daher ist es wichtig, Humor achtsam einzusetzen. Achtsamkeit, die mit dem Gegenpol der Ehrlichkeit, Offenheit, Berechenbarkeit, Wertschätzung, Ernsthaftigkeit und grundlegender Akzeptanz beginnt.

Gerade in hierarchischen Verhältnissen ist es wichtig, keine Witze über sicherheitsrelevante Abhängigkeiten zu machen. Sagt ein Chef zu seinem Mitarbeiter mit einem jovialen Grinsen „Wenn Sie so weitermachen, werden Sie wahrscheinlich gekündigt." Witzig ist so ein Spruch natürlich nicht, verdeutlicht er doch lediglich auf einer versucht-lustigen Ebene die Machtverhältnisse.

Auf der Basis gegenseitiger Wertschätzung kann Humor jedoch dazu führen, neue Perspektiven zu entwickeln, Verbindungen zu festigen, einen Mitarbeiter wachzu-

---

[37] Vgl. https://www.youtube.com/watch?v=_gERED8htKM

rütteln oder zum Nachdenken anzuregen. Neben Metaphern ist Humor vermutlich die eleganteste Möglichkeit, Menschen mit neuen Denkweisen und Werten zu konfrontieren.

## Humor eröffnet neue Perspektiven

Humor eröffnet durch das ironische Ansprechen eines Themas durch die Blume neben der realen, ernst zu nehmenden Welt eine zweite Welt der Möglichkeiten:

Humor sorgt für die Erfüllung von
- Grundbedürfnissen wie Essen, Trinken, Schlafen und Sicherheit sowie
- erweiterten Bedürfnissen wie Erwartbarkeit, Klarheit, Einschätzbarkeit, Wertschätzung, Akzeptanz und Selbstbestätigung.
- hält mit Humor, Gedankenspielen und mentalem Probehandeln Spielräume zur Weiterentwicklung offen, in denen neue Perspektiven durchdacht und ausprobiert werden.

Humor verbindet die beiden Welten durch ein wohlwollendes Lächeln und provozierendes Lachen. Gerade das Provozierende im Humor - leichter in Verbindung mit Metaphern - weist nicht nur auf einen möglichen Zustand in der Zukunft hin, sondern spricht Wahrheiten an, die in vollem Ernst schlechter akzeptierbar sind.

**BEISPIEL:**

Frau Mozart fällt es schwer, ehrliche Kritik zu äußern. Ihr Chef meint: „Frau Mozart, gehen Sie mal ein wenig aus sich heraus."

Frau Mozart bleibt nichts anders übrig, als direkt auf die Aussage ihres Chefs zu reagieren: „Ja Herr Holst, ich werde mich bemühen."

Wird Kritik humorvoll verpackt, muss der Empfänger keinen direkten Bezug darauf nehmen. Darüber nachdenken wird er dennoch.

„Frau Mozart, manchmal habe ich das Gefühl, ich bin ein großes Auto, nehmen wir an, ein Pick-up. Sie dagegen sind eine Vespa und wir fahren gemeinsam ein Rennen. Meine Pick-up-Impulse würden Sie am liebsten vor mir her schieben. Doch ohne Sie wäre ich in den engen Gassen des Großstadtdschungels verloren. Ich würde mir wirklich wünschen, wenn Sie mir öfter aus Ihrer Vespa-Sicht eine Rückmeldung geben könnten."

Welche Herangehensweise wird Frau Mozart mehr motivieren?

Die Vespa-Kritik bietet Ihr die Möglichkeit, indirekt zu reagieren: „Sie immer mit Ihren Vergleichen!"

Herr Holst meinte den Vespa-Vergleich ernst. Sonst hätte er ihn nicht ausgesprochen. Doch dadurch, dass Frau Mozart nicht direkt Bezug nehmen muss – sie wurde nicht frontal angegriffen, sie muss sich nicht verteidigen, sie muss nicht flüchten –, hat er einen gedanklichen Marker gesetzt. Frau Mozart wird über die Vespa-Perspektive nachdenken. Herr Holst sollte das Bild nicht überstrapazieren, kann es jedoch bei Gelegenheit, zum Beispiel im nächsten Mitarbeitergespräch, schelmisch aus der Tasche ziehen.

Konsequent weitergedacht führt Humor zu mehr Ehrlichkeit im Umgang miteinander. Eine Führungskraft, die derart offen mit ihren Mitarbeitern und durch Selbstironie ehrlich mit sich selbst umgeht, verhindert Gerüchteküchen und verschobene Aggressionen. In diesem Klima ist es erlaubt, kritische Themen anzusprechen.

Frau Mozart könnte in Zukunft die Pick-up-Perspektive aus der Schublade holen, wenn sie sich überfahren fühlt. Im Sinne eines fairen Umgangs mit gegenseitiger Kritik sollte dies erlaubt sein.

In der Tat ergaben Studien, dass Humorlosigkeit zu Fanatismus und Zynismus führt. Jeder Mitarbeiter empfindet Aggressionen in unterschiedlicher Ausprägung über unerfahrene und unfähige Führungskräfte oder undankbare Kunden, wofür er einen Kanal zum Dampfablassen benötigt. Besser er tut dies mit Humor als mit zynischen Spitzen.

Damit schafft es eine humorvolle Ehrlichkeit, langfristig neue Regeln zu etablieren:

Erweiterung des Bezugsrahmens

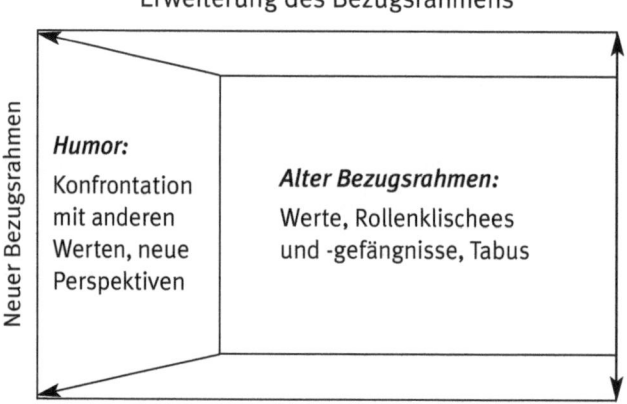

Wie jedoch kommt es zu dieser Erweiterung der Perspektiven des Mitarbeiters? Laut Inkongruenz-Theorie hängt Frau Mozart zu Beginn in der Luft. In diesem Stadium erfolgt die erste enttäuschte Erwartung: Pick-up? Vespa? Rennen? Was will mein Chef von mir?

Sollte Frau Mozart denken, Herr Holst ist ihr nicht wohl gesonnen, wird sie instinktiv ihre Scheuklappen hochfahren. Dies muss im Voraus klar sein. Ohne Bindung kein wertschätzender Humor.

Anschließend kommt es zur zweiten Enttäuschung. Der alte Bezugsrahmen „bloß nichts sagen" wird infrage gestellt, ein neuer etabliert: Langsame oder Schüchterne haben ihre eigenen, wertvollen Sichtweisen.

Als kulturell gebildeter Mensch werden Sie Ihre ganz eigenen Einflüsse haben. Vielleicht sind Sie wie ich mit Didi Hallervordens „Palim Palim" aufgewachsen. Oder mit Loriots „Ach", „Ach was" oder „Das Bild hängt schief". Vielleicht kennen Sie noch Monty Pythons Sketche mit dem toten Kanarienvogel oder dem Bicycle-Repairman oder den von der Heute-Show recycelten „Dinge können kaputt gehen"-Witz.

Doch wie wird Humor zielgerichtet eingesetzt? An der Front. Im provokanten Nahkampf mit dem Mitarbeiter. Im direkten Gespräch.

- Was macht man mit einem Hund ohne Beine? Um die Häuser ziehen.
- Geht ein Mann zum Arzt. Das war es schon. Mehr kommt nicht.

Gute Witze spielen mit Klischees, an denen mindestens ein Körnchen Wahrheit hängt. Hundeliebhaber tun alles für ihre Liebsten. Zur Not auch Groteskes. Männer gehen nicht zum Arzt. Hypochondrische Ausnahmen bestätigen die Regel. Ein humorig-liebevolles Lustigmachen über Werte und Regeln stellt genau diese Werte infrage und regt damit zum Nachdenken an.

### Reflexion: Humoreinsatz

*Wofür setzen Sie Humor ein? Und mit welchem Erfolg?*

## Humor macht klug

Durch die erweiterten Perspektiven besitzen humorvolle Menschen ein größeres Gehirn als humorlose. Es gibt mehr Synapsen und mehr Verbindungen zwischen den Gehirnzellen. Jedes Mal, wenn Sie mit einer neuen Situation konfrontiert werden, denken Sie darüber nach, wie Sie diese Situation am besten meistern. Sie überlegen sich, ob Sie auf bekannte Lösungswege zurückgreifen sollten, in der Hoffnung, dass es auch dieses Mal wieder klappt. Oder Sie versuchen etwas Neues.

Sollten Sie streng bei Ihren alten Leisten bleiben, lässt sich kurz und knapp formulieren: Streng macht eng im Gehirn und führt zu den Einbahnstraßen, die uns einmal gesetzte Ziele rigoros und ohne nachzudenken weiterverfolgen lassen. Erst recht, wenn längst klar ist, dass wir auf dem falschen Dampfer sind.

Um eines klarzustellen: Es gibt Momente, da macht es keinen Sinn, nach links oder rechts oder hinten zu blicken, sondern nur geradeaus. Ein Politiker an der Spitze darf nicht allzu oft zweifeln. Ein wenig Zweifel macht ihn sympathisch. Kommen die Zweifel zu häufig, wird er unglaubwürdig und damit unwählbar. Ob das fair ist oder nicht, sei dahingestellt. So funktioniert die Welt.

Doch was ist Humor in Form einer ironischen Bemerkung anderes als Zweifel in einer anderen Form? Ist Humor nicht eine Möglichkeit, andere Wege zu denken, ohne sich der Unsicherheit hinzugeben?

Sind humorvolle Menschen klüger als andere, weil sie einen klaren Weg verfolgen und dennoch andere Wege in Betracht ziehen, womit sie gleichzeitig ihre Bahnen im Gehirn erweitern und ihre Zweifel elegant verpacken? Wenn ja, sind sie damit erfolgreich?

**BEISPIELE:**

Als John F. Kennedy auf Europareise war, interessierten sich die französischen Journalisten mehr für die Garderobe seiner Frau als für ihn. Er nahm es mit Humor. In einem Interview meinte er: „Ach, ich bin nur der Mann, der Jacqueline Kennedy nach Paris begleitet." Damit wechselte Kennedy elegant vom mächtigen Präsidenten in die Rolle des folgsamen Ehemanns.

Auch von Winston Churchill sind einige Bonmots bekannt, unter anderem die Ansage an seinen Chauffeur: „Fahren Sie langsam. Ich habe es eilig." Oder der Schlagabtausch mit Lady Astor, die ihm Folgendes an den Kopf warf: „Wären Sie mein Mann, würde ich Gift in Ihren Kaffee tun." Worauf er den Süruch von Lady Astor assoziativ aufgriff und entgegnete: „Wären Sie meine Frau, würde ich ihn trinken."

Als in einem Vortrag von Hans-Dietrich Genscher ein Handy klingelte, sagte er entspannt-belustigt: „Wir machen jetzt Folgendes: Jeder von Ihnen tut so, als ob es sein Handy wäre, greift in seine Tasche und macht es aus." Damit musste sich erstens niemand peinlich berührt fühlen und zweitens waren nun tatsächlich alle Handys aus. So sieht humorvolle Souveränität aus, mit der zudem die Regeln der Handynutzung in seinem Vortrag klar definiert wurden.

Genschers humorvoller Umgang mit der Handy-Störung wird zu einem Spiel. Er leitet die Zuhörer an, so zu tun, als sei es ihr Handy. Er schafft es dadurch, dass sich alle in einem Boot befinden und baut damit ein Wir-Gefühl auf. Ein solcher Fauxpas hätte jedem passieren können. Es ist müßig, sich darüber zu ärgern. Dennoch muss gehandelt werden. Sein Publikum kann das Spiel mitspielen. Es kann darüber schmunzeln. Und es kann über die Kritik dahinter nachdenken, gerade weil sie humorvoll verpackt wurde und jeder sein Gesicht wahren konnte.

## 1.5.2 Selbstironie als Königsdisziplin

Genscher und Kennedy hätten wütend werden können. Doch was hätte es gebracht? Führung mit Wut führt bei selbstsicheren Mitarbeitern zu Trotz und bei unsicheren Mitarbeitern zu Fluchtreaktionen.

Erinnern Sie sich an Guido Westerwelles berühmte Worte an einen englischen Journalisten: „Wir sind hier in Deutschland. Deshalb möchte ich Sie bitten, Deutsch zu sprechen."

Abgesehen davon, wie peinlich es für einen Außenminister Anfang 50 ist, kein Englisch zu sprechen, zog er eine Menge Häme auf sich, da er selbst zu gerne aggressiv austeilte. Hätte er gesagt: „Sorry, my English is so bad, you würdest meine Antwort nicht verstehen. Please ask me in German and I antworte you in German"; hätte er vielleicht ein Schmunzeln geerntet. Mit Sicherheit wäre es souveräner gewesen.

Hätte Kennedy aggressiver reagiert, hätte ihm dies ebenso wenig genutzt. Warum nicht die Freiräume, die sich durch die zweite Reihe ergeben, nutzen? Einmal nicht die erste Geige spielen, nicht nach Kuba und der Rolle der USA in der Welt befragt werden. Klingt nach Urlaub!

Bei Churchill liegt der Fall anders. Churchill war selbst so giftig wie der imaginäre Kaffee. Dennoch regt seine Entgegnung zum Schmunzeln an. Ein Mann, mit dem man vortrefflich streiten konnte und der dennoch die Fähigkeit besaß, sich selbstironisch zu hinterfragen. Ein Mann, der Risiken einging. In der Schulzeit galt er als fauler Schüler. Ein Lehrer, dem er ein Dorn im Auge war, verlangte von ihm einen Aufsatz über Faulheit. Unter die Überschrift „Was ist Faulheit?" soll Churchill geschrieben haben „Das!". Die Note ist meines Wissens nicht überliefert.

Wer so viel Mut und Selbstironie besitzt, verfügt per se über einen Bonus bei den Menschen. Wer sich selbst nicht zu ernst nimmt, darf auch austeilen. Kennedy, Genscher und Churchill durften es. Westerwelle durfte es nicht.

Selbstironie ist ein essenzieller Faktor beim Einsatz von Humor. Humor ohne Selbstironie ist eine Waffe. Mit Selbstironie regt er unser Gegenüber zum Nachdenken an. Wenn ich mich selbst kritisiere, nehme ich dem Anderen den Druck, in Gegenwehr zu gehen. Selbstironie wird damit zur Erlaubnis, humorvoll zu sein. Gleichzeitig immunisiert sie gegen fremde Angriffe. Vielleicht schaffen Sie es sogar bis zum begehrten Lachdiplom:

## Lachdiplom

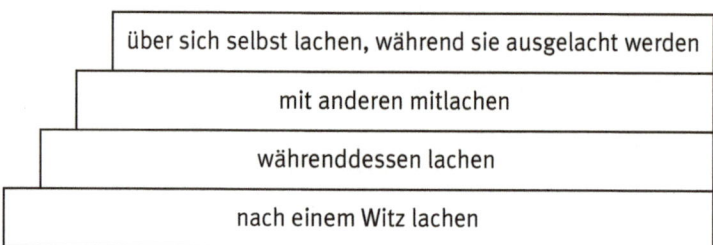

über sich selbst lachen, während sie ausgelacht werden

mit anderen mitlachen

währenddessen lachen

nach einem Witz lachen

### Reflexion: Selbstironie

*Sie können sich analog zu den Geschichten aus dem vorangehenden Kapitel eine Sammlung guter Witze zulegen, um diese bei Gelegenheit einzusetzen. Aber Hand aufs Herz: Wie viele Menschen kennen Sie, bei denen dies wirklich lustig ist und nicht in Angeberei endet? Und bei wie vielen ist es peinlich? Ein cleverer Spruch oder Witz an der richtigen Stelle ist Gold wert. Er muss aber auch gut erzählt werden. Und: Witze erzählen muss zu Ihnen passen. Deshalb empfehle ich Ihnen folgende Übung:*

- *Was bringt Sie auf die Palme? Ist es die Langsamkeit anderer? Oder der Kollege, der dreimal nachfragt, bevor er einen Strich macht? Oder der typische Besserwisser, der Ihnen anhand einer Zeitungsschlagzeile die Welt erklärt?*
- *Was hat das mit Ihnen zu tun? Manch ärgerliche Verhaltensweisen anderer würden wir uns nie erlauben. Und dennoch kann dahinter eine Sehnsucht stecken: So einfach würde ich es mir auch gerne machen. Eine Pause nehmen? Wenn ich Zeit hätte. Diese Langsamkeit? Das schaffe(!) ich nicht einmal im Urlaub. Nachfragen? Schön wäre es. Ich musste mir alles selbst erarbeiten. Einfache Antworten auf komplexe Fragen finden? Würde ich[38] einmal nicht so kompliziert denken, wäre das wirklich erleichternd.*

---

[38] Der Autor zählt zur Spezies der Geisteswissenschaftler.

- *Machen Sie sich einen selbstironischen Spaß aus Ihrem Ärger: Als Leistungstier kann ich mir leider nicht so viele Pausen gönnen wie Sie. Als Perfektionist muss ich leider jeden Ihrer Schritte auf Fehler prüfen. Als Ungeduldsmensch muss ich Sie jetzt leider anschreien. Ich entschuldige mich im Voraus. Bitte sehen Sie es mir nach, wenn es gleich lauter wird.*

## 1.5.3  Ein Sack voll provokanter Humormethoden[39]

## 1. Assoziativmethoden

Lassen Sie uns sanft einsteigen und mit einigen assoziativen Methoden an der Oberfläche kratzen. Assoziative Wortspiele oder Witze dienen nicht unbedingt der Weltverbesserung, geschweige denn der Veränderung des Mitarbeiters. Sie sollen in erster Linie eine gute Stimmung verbreiten. Sie können aber auch andere in ihre Schranken verweisen, wie es oft mit (alt)klugen Zitaten praktiziert wird. Im besten Fall können sie sogar unser Gegenüber zum Nachdenken anregen. Das ist jedoch selten.

### Wortspielereien
Wilde Assoziationen sind das Leib- und Magenbrot des Improvisationskünstlers. Für einfache Wortspielereien braucht es nicht viel Grips, sondern vielmehr den Mut, die Wildkatze in meinem Gehirn freizulassen.

Assoziationen können lautmalerische Übertragungen sein. Dabei kann auch mal ein Fehler passieren:

**BEISPIEL:**

Ein Franzose und ein Deutscher sitzen im Flugzeug. Es beginnt zu krachen. Der Franzose: „On est perdu!" Darauf der Deutsche: „Von mir aus. Jetzt ist es auch schon egal. Dann können wir auch Du sagen."

In einem meiner Seminare erzählte eine Dame in einer Übung zum Thema ‚Innovative Handtaschenerfindung': „Das ist mir schleierhaft." Worauf eine andere assoziierte: „Ja, genau. Wir brauchen noch einen Schleier, der über der Handtasche hängt …"

---

[39] Die meisten der folgenden Methoden stammen von John Vorhaus. Eine ebenfalls gute Sammlung finden Sie bei Kresse/Ullmann.

Assoziationen bieten eine ideale Möglichkeit, von einem Punkt zum nächsten zu springen, vom Adjektiv „ernst" zum Namen „Ernst", von „reiner Wein" zu „Rainer Wein" oder von „elegant" zu „eklatant". Alte Kalauer wie „Prostata" gehen in eine ähnliche Richtung, sind aber kaum noch zu lustig, da sie schon zu oft wiederholt wurden.

Weitere Beispiele:
- Egal wie viele CDs du hast, Daimler hat MerCDs.
- However kind you are, german children are kinder.
- Duden, Duden, was willst du denn? Ich will ins Sparadies. (Wiglaf Droste)
- Neulich waren wir auf den Spirituosen. (Willy Astor)
- Herr der Dinge (Lego-Werbung)

Assoziationen sind dann am spannendsten, wenn ein Bezug zu einem bereits vorhandenen Kontext hergestellt wird. Bei „Herr der Dinge" denken wir an „Herr der Ringe". Damit tauchen in der Lego-Werbung ungewollt heroische Bilder in unseren Köpfen auf.

### Witze, Zitate, Vergleiche und Verfremdungen
Kommen wir zu den intellektuellen Spielchen. Dazu braucht es ein wenig mehr als Gehirnfasching, nämlich einen klaren Bezug zu etwas kulturell Bekanntem – je bekannter, desto besser. Die Brecht'sche Verfremdung machte einst aus:

1. Der Mensch denkt. Gott lenkt.
2. Der Mensch denkt: Gott lenkt!

Ist der erste Spruch unbekannt, macht auch der zweite keinen Sinn.

In der richtigen kulturellen Ziel- und Altersgruppe kann ein „Palim Palim" (Didi Hallervorden) oder ein „Oh my god, it's Bicycle-Repairman" (Monty Python) eine erheiternde und gleichzeitig verbindende Wirkung haben.

Witze und Zitate zeigen, welcher Kultur oder Subkultur Sie sich zugehörig fühlen. Dahinter liegen Chancen und Risiken. Ich wurde vor einigen Jahren Zeuge, wie ein Kollege sich mit einem schmutzigen Witz in einer kleinen Runde auf der Suche nach Applaus hervorheben wollte. Doch der Schuss ging nach hinten los und stattdessen stellte sich mein Kollege moralisch ins Aus. Er offenbarte kulturelle Hintergründe, die nicht in die Runde passten.

Andererseits ist ebenso denkbar, dass ein Vergleich zu abgehoben und arrogant wirkt. Wer täglich Goethe, Schiller und Nietzsche zitiert und das auch noch betont, darf sich bald mit seinem Spiegelbild unterhalten. Hätte der Witz dagegen kulturell in die Runde gepasst, wären sofort flüssige Gespräche in Gang gekommen. Passende Witze und Zitate werden damit zu einem schnellen Einstieg in spannende, bindungsfördernde Unterhaltungen, für die wir uns ohne Humor stundenlang bemühen müssten.

## 2. Wachmacher

Wachmacher sind aggressiver als Assoziationen. Sie verfolgen deutlichere Ziele. Sie wollen den Mitarbeiter wachrütteln, indem Sie seinen Trotz antriggern, damit er endlich in die Pötte kommt. Im besten Fall führen sie sogar dazu, überkommene althergebrachte Überzeugungen infrage zu stellen und so das Wertegerüst eines Mitarbeiters zu erweitern. So könnte der Klassiker „Das haben wir schon immer so gemacht" mit einem knackigen Vergleich gekontert werden: „Stimmt! Als die ersten Autos auf den Markt kamen, gab es noch keine Sicherheitsgurte. Die fuhren allerdings nur mit 30 km/h durch die Gegend." Der Vergleich stößt im ersten Moment primär vor den Kopf. Im Nachklang könnte er jedoch zum Umdenken anregen: Wer überleben will, sollte sich anpassen.

### Steigerungskaskaden

Steigerungen extremisieren Probleme. Sie verkörpern damit die Fortführung der Übertreibung, zum Beispiel in einem Dreier-Schritt:

1. Es sieht schlimm aus.
2. Es sieht richtig schlimm aus.
3. Es sieht so schlimm aus, dass …

**BEISPIEL:**

Das Projekt erscheint mir wie die Titanic. Groß angekündigt. Gut auf den Weg gebracht und grandios gekentert. Lasst uns schon mal den Trauermarsch von Chopin einlegen. Wir werden untergehen. Wir werden so kentern, dass wir uns hier nächste Woche in Badehosen wieder treffen.

Steigerungen können aufrütteln oder verdeutlichen, dass die Kritik von außen übertrieben ist.

### Konspirative Allianz

In der konspirativen Allianz schlägt sich der Humorist schelmisch auf die Seite seiner Zielperson:

- „An Ihrer Stelle würde ich mich auch ärgern. Ich finde sogar, Sie sind noch relativ ruhig. Ich würde wahrscheinlich …"
- „Du hast Recht. Indem du dem Chef aus dem Weg gehst, schützt du dich vor seinen giftigen Angriffen. Ich würde an deiner Stelle genau das Gleiche tun. Was bleibt dir schon anderes übrig?"

Nun wird es spannend. Wie wird unser Gegenüber reagieren? Zuallererst wird der Unterstützte sich verstanden fühlen, vorausgesetzt, Sie haben nicht allzu sehr übertrieben. Auf dieser Basis kann er ins Nachdenken kommen:

- Welche Ressourcen stehen mir zur Verfügung?
- Bin ich wirklich so ruhig geblieben?
- Habe ich mich gut verkauft?
- Habe ich mich gut um mich gekümmert?

Mit dieser Technik sprechen Sie die Stärken des Gestressten an.

### Kopfstoßtechnik

Bei dieser Technik müssen Sie die Logik Ihres Gegenübers kennen. Diese bekommen Sie am schnellsten heraus, indem Sie sich über die Glaubenssätze Ihres Gegenübers Gedanken machen. Zu einem Mitarbeiter, der permanent die Schuld an allem bei sich sucht und sich sagt: „Ich bin an allem schuld", empfiehlt sich folgende Ansage: „Sie überschätzen sich. So gut sind Sie gar nicht, dass Sie alles, was wir hier verbocken, alleine schaffen. Dazu gehören schon noch ein paar andere Trottel."

### Konfrontation

Die Konfrontation spricht einen unangenehmen Sachverhalt direkt und überspitzt an: „Sie denken, ich würde Ihnen den Kopf abreißen, wenn Sie einen Fehler machen? Ich habe tatsächlich schon daran gedacht. Wenn der Personalrat nicht wäre … Passen Sie auf, mich stört Folgendes: …"

Zum einen haben Sie Ihr Gegenüber gewarnt. Er kann sich dadurch innerlich wappnen. Zum anderen sollten Sie während Ihrer Kritik das Lächeln nicht vergessen und ihm damit signalisieren, dass alles in Ordnung ist, auch wenn sie ihn gerade kritisieren.

### In die Suppe spucken

Hier geht es um das vermeintliche Publikum oder um Widersacher:

„Wissen Sie, was der Kunde wahrscheinlich von Ihnen denkt: Der hat doch keine Ahnung. Wie auch? Viel zu jung. Viel zu alt. Verheiratet. Unverheiratet. Wahrscheinlich denkt er: Dem zeig ich's. Heute bin ich mal wieder richtig mies drauf."

Damit spucken Sie Ihrem Mitarbeiter provokativ in seine Selbstmitleidssuppe, in der Hoffnung, seinen Trotz und Stolz anzutriggern.

### Blow-up-Technik

Bei der Blow-up-Technik soll die Zielperson selbst ihre Bedenken aufblähen:

„Der Kunde kann Sie nicht leiden? Was könnte er schlimmstenfalls tun? … Was noch?" Natürlich kann als Wechselspiel zusätzlich ein Input von außen kommen: „Mit Sicherheit wird er im ganzen Unternehmen herum erzählen, was für eine Niete Sie sind …"

Wenn Ihr Mitarbeiter jetzt rebelliert, sind Sie endlich auf die innere Motivation gestoßen, mit der Sie arbeiten können.

### Endlosschleifen

Mit Endlosschleifen überführen Sie so manche Kritik der Lächerlichkeit.

Vor vielen Jahren brachte ein Journalist einen Vertreter des rechten politischen Rands zur Weißglut. Auf der Straße sollte ein Interview aufgenommen werden, jedoch funktionierte das Tonband nicht, weshalb sich der Reporter im Minutentakt entschuldigte: „Können Sie das bitte wiederholen? Tut mir leid, es hat schon wieder nicht funktioniert …"

Oft reicht es bereits aus, die Frage „Und?" oder „Und dann?" immer und immer wieder zu stellen, bis Ihr Gegenüber keine Lust mehr hat oder explodiert.

Stellen Sie sich vor, Sie würden einen Kritiker in eine Endlosschleife zwingen. Wie Columbo stellen Sie immer wieder die Frage: „Das habe ich noch nicht verstanden. Können Sie das noch einmal genauer erklären? Und bei diesem Detail bin ich mir noch nicht sicher, ob ich es richtig verstanden habe …"

## 3. Geplante Provokationen

Wollen Sie Ihre Mitarbeiter nicht nur wachrütteln, sondern gezielt eine Veränderung herbeiführen, brauchen Sie Methoden, in denen der Plan B deutlicher mitschwingt. Die folgenden Methoden gehen in der Regel nach einem simplen, aber sehr effektiven Muster vor: Verbal sind Sie aggressiv, während Ihre Stimme und Körpersprache das aussagt, um was es Ihnen wirklich geht. Ich nenne es liebevolle Ironie in Abgrenzung zur bösen Ironie, die genau gegenteilig vorgeht: Verbal sind Sie zuckersüß, während Ihnen nonverbal das Gift hellgrün aus den Augen spritzt: „Das haben Sie mal wieder gut hinbekommen."

### Paradoxe Interventionen und liebevolle Ironie

Paradoxe Interventionen sind der therapeutische Klassiker: „Ich glaube, der Kollege kann mich nicht leiden." –

„Stimmt. Bei dem Bockmist, den Sie täglich fabrizieren. Eigentlich wundere ich mich, dass Sie sich noch nicht längst in den Haaren liegen. Wissen Sie etwas, das ich nicht weiß? Hat er ein Geheimnis? Haben Sie ihn in der Hand?"

Wenn wir einen guten Draht zu jemandem haben und merken, dass unser Gegenüber in einem Rollengefängnis steckt, kann es Sinn machen, dieses mithilfe einer unerwarteten, paradoxen Reaktion zu knacken.

Paradoxe Interventionen können ironische Über- oder Untertreibungen sein. Sie können ebenso etwas Unerwartetes darstellen. Stellen Sie sich vor, ein gleichgestellter Kollege kritisiert Sie zum wiederholten Mal – und dazu noch vollkommen ungerechtfertigt. Ihr Kollege kann Ihnen gerne einen Rat geben – wenn er gefragt wird. Kritik allerdings ist etwas Hierarchisches. Wer andere kritisiert, stellt sich über ihn, erst recht, wenn die Kritik im Deckmantel eines Scherzes transportiert wird.

Stellen Sie sich nun vor, er kritisiert Sie wieder einmal mitten in der Vorstandssitzung. Sie entgegnen ruhig und gelassen: „Danke. Beim nächsten Mal bringe ich Ihnen ein Bonbon als Belohnung mit." Glauben Sie, der Kollege würde Sie jemals wieder kritisieren?

Dieses Beispiel ist der Prototyp einer paradoxen Intervention: Sie tun etwas vollkommen Unerwartetes und stellen damit Ihren höheren Status wieder her.

Auch die sogenannte *Dreier-Regel* basiert auf einer paradoxen Intervention. Dazu brauchen wir zwei bestätigende Aspekte und einen, der den ersten beiden komplett widerspricht oder unpassend ist. Zum Beispiel: „Herr Meier, Sie sind klug, ehrgeizig … und manchmal so langsam, dass ich schon beim Zuschauen einschlafe."

Ebenso paradox ist die *Ironie*: Ironie bedeutet in ihrer einfachsten Form, das Gegenteil von dem zu sagen, was man meint: „Wie ich sehe, strengen Sie sich heute besonders an." oder: „Die Situation ist schlimm. Aber noch lange nicht schlimm genug." Um die zweite, wichtigere Kommunikationsebene aufzumachen, gehört dazu grundsätzlich ein wohlwollendes Lächeln.

Spannenderweise ist gerade in risikoreichen Berufen, etwa in Kliniken oder unter Piloten, Ironie am häufigsten anzutreffen, sofern sie erlaubt ist. Wird dieses Ventil für Stress im Beruf nicht geduldet, wird aus liebevoller Ironie bissiger Zynismus.

Speziell für unsichere Mitarbeiter bieten sich *paradoxe Aufforderungen* an. Einen perfektionistischen Mitarbeiter können Sie wie folgt anleiten: „Ich möchte, dass Sie das genauso einordnen! – Nein, nicht so! So! – Nein, doch nicht so! So! Vielleicht noch einen Millimeter nach rechts." Rebelliert Ihr Mitarbeiter, haben Sie ihn genau da, wo Sie ihn haben wollen. Jetzt können Sie offen mit ihm über seinen Perfektionismus sprechen.

### Paradoxe Running Gags

„Do not panic!" stand neulich auf einem Englischarbeitsblatt meiner Tochter. Wir fanden das so grotesk, dass sich daraus der Running Gag der nächsten Tage entwickelte, wann immer es passte. Und es passte ziemlich oft. „Do not panic! Everything is under control. The commander in chief stands right next to you!"

Wir machten uns lustig über die Möglichkeit, überhaupt daran zu denken, in Panik zu geraten. Durch die Kommunikation über diese mögliche Reaktionsweise wird allerdings garantiert keine Panik stattfinden.

## 4. Solidarisierung

Nachdem die letzten drei Gruppierungen die Gefahr in sich bergen, zu aggressiv oder unterkühlt zu wirken, wird es nun sanft-solidarischer.

### Ankündigungen

Als wohlmeinende Konfrontation kündige ich gerne Inhalte mit einem Augenzwinkern frühzeitig in Seminaren an, die vermutlich auf Widerstände stoßen: Achtung! Esoterik-Alarm! Gleich werden wir ganz tief in den Untiefen psychologischer Wirrnisse graben!

### Reframing und Metaphern

Ein Reframing versetzt die aktuelle Situation in eine andere Zeit, Epoche oder ein anderes Setting. Im aktuellen Rahmen scheint ein Verhalten wenig Sinn zu machen, in einem anderen Kontext eventuell schon:

„Wenn Ihr Ziel lautet: ‚Bring deinen Chef auf die Palme' machen Sie einen verdammt guten Job! Egal: Stellen wir uns vor, wir wären in der Steinzeit und nicht im Büro. Sie wissen schon: Familie Feuerstein. Da kann ich es absolut verstehen, dass Sie so viel Energie sparen wollen wie nur irgend möglich. Man weiß schließlich nie, wann der Säbelzahntiger – das bin ich – angreift."

Eine anderes Setting führt zu interessanten Diskussionen: „Wenn ich ein Tiger bin, wer sind dann Sie? Eine Maus? Wie gehen wir dann damit um? Was sollte ich verändern? Was könnten Sie verändern?"

### Verblüffungsmethode

Vereinbaren Sie im Team, dass Sie jedes Mal eine verblüffende Verhaltensweise ausüben, wenn Sie auf jemanden sauer sind. Sie könnten sich theatralisch an die Stirn schlagen. Gerade das „An die Stirn schlagen" bei Fehlern ist eine beliebte Methode von Clowns, wenn sie stolpern. Auch Mister Bean schimpft gerne mit sich selbst, wenn er in ein Fettnäpfchen tritt.

Die Spannung wird sich aufgrund der Absurdität sofort legen.

Es gehört jedoch einiges an Mut dazu, sich dergestalt selbstironisch auf die Schippe zu nehmen, um als gutes Vorbild selbstgemachte Rollengefängnisse einzureißen.

### Reprisen

Mit Reprisen üben Sie liebevoll Kritik, ohne den Mitarbeiter zu attackieren:

Einstieg: „Herr Meier, was Sie hier abgeliefert haben, ist richtig übel."

Reprise, nach Klärung der Situation: „Immer noch übel. Aber nicht mehr ganz so schlimm."

---

**TIPP**

Selbstironie und Humor machen Sie als Führungskraft menschlicher. Sie zeigen mehr Aspekte Ihrer Persönlichkeit und werden damit im besten Fall für Ihre Mitarbeiter nahbarer, greifbarer und einschätzbarer.

Gleichzeitig zeigen Sie als Mensch ein Verständnis für mehrere Wahrheiten. Søren Kierkegaard schrieb in seiner Doktorarbeit, Ironie sei „das Ergebnis eines Hin- und Hergerissen-Seins zweier „Weltsichten, von denen die eine stirbt und die andere zur Geburt drängt".[40]

Die landläufige Meinung sagt: Humor baut eine Distanz auf, da der Sender nicht klar sagt, was er denkt. In Wirklichkeit sprechen Sie mit Humor Themen und Weltsichten an, die Sie sonst nicht ansprechen würden. Wenn doch, kämen sie ernsthafter formuliert nicht beim Empfänger an. Damit umgehen Sie humorvoll die Veränderungs- und Entwicklungsbarrieren der Mitarbeiter, eröffnen neue Perspektiven und etablieren so wichtige Werte.

---

[40] Vgl. Wilber, S. 346

## 1.5.4 Lasst die Spiele beginnen …

Schön und gut, Sprüche, Metaphern, Anekdoten, Geschichten und Humortechniken zu kennen. Doch wie setzen Sie diese am leichtesten ein?

Wenn Sie sich vor einer Gesprächssituation keine Gedanken zum Einsatz und zu den Zielen von Humor und Metaphern machen, besteht die Gefahr eines ziellosen Austeilens. Damit ist in der Regel niemandem geholfen. Glauben Sie mir. Ich weiß, wovon ich spreche.

## Welche Humorziele verfolge ich?

Deshalb ist es zunächst wichtig, sich klar zu machen, welche Ziele Sie mit Ihrem Mitarbeiter verfolgen. Als gewaltfreier Angreifer rate ich Ihnen natürlich von den weniger feinen Angriffszielen, in denen es darum geht, Mitarbeiter ernsthaft zu verletzen, ab.

Wollen Sie …
- … für eine gute Stimmung sorgen?
- … klarstellen, wer von Ihnen das Sagen hat und wer nicht?
- … eine Selbstverteidigungsgrenze ziehen: Bis hierher und nicht weiter!
- … Ihren Mitarbeiter wachrütteln und aus der Reserve locken?
- … seine Werte- und Klischeevorstellungen neu ausrichten?
- … klären, wie Sie sich eine produktive Kommunikation vorstellen?
- … sich mit ihm solidarisieren?

Genscher wollte den Umgang mit Handys klären. Kennedy stellte mit seiner gelassenen Haltung seinen Status wieder her: Was mir nichts ausmacht, kann mir auch nichts anhaben. Und Churchill kratzte mit seinen respektlosen Auswürfen an gesellschaftlichen Tabus. Ist es respektlos, so mit adeligen Frauen umzugehen? Oder lässt sich diese Respektlosigkeit sogar als Gleichberechtigung betrachten? Ist es nicht unfairer, einen Mitarbeiter vor der offensichtlichen, wenn auch unschönen Wahrheit zu verschonen? Ihm ein Feedback zu verwehren, obwohl ich sehe, dass ihn dies weiterbringen würde, auch oder gerade weil es schmerzt? Humor an sich und Metaphern im Speziellen liefern einen Ausweg, schmerzhafte Wahrheiten ehrlich, aber wohlwollend auf den Tisch zu bringen.

## Welche Provokateure stehen mir mit welchen Methoden zur Verfügung?

Natürlich können Sie die zuvor beschriebenen Techniken einfach in Kombination zu Ihren Zielen einsetzen:

- Witze, Zitate, Verfremdungen, Assoziationen und Wortspiele zeigen Grenzen auf. Die Schnelligkeit, mit der sie ablaufen, führen meist dazu, dass der Gegner im ersten Moment perplex ist. Dennoch steckt dahinter die Hoffnung, dass das Gegenüber im Echo darüber nachdenkt. Auch so lassen sich Tabuthemen ansprechen und Wahrnehmungsfilter verändern.
- Vergleiche, konspirative Allianz, Kopfstoßtechnik, „In die Suppe spucken", Konfrontationen, Steigerungskaskaden, Endlosschleifen und Blow-up-Technik rütteln auf und triggern die Selbsterhaltungskräfte Ihres Gegenübers an. Im besten Fall wehrt er sich: „So habe ich das nicht gemeint!" Worauf Sie erleichtert aufatmen können: Endlich ist er wach!
- Running Gags, paradoxe Interventionen und liebevolle Ironie stellen Wertevorstellungen, die Kommunikation oder Hierarchien infrage: Bin ich dafür wirklich zu dumm oder zu langsam? Geht die Welt unter, wenn ich diese Aufgabe nur mit einem 80 prozentigen Perfektheitsgrad abliefere? Muss ich mit jedem Pups zum Chef rennen?
- Ankündigungen, Verblüffungsmethode, Reprisen, Reframing und Metaphern liefern einen Abstand, aus dem sich kritische Themen gelassener betrachten lassen.

Eine höhere Schlagkraft bekommen diese Humormethoden jedoch, wenn Sie sie mit den Provokateuren dahinter verbinden:

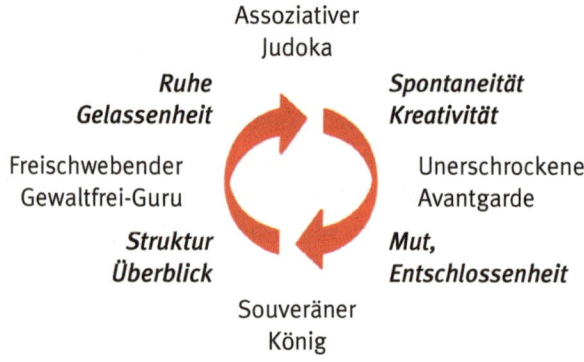

Als *assoziativer Judoka* (Visionär) nutzen Sie die Energie Ihres Gegenübers, um ihn entweder brutal auszuhebeln oder ihn liebevoll zum Umdenken anzuregen. Sollte ein Mitarbeiter auf eine Erläuterung von Ihnen antworten „Das hätten Sie mir auch gleich sagen können!", polen Sie seine Aussage assoziativ um in: „Das hätten Sie auch selbst wissen können". So oder so bringt der Judoka eine Menge Spontaneität und Kreativität mit.

Als *unerschrockener Avantgardist* (Kämpfer) wissen Sie, wie Sie anderen auf die Füße treten, indem Sie Tabu-Themen konfrontativ ansprechen: „Vermutlich hätte ich es bereits gestern erwähnen sollen! Dann hätten Sie sich besser vorbereiten können." Nach dieser Giftspritze empfiehlt sich ein Gegengift: „Ich weiß doch, dass ich Sie damit unter Strom setze. Und dass Sie mit Starkstrom nicht gut umgehen können. Dennoch: Sie haben genügend Zeit, die Aufgabe noch rechtzeitig zu erledigen. Versprochen." Der Avangardist ist entschlossen genug, den Finger genau dorthin zu legen, wo es weh tut.

Als *souveräner König* (Feldherr) behalten Sie jederzeit den Überblick. Diese Distanz mag bei Zynikern unterkühlt wirken. Dennoch liegt es in Ihrer Natur, die Überzeugungen Ihrer Mitarbeiter nicht nur infrage zu stellen, sondern mit einem klaren Plan zu verändern und zu erweitern: „Vielleicht sollten wir unsere Rollen einmal tauschen: Wenn Sie die Führung übernehmen, können Sie mir alle Fragen stellen, um alle Antworten zu bekommen, die Sie brauchen, um die Aufgabe so zu erledigen, dass wir beide zufrieden sind." Der König bringt Struktur und eine planerische Komponente in den Gesprächstanz.

Als *Gewaltfrei-Guru* (Mediator) schließlich wissen Sie, wie Sie einen Angriff ins Leere laufen lassen, um Ihrem Gegenüber zu zeigen, wer die Nase vorn beziehungsweise oben hat: „Hat das etwas mit mir zu tun? Ich glaube kaum." Sie könnten Ihrem Gegenüber aber auch mit heiterer Gelassenheit eine liebevoll-ironische Geschichte erzählen, ihn sanft auf eine unangenehme Mitteilung vorbereiten oder clowneske Verhaltensweisen einführen, worüber alle im Team lachen können: „Ich finde es herrlich, wie Sie sich am Ende doch noch die Informationen holen, die Sie brauchen, um die Aufgabe erfolgreich abzuschließen." Vergessen Sie dabei nicht, wohlwollend zu lächeln! Der Guru steuert in jedem Fall Ruhe und Gelassenheit zum Gespräch bei.

Mit diesen Hintergründen lassen sich die verschiedenen Humortechniken den verschiedenen Provokateuren zuordnen:

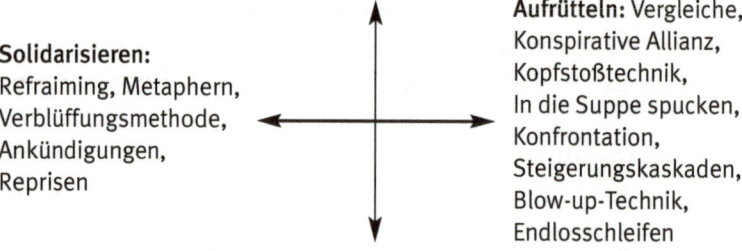

**Nachdenken:** Witze, Zitate, Wortspiele, Verfremdungen, Assoziationen

**Solidarisieren:**
Reframing, Metaphern, Verblüffungsmethode, Ankündigungen, Reprisen

**Aufrütteln:** Vergleiche, Konspirative Allianz, Kopfstoßtechnik, In die Suppe spucken, Konfrontation, Steigerungskaskaden, Blow-up-Technik, Endlosschleifen

**Infrage stellen:** Running Gags, Paradoxe Interventionen, Ironie

Wobei diese vier Richtungen gleichfalls vier Aspekte unserer Wahrnehmung repräsentieren:

1. Der Judoka denkt
2. Die Avantgarde fühlt
3. Der König vertritt Werte, Rollen- und Moralvorstellungen
4. Der Gewaltfrei-Guru ist empathisch

Die Assoziationen im Denken sind oberflächlich, bieten jedoch einen ersten Zugang zu Ihrem Mitarbeiter. Mit direkten Konfrontationen wird er zusätzlich emotional angesprochen. Mit ironischen Doppelbotschaften werden alte und neue Wertewelten gegenübergestellt, auf dass der Mitarbeiter sich entscheiden muss, zu welcher Welt er zukünftig gehören möchte. Und schließlich wird er mit warmherzigen Metaphern re-sozialisiert.

## 1.6  Führung auf dem Weg zu mehr Menschlichkeit und Mut

Wer offensiv und provokant führen will, mit Geschichten, Anekdoten, Sprüchen, Metaphern und Humor, braucht eine tragende Basis aus klaren Wertehaltungen, gegenseitigem Vertrauen, einem offen-kreativen Umgang mit Fehlern und dem beidseitigen Willen, kooperativ miteinander statt gegeneinander zu kämpfen. Offensive Führung folgt einem Dreischritt:

## 1. Reflektieren Sie Ihre Rolle als Führungskraft

Sind Sie ein idealistisches Vorbild, ein visionärer Goldgräber, ein Held, der sich mit den Mitarbeitern zusammen ins Arbeitsgetümmel wirft, ein patriarchischer Förderer oder wohlwollender Coach, der seinen Mitarbeitern möglichst viele Spielräume eröffnet und diese mit inspirierenden Visionen, Ermutigungen, Einladungen, Fragen und Angeboten sanft in Richtung Selbstermächtigung schiebt? Wie leicht fällt es Ihnen, sich zurückzuhalten und die Mitarbeiter ihre Probleme selbst lösen zu lassen?

Reflektieren Sie Ihre Rolle als verantwortungsbewusster Big Man. Auf welche Weise wirken Sie für Ihre Mitarbeiter komplexitätsreduzierend?

Reflektieren Sie Ihre Authentizität. Inwiefern decken sich Ihre moralischen und idealisierten Werte mit der offiziellen Qualitätspolitik Ihrer Organisation? Wo gibt es Abweichungen, die Sie speziell machen? Schließlich sind Sie kein Politiker, der auf Linie gebracht werden muss. Wo sind Sie ab und an zu perfektionistisch und lassen Ihren Mitarbeitern zu wenig Freiraum zur Selbstgestaltung?

Wie leicht fällt es Ihnen, ein entwicklungsorientiertes Vertrauen in das Potenzial aller Mitarbeiter zu haben? Eine Anerkennung der Kompetenz unsicherer Mitarbeiter rettet über manches Bindungsproblem hinweg.

Auch wenn Sie je nach Situation eine unterschiedliche Ausrichtung brauchen, ergänzen sich alle vier Provokateure und können voneinander lernen:

- Der Visionär braucht die Struktur des Feldherrn, um seinen Mitarbeitern Verlässlichkeit zu suggerieren.
- Der Idealist benötigt das Vertrauen des Mediators in seine Mitarbeiter, um über Krisen und Gefolgsverweigerung hinwegzukommen.
- Der Feldherr braucht die kreative Spritzigkeit des Visionärs, um seine Mitarbeiter mit Lebendigkeit zu infizieren.
- Der Mediator benötigt den Mut des Idealisten, um Probleme gezielt anzusprechen.

## 2. Vermittlung und Klärung von Werten

Erarbeiten Sie mit Ihren Mitarbeitern eine gemeinsame Werte- und Prinzipienbasis als Entscheidungshilfen in kritischen Situationen. Eine Erhöhung der Transparenz Ihrer persönlichen Haltungen verschafft Ihnen eine hohe Glaubwürdigkeit bei Ihren Mitarbeitern.[41] Vermittelt werden Werte über einen menschlichen,

---

[41] Manche Detailinformationen können Mitarbeiter überfordern. Mir geht es hier jedoch ausschließlich um die Wertehaltungen.

fairen, stimmigen, lebendigen, humorigen und selbstironischen Umgang miteinander.

Vereinbaren Sie mit Ihren Mitarbeitern menschliche Prioritätskonzepte (Stichwort: 20/80-Regel), um einem drohenden Perfektionismus zu begegnen. Was ist wirklich und was nur halb so wichtig?

## 3. Veränderung von Perspektiven und Haltungen

Die Veränderung von Perspektiven und Haltungen erfordert eine offene Kommunikation und einen reflexiven Umgang mit Fehlern. Gehen Sie ebenso offen mit Ihren eigenen Fehlern und Schwächen um und arbeiten an Ihrer Selbstironie.

Selbstironie und Humor verbinden nicht nur, sondern wirken zudem wie ein kreativer Turbo. Sie stellen Tabus infrage und helfen dabei, den gedanklichen Horizont Ihrer Mitarbeiter zu erweitern.

Stellen Sie sich spiegelneuronisch auf das Wesen Ihrer Mitarbeiter ein (Stichwort: Vier Elemente), um diese körpersprachlich abzuholen. Haben Sie keine Angst vor Feuermenschen, die sich gerne an den Meinungen ihres Chefs reiben. Kleine verbale Konflikte wecken den streitbaren Krieger in Ihnen und verschaffen Ihnen den nötigen Respekt.

Anekdoten und Humor gestalten Führung menschlicher, direkter und knalliger. Erweitern Sie Ihr Metaphern- und Geschichtenrepertoire. Nutzen Sie Storys und Metaphern als Gesprächseinleitungen und Vergleiche, um Brücken zum Mitarbeiter zu bauen, ihn aus seiner Komfortzone zu holen, Werte zu vermitteln und zu verändern.

Ein gemeinsamer Werteabgleich, ein menschlich-kreativer Umgang mit Fehlern, ein gegenseitiges Vertrauen und Humor sind die Merkmale, um während offener Diskussionen den kooperativen Gedanken im Gespräch lebendig zu erhalten, selbst wenn es hoch hergehen sollte.

# 2

# MIT MIKROPROZESSEN DAS SELBSTMANAGEMENT DER MITARBEITER FÖRDERN

Als wir noch Jäger und Sammler waren, gab es weder die Notwendigkeit, noch die Möglichkeit, weit im Voraus zu planen: In der hinteren Ecke unserer Höhle – Sie erinnern sich – stand kein Kühlschrank, es gab kein Salz zum Pökeln von Fleisch und Marmelade wurde noch nicht eingekocht. Zwar hatten wir schon das Feuer entdeckt, doch von Zucker oder gar einem großen Topf fehlte noch jede Spur. Und dennoch machten sich die Mensch auf den Weg ins Ungewisse. Auch ohne Marmelade.

Später als Siedler planten wir von Jahr zu Jahr. Die Prozesse, in denen wir uns befanden, waren überschaubar: Den Boden vorbereiten, Sähen, Gießen, Warten, Ernten, Verarbeiten, auf wärmere Zeiten warten, Sähen. Und zu jedem dieser Abläufe gab es klare Kausal-Ketten. Alles was wir taten (oder unterließen), ergab logische Konsequenzen.

Heutige Prozesse dauern wesentlich länger: Studienwahl, Berufswahl und -planung, Finanzplanung, Familienplanung, Hausbau, Wahlen, Gesundheits- und Altersvorsorge. Die Kontexte, in denen wir planen, überfordern uns aufgrund ihrer Komplexität. Da liegt es nahe, sich von digitalen Medien helfen zu lassen. Big Data sammelt Informationen für uns, wertet sie aus und nimmt uns Entscheidungen ab. Der Geist der disruptiven Digitalisierung geht um. Unser Smartphone entscheidet für uns, wann wir etwas essen oder Sport machen sollten. Gab es da nicht so etwas wie Hunger und ein natürliches Bedürfnis nach Ertüchtigung? Wollen wir uns wirklich unsere angeborenen Sensoren abtrainieren? Was, wenn nicht wir die Medien im Griff haben, sondern sie uns?

„Use it or loose it" heißt es in der Gehirnforschung. Das Gehirn ist ein Muskel. Wird es nicht trainiert, schlafft es ab. In Situationen, in denen uns unser Smartphone als ausgelagertes Gehirn einflüstert, was wir tun sollen, scheint unser Leben zu funktionieren. Doch wehe, wir haben unser ausgelagertes Organisationstalent zu Hause vergessen. Die digitale Abhängigkeit lässt eine Panik aufkommen, als würde ein Fuchs den Hühnerstall stürmen.

Smartphones können wunderbare Unterstützer sein bei der Organisation unseres Lebens. Sie speichern Adressen und To Do-Listen und erinnern uns an Termine. Manche Informationen will man nicht im Kopf haben.

Doch in wichtigen Situationen sollten wir eigene Entscheidungen treffen und uns nicht von Maschinen fremd organisieren lassen.

## Projekte überfordern uns

„Das … Streben nach Vorausschau mittels Planung … kann gefährliche Folgen haben. Es unterstellt ein Maß an Verstehen, das man unmöglich erreichen kann, wenn man es mit unsicheren und dynamischen Verhältnissen zu tun hat. Es vermittelt den Beteiligten die Illusion, sie hätten die Lage im Griff, und macht sie blind für die sehr reale Möglichkeit einer Fehleinschätzung."[42] Treffender als Karl Weick und Kathleen Sutcliffe in ihrem Buch „Das Unerwartete managen" hätte ich es nicht formulieren können.

Als Mensch verlieren wir bei großen Plänen den Überblick. Wir planen Projekte, ohne ein Gefühl dafür zu haben, was hinter der Zielgeraden passieren wird. Apropos Zielgerade: Werden wir diese überhaupt erreichen?

Ein kurzer Abriss unserer Überforderung mit großen, langfristigen Projekten verdeutlicht, warum es Sinn macht, Erkenntnisse der Neurobiologie für das Thema Führung hinzuzuziehen:

- *Präsentismus*: Angesichts präsenter Argumente verlieren Menschen den Blick für die Folgen in der Zukunft. So wie es der Anblick von Süßigkeiten, Fritten und einem fetten Schnitzel Themen wie Gesundheits- oder Altersvorsorge enorm schwierig macht, sich durchzusetzen, ist auch der Horizont von Projekten meist zu weit. Die Gewinne liegen in der Zukunft. Aktuell werden wir jedoch überrannt von der Alltagsarbeit. Der Volksmund sagt: „Aus den Augen, aus dem Sinn."
- *Emotionalität*: Dank Daniel Kahneman wissen wir, dass der Homo ökonomicus, der rational denkende Mensch (linke Gehirnhälfte) eine descartsche Wunschvorstellung war. Emotionen und damit die rechte Gehirnhälfte spielen im Denken und Entscheiden eine große Rolle. Menschen sind empfänglich für Bilder, Visionen und die Ansprache ihrer Gefühle. Bevor Menschen denken, fühlen sie. Deshalb wirken emotionale „Argumente" oft kraftvoller als logische: Beim Bau der neuen Turnhalle wird der billigste Anbieter genommen. Wir wissen alle aus Erfahrung, dass diese Entscheidung nach hinten losgehen wird. Doch das emotionale Argument „billig" ist zu mächtig.
- *Verlustaversion*: Auf Kahneman geht zudem die Erkenntnis zurück, dass Menschen in Entscheidungen doppelt so viel Angst empfinden als die Hoffnung, dass sich am Ende alles in Wohlgefallen auflösen wird. Das Augenmerk auf Fehler und Misserfolge sowie die Orientierung an Strafen ist deshalb kritisch zu sehen. Auf die Drohung „Wenn das nicht klappt, haben Sie ein Problem" reagieren manche mit Panik und treffen nur noch defensive Entscheidungen. Andere gehen davon

---

[42] Vgl. Weick/Sutcliffe

aus: „Mir wird das nicht passieren". Sogar die Todesstrafe besitzt nachweislich keine abschreckende Wirkung. Vielleicht wirkt sie sogar einladend: „Ich werde die große Ausnahme sein. Ich werde es schaffen."

- *Komplexität führt zu Unsicherheit*: Unsicherheit führt zu Stress. Stress führt zu Schwarz-Weiß-Denken, Freund-Feind-Schemata, Tunnelblick („Nur so kann es gehen! Nur ich habe Recht!") und Kurzschluss-Entscheidungen auf der Basis unserer inneren Notfallprogramme Flucht, Totstellen, Angriff oder Verteidigung. Im Zweifelsfall heißt es damit: Projekt durchziehen! Egal, was passiert. Unter Stress wird jeder Widerstand von außen, das heißt vom „Feind" zu einer Bestätigung, selbst auf der richtigen Seite und der richtigen Spur zu sein.

## Zurück zu überschaubaren Prozessen

Ein guter Torwart studiert die Schusswahrscheinlichkeiten der Schützen. Schießt ein Schütze häufiger in die rechte Ecke, ist es sinnvoll, nach rechts zu springen. Ein guter Schütze weiß jedoch, dass der Torwart so denkt und schießt deshalb in die andere Ecke. Sollte ich als Torwart also doch lieber nach links springen? Was aber passiert, wenn der Schütze weiß, dass ich weiß, dass er weiß …

Dieses Spielchen ließe sich endlos weitertreiben, womit deutlich wird, dass eine lange Planung in Abhängigkeiten nicht zwangsläufig zu hinreichenden Erkenntnissen führt, jedenfalls nicht zu Wahrheiten, höchstens zu Wahrscheinlichkeiten. Und bis die ausgerechnet werden, baumelt der Ball schon lange im Netz.

Der Torwart verfügt über zwei weitere Alternativen. Er kann still stehen bleiben, die Muskelzuckungen des Schützen studieren und entsprechend reagieren. Oder er provoziert durch eigene Muskelzuckungsakzente sein Gegenüber und reagiert anschließend auf dessen Reaktion. Damit bleibt er präsent und flexibel, ohne viel nachzudenken. Er agiert und reagiert prozessorientiert.

Eine agile, prozessbasierte Führung dient der Anpassung an die Herausforderungen, mit denen wir es in der heutigen Zeit zu tun haben:

- Der Umgang mit den Ansprüchen einer neuen Generation hochkarätig ausgebildeter junger Menschen, die um ihre Fähigkeiten wissen und diese von Anfang an einbringen wollen, anstatt zu warten, bis sie in zehn Jahren an der Reihe sind.
- Die Anpassungen an eine volatile Welt, in der es mehr darum geht, flexibel auf Marktveränderungen zu reagieren, anstatt an Jahresplänen festzuhalten.
- Die Digitalisierung unserer Arbeitswelt, die es erfordert, mobil, flexibel, individuell und qualitativ statt quantitativ zu führen.

- Der Umgang mit Mitarbeitern, die sich zu viel und solchen, die sich zu wenig zutrauen.
- Der Übergang der Führung vom Planen und Organisieren, was in Zukunft weitgehend digital ablaufen wird, hin zu einem direkteren Führen im Sinne von Beziehungsarbeit, Beraten, Coachen und Konflikte schlichten.

Heruntergebrochen auf das Instrument Mitarbeitergespräch fragt sich, ob es sinnvoll ist, ein Gespräch zu führen, bei dem die Ziele bereits feststehen. Es ginge nur um die Umsetzung der Zielvorgaben. Die Führungskraft wüsste genau, was jeder Mitarbeiter braucht, wie er zu motivieren ist und würde Anweisungen ausgeben. Doch wird ein solches Gespräch sowohl den sich stetig wandelnden Märkten, als auch den Mitarbeitern gerecht?

Zu Erinnerung: Was wünschen sich Mitarbeiter von Ihren Vorgesetzten? Führungskräfte sollten Vertrauen in die Selbstorganisation der Mitarbeiter haben. Sie sollten davon ausgehen, dass sich Mitarbeiter eigene Gedanken zur ihrer persönlichen Weiterentwicklung machen. Sie sollten dabei flexibel mit den Bedürfnissen der Mitarbeiter umgehen und deren Potenziale durch sinnvolle Aufgaben fördern.

Noch einmal die Frage: Werden Bedürfnisse mit den üblichen Mitarbeiterjahresgesprächen erfüllt? Annähernd? Weitgehend? Gerade so?

Die meisten herkömmlichen Jahresgespräche sind in meinen Augen keine Mitarbeitergespräche, sondern Anweisungen. Der Druck sagt: Für lange Dialoge haben wir keine Zeit. Wie motivierend mag das für den Mitarbeiter sein? Und wie anstrengend für die Führungskraft? Ist es möglich, für jeden Mitarbeiter zu wissen, was ihn zu Höchstleistungen antreibt? Ketzerisch gefragt: Ist es nötig, das zu wissen?

In jedem Fall ist es nötig, dranzubleiben und mutig dahin zu gehen, wo es wehtun könnte, dem Mitarbeiter andererseits aber auch den Raum und die Zeit zur Reflexion und Entwicklung zu geben.

## Fraktale Logik

Kennen Sie Fraktale? Ein Fraktal ist ein von dem Mathematiker Benoît Mandelbrot geprägter Begriff, der selbstähnliche Bilder oder Muster bezeichnet, die aus mehreren verkleinerten Kopien ihrer selbst bestehen.[43] Die kleinsten Teile dieser Muster sehen so aus und funktionieren wie das Ganze. Dieses Prinzip finden wir in Brokkoli-Röschen ebenso wie in der Symmetrie von Schneckenhäusern oder in Embryozellen.

---

[43] Vgl. https://de.wikipedia.org/wiki/fraktal

Durch die Untersuchung des kleinsten Bausteins eines Schneekristalls lassen sich Rückschlüsse darauf ziehen, wie der Schneekristall im Gesamten aussieht.

Übertragen wir die Fraktallogik auf Mitarbeiter, stoßen wir wieder auf die eingangs erwähnten Mikrohandlungen. Beobachten Sie als Führungskraft, bei aller Vorsicht vor vorschnellen Vorurteilen, einzelne Handlungen eines Mitarbeiters, gewinnen Sie Rückschlüsse auf seine potenzielle Entwicklung. Beeinflussen Sie diese Handlungen im Kleinen, geben Sie damit seiner gesamten Weiterentwicklung neue Richtungsimpulse. Steigen Sie in Gesprächsprozessen gemeinsam in den Ring und tauschen Meinungen und Erwartungen fair und ehrlich nach Provokationsregeln aus, werden Sie auch in Momenten größter Krisen keine ernsthaften Probleme miteinander haben.

Aber Vorsicht! Machen Sie nicht den Fehler traditioneller Mikromanager. In meinem Konzept geht es nicht darum, den Mitarbeiter bis in die kleinsten Einheiten seines Handelns anzuleiten, sondern zu mehr Selbstmanagement, indem ich an wesentlichen Aspekten seines Handelns ansetze. Wenn ich etwa weiß, was einen Mitarbeiter begeistert, ist es sinnvoller, ihm in dem Bereich mehr Aufgaben zu geben. Alles Weitere werde ich kaum beeinflussen müssen. Und wenn ich weiß, woran die Motivation scheitert, muss ich daran ansetzen, bevor ich Aufgaben verteile.

## TIPP: RISIKORUNDEN

Als praktisches Werkzeug zur Klärung wesentlicher Punkte ist die „Woran liegt es, dass ...“-Frage hilfreich:

- Woran liegt es, dass du die Aufgabe nicht fristgerecht erledigt hast? – Weil ich zu wenig Informationen hatte.
- Woran liegt es, dass du zu wenig Informationen hattest? – Weil die Übergaben unstrukturiert sind.
- Woran liegt es, dass die Übergaben unstrukturiert sind? – Weil wir keine sauberes Schnittstellenmanagement haben.
- Woran liegt es, dass wir kein sauberes Schnittstellenmanagement haben? – Weil wir zu wenig Zeit haben.

Offensichtlich sind die Faktoren Zeit und Schnittstellenmanagement Stellschrauben, an denen wir in diesem Beispiel drehen sollten.

## Holen Sie Ihre Mitarbeiter ab

Prozessorientierte Gespräche holen den Mitarbeiter da ab, wo er steht. Sie beziehen seine positiven und negativen Erfahrungen mit in das Gespräch ein. Sie horchen auf seine Intuition und seine Bewertungen einer Situation. Sie zeigen einen gemeinsamen Weg in die Zukunft.

Damit sind prozesshafte Gespräche zieloffen wie ein spannungsgeladener Wettbewerb. Da wir uns jedoch nicht im luftleeren Raum befinden, gibt es natürlich grobe Rahmenbedingungen und Zielorientierungen.

---

**BEISPIEL:**

Die kommende Veranstaltung muss ein voller Erfolg werden! Dennoch könnte am Ende etwas herauskommen, das wir als Führungskraft nicht erwarten: Die Veranstaltung war ein voller Erfolg. Allerdings nicht, weil wir sie von A bis Z durchplanten, sondern weil ein Fehler passierte, der sich im Nachhinein als Himmelsgeschenk herausstellte: Ein Referent wurde vergessen einzuladen, wodurch eine Lücke für offene Gesprächsrunden entstand. Am Ende wurde dieser „Fehler" am positivsten von den Teilnehmern bewertet. Dazu musste sich das Projektteam allerdings prozesshaft auf die neue Situation einstellen.

---

In meinen Seminaren besteht zu etwa 20 Prozent Bedarf an Austausch und offenen Diskussionen. Diese Diskussionen lassen sich steuern, aber nicht planen. Gerade das Element der Freiheit und Spontaneität wird anschließend auf den Evaluationsbögen reichhaltig honoriert:

- Der Trainer passte seine Agenda flexibel an alle Teilnehmerinteressen an, mit dem wichtigen Zusatz „ohne den Faden zu verlieren".
- Der Trainer regte offene Diskussionen an, was dabei half, nicht nur vom Trainer, sondern voneinander zu lernen.

Prozesshaft zu denken erfordert Mut und Vertrauen. Das Vertrauen darauf, dass auf der Basis einer guten Vorbereitung am Ende etwas Sinnvolles entsteht, sei es bei einer Tagung, einem Seminar, einem Projekt oder in einem Mitarbeitergespräch. Die Spannung will ausgehalten werden.

Ich erinnere mich noch gut an eine Veranstaltung vor einigen Jahren in einem Unternehmen, für das ich zwei kurz aufeinander folgende Seminare halten sollte. An meinem ersten Seminartag stand ich vor der Gruppe, perfekt vorbereitet, doch leider mit dem falschen Tagesplan in der Hand. Ich hatte offensichtlich die Tage vertauscht. Was also tun? Ich teilte die Gruppe in Untergruppen ein und gab ihnen den Auftrag, ihre Erwartungen an das Seminar auszutauschen und aufzuschreiben. Das verschaffte mir genügend Zeit, mir einen groben Plan für die ersten eineinhalb Stunden zu erstellen. Nach der Aufarbeitung des Erwartungsaustauschs, erbat ich mir eine halbe Stunde Pause (statt der üblichen 15 Minuten), um den restlichen Tagesplan zu erstellen. Der Beginn war holprig, doch am Ende wurde dieses Seminar besser bewertet als das zweite. Warum? Das Tabula Rasa zu Beginn führte zu einer stärkeren Orientierung an den Teilnehmerinteressen. Gleichzeitig wollen Teilnehmer, wie in jeder guten Theatervorstellung, sehen, wie der Held (für den sie Eintritt zahlten) stellvertretend für sie leidet und sich erfolgreich abmüht.

## Auftragsklärung

Die Auftragsklärung ist eines der wichtigsten Instrumente im Coaching. Als Coach habe ich einen klaren Auftrag zur Weiterentwicklung von Mitarbeitern oder kann mir diesen Auftrag eindeutiger abholen. Der Coachee kommt (meist) freiwillig zu mir und sagt: „Machen Sie mal!" Worauf ich entgegne: „Kann ich tun, aber nur, wenn Sie mitspielen und dazu brauchen wir eine offene und ehrliche Gesprächskultur." Nur dann darf ich als Coach dahin gehen, wo es weh tut und damit echte Veränderungen anstoßen."

In Organisationen ist die Auftragsklärung komplexer:
1. Als Führungskraft bekomme einen Auftrag von meinem Chef anhand der Organisationsziele.
2. Als Mensch, der etwas in der Organisation bewegen möchte, gebe ich mir selbst Aufträge. Wenn es mich beispielsweise schmerzt, wie ein Mitarbeiter sein Potenzial vergeudet, versuche ich ihm zu helfen, in die Gänge zu kommen.
3. Ein Mitarbeitergespräch wird nur dann Erfolg haben, wenn ich mir zusätzlich einen Auftrag von meinem Mitarbeiter abhole. Will dieser partout seinen Dienst nach Vorschrift ableisten, braucht es einen klaren Erwartungsaustausch und ein deutliches Feedback über die Konsequenzen seines Verhaltens.

Erst nach der Auftrags- und damit Aufgaben-, Erwartungs- und Rollenklärung können wir von einem echten Dialog zwischen zwei Personen sprechen. Die eine Person sollte bereit dazu sein, kritische Themen anzusprechen. Die andere sollte sich diese Themen anhören, über deren Umsetzung nachdenken und eine Entscheidung mit allen Konsequenzen fällen.

Beginnen wir mit der ersten Person. Führungskräfte sollten wissen, was sie wollen. Dieses Wollen ist eng mit einem souveränen, körpersprachlichen Auftreten verbunden. Wer Hunger hat, will etwas essen. Sein Körper drückt diesen Drang mit einer spürbaren Motivation zur Essenssuche aus. Die Entscheidung, kritische Themen, zum Beispiel anstehende Veränderungen, mitzutragen, anzugehen und seinen Mitarbeitern zu vermitteln, muss offensichtlich sein. Hinter einer Entscheidung muss der Drang der Umsetzung deutlich spürbar sein. Ist er es nicht, brauchen Sie als Führungskraft nicht zu hoffen, dass Ihre Mitarbeiter auch so mitziehen werden, zum Beispiel aus Sympathiegründen.

In Kapitel 1.2 hatte ich bereits die drei Komponenten des Vertrauens angesprochen: Neben der Sympathie spielen die beiden Aspekte Kompetenz und Verlässlichkeit eine Rolle bei der Frage, ob Mitarbeiter eine Entscheidung mittragen oder nicht. Werden Entscheidungen jedoch mit angezogener Handbremse vermittelt, können Mitarbeiter kaum davon ausgehen, dass ihre Leitungskraft sie mit ganzer Energie umsetzen wird. Der nächste Windstoß wird das Vorhaben wie ein Kartenhaus in sich zusammenfallen lassen. Warum also sollten sie Zeit und Mühen in etwas investieren, bei dem auch ihr Chef unzuverlässig sein wird?

Ihr kämpferischer Idealist muss wissen, welche Verbesserungen Forderungen oder Veränderungen mit sich bringen. Natürlich ist auch er, wie jeder menschliche Held, innerlich zerrissen. Der Held weiß um den Verlust durch Veränderungen. Er weiß aber auch, dass dieser Verlust kleiner ist als der Gewinn und sich nur aufgrund der Verlustaversion größer anfühlt. Leise Zweifel machen den Helden sympathisch. Immerhin sind es die kleinen Unsicherheiten, die ihm helfen, die großen Zweifel seiner Mitarbeiter zu verstehen. Gerade weil der Verlust sich größer anfühlt als er ist, muss der Held mutig und entschlossen voranschreiten und mithilfe einer positiven Vision seine Mitarbeiter motivational anstecken.

### Reflexion: Die Entscheidungswippe

*Stellen Sie sich in der nächsten Entscheidungssituation eine Wippe vor. Auf der einen Seite der Wippe sitzt Ihre Überzeugung, dass Sie auf dem richtigen Weg sind. Auf der anderen Seite sitzen die eigenen Bedenken und das Verständnis für die Bedenken Ihrer Mitarbeiter. In der Mitte, dem einzigen Punkt, der beim Wippen stabil bleibt, befinden sich Ihre inneren Haltungen, mit denen Sie in das Gespräch gehen wollen: Authentizität, Transparenz, Mut, etc.*

*Gehen Sie erst in das Gespräch, wenn die Wippe eindeutig zur Entscheidungsseite tendiert und Sie eine klare innere Mitte einnehmen, aus der Sie eine aufkommende Gegenwehr souverän parieren werden.*

Zum Verständnis Ihrer Mitarbeiter hilft Ihnen zusätzlich ein fürsorglicher Feldherr, um zu klären, was sie zur Umsetzung der Veränderungen benötigen sowie ein verständnisvoller Zuhörer, der sich geduldig die Sorgen und Nöte seiner Mitarbeiter anhört.

Der Mitarbeiter seinerseits ist erst bereit für ein offenes Gespräch, wenn er

- das Gefühl hat, bei seinen langfristigen Entwicklungen mitsprechen zu können.
- das Gefühl hat, in Organisationsentscheidungen, die ihn betreffen, mitgestalten zu können, womit er ein wichtiger Bestandteil der Organisation ist.
- nicht in Widerstände gehen muss, weil er zu etwas gezwungen ist, das er nicht kennt oder kann. Bedenken, die in einem offenen Austausch bearbeitet werden, sind wünschenswert. Widerstände, die darauf abzielen, Veränderungen von Beginn an zu torpedieren, sind es nicht.
- genügend Selbstdisziplin und Geduld aufbringt, um an sich zu arbeiten.

Erst wenn die damit verbundenen Hindernisse beseitigt sind, kann ein offenes Gespräch stattfinden, das zu stimmigen Ergebnissen führt.

Eine der größten Herausforderungen für Führungskräfte ist es, gleichzeitig die Vorgaben des Managements umsetzen zu müssen und dennoch Gesprächs- und Diskussionsräume zu eröffnen, um die Mitarbeiter in Changeprozessen mitzunehmen. Diesen Spagat gilt es auszuhalten, mit Zuversicht, Vertrauen und Optimismus.

### Ziele einer agilen, prozessorientierten Führung

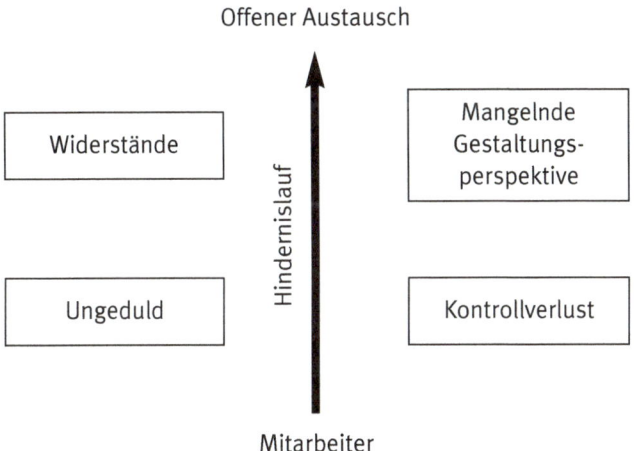

- Eine hohe Fluktuation der Mitarbeiter führt zu einer Ausdünnung organisationsinternen Wissens. Dieses sollte durch den Einbezug der Erfahrungen, die Mitarbeiter aus anderen Organisationen mitbringen, eingeholt werden.

---

[44] Vgl. Siegel, S. 121 ff.

- Mitarbeiter benötigen Orientierung von außen bezüglich der komplexen Auswirkungen ihres Verhaltens auf die Zukunft, um ihrem Präsentismus entgegenzuwirken.
- Mitarbeiter wünschen sich neben der Sicherheit, Autonomie im Handeln, die sie sich in einem gemeinsamen, respektvollen Gesprächsprozess mit der Führungskraft teilen. Damit wird aus dem kampfverdächtigen Problemeigentum zu Beginn des Buches eine kooperative Verantwortung.
- Ein schrittweises, gedankliches Vorgehen reduziert komplexe Zusammenhänge auf das Wesentliche, verringert dadurch Stress, fördert die Kompetenz im Umgang mit Herausforderungen und Krisen sowie ein Gefühl der Kontrolle.
- Die Integration der Mitarbeiter-Erfahrungen, deren Kompetenzen sowie verschiedener Erlebensebenen (Denken, Fühlen)[44], vermindert das Gefühl der Inkonsistenz des eigenen Erlebens:
  – „Ich kann und darf." statt „Ich kann, darf aber nicht."
  – „Ich kann nicht, könnte es jedoch versuchen." statt „Ich muss, kann aber nicht."

Am Ende dieses prozessorientierten „Mikroleaderships 2.0" stehen auf der einen Seite ein selbstreflexiver, selbstorganisierter und verantwortungsbewusster Mitarbeiter und auf der anderen Seite eine Führungskraft, die es schafft, Verantwortung (wirklich) abzugeben. Aus einem kontrollorientierten Mikromanagement wird ein 360-Grad-Mikroleadership: Führungskraft und Mitarbeiter lernen voneinander in gegenseitigen Feedbackprozessen. Voreinander stehen zwei Menschen, die sich und ihre Kompetenzen respektieren und deshalb seltener gegeneinander und stattdessen häufiger miteinander um die richtigen Richtungen kämpfen.

## Methoden einer prozessorientierten Führung

### Roadmaps
Sogenannte Roadmaps (mehr dazu unter 2.1) bilden einen Rahmen, welche Optionen es in der Zukunft gibt und machen Mitarbeiter zu kompetenten, selbstreflexiven und -gestalterischen Mitspielern.

### Focusing
Die Gesprächsführungsmethode Focusing integriert vereint Erfahrungen, Denken, Körperwahrnehmungen (Somatische Marker), Fühlen, Metaphern und ein Gespür oder die Intuition dafür, welche Konsequenzen mögliche Handlungen in der Zukunft haben. Diese Handlungen werden Schritt für Schritt mental getestet, um ihre Stimmigkeit und Konsistenz in der späteren Realität zu prüfen.

**Feedbackprozesse**

Innerhalb dieser Gespräche sowie direkt am Arbeitsplatz fördern gegenseitige Feedbackprozesse die motivationale Stimulanz, da Mitarbeiter damit das Gefühl haben, an Prozessen mitgestalten zu können (Stichwort: IKEA-Effekt). Wie in einem Computerspiel triggert ein stetiges Feedback das Belohnungszentrum im Gehirn an.

Lernen und die Weiterentwicklung persönlicher Kompetenzen entstehen durch ein Feedback auf einzelne, mental oder real getestete Schritte:

Eine positive Rückmeldung führt zu einem „Weiter so!" und damit Schritt für Schritt zur Selbstorganisation des Mitarbeiters sowie in Richtung Ziel. Eine negative Rückmeldung führt zu einer Kurskorrektur. Dann ist Bindung notwendig, um die negativen Erfahrungen aufzuarbeiten und neue Schritte auszuprobieren. Sollten Widerstände auftauchen, wird gemeinsam reflektiert, ob diese zu bewältigen sind beziehungsweise eine Bewältigung sinnvoll erscheint. Negative Rückmeldungen bieten die Möglichkeit des Innehaltens und Reflektierens. Dadurch können wir sortieren, was zu tun ist und was wir mit gutem Gewissen und Gelassenheit unterlassen sollten.

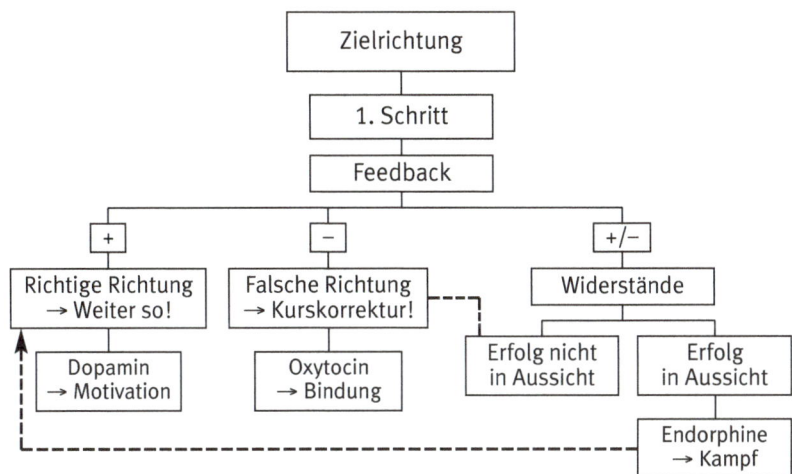

## 2.1  Roadmaps als Ziel-Rahmen

Die Sahara ist etwa 10.000 qm groß. Sie besteht aus Gebirgsketten und Sanddünen, landwirtschaftlichen Anlagen und Oasen. Würden Sie sich ohne detaillierte Roadmap und ohne Guide durch die Sahara wagen? Es mutet naiv an, mit einem Satellitenbild der Sahara in der Hand einen Trip quer durch die Wüste zu starten. Doch genau das tun wir in Mitarbeitergesprächen und gehen davon aus, dass alles gut wird.

Kurt Lewin unterschied aufgrund seiner Kriegserfahrungen zwei Arten von Wegen: Den direkten und den besten Weg durch ein Kriegsgebiet. Soll ein Ziel so schnell wie möglich erreicht werden, ist der beste Weg meist nicht der direkte. Er könnte tödlich enden.

So ähnlich ergeht es uns in der Sahara. Der direkte Weg führt mitten durch die Wüste. Doch was passiert auf diesem Weg? Werden wir auf Treibsand stoßen? Oder sollten wir ein Gebirge lieber umgehen? Wir wissen es erst, wenn wir mitten drin sind. Zuvor können wir nur Wahrscheinlichkeitsrechnungen aufstellen.

Was, wenn sich das Ziel auf dem Weg zur Zielerreichung ändert? Wenn sich die Ziel-Prioritäten von der „Erhöhung der Gewinne" in Richtung „Kunden halten" oder „Innovationen voran treiben" verschieben? Vielleicht erkennen wir auf dem Weg zum Ziel, dass es besser ist, wenn ein Mitarbeiter nicht teamfähiger wird, sondern frecher.

Zu starre Ziele
- gaukeln uns vor, wir hätten Kontrolle über die Zukunft.
- verleiten zu möglichem Fehlverhalten, nur damit die Ziele erreicht werden (siehe die Abgasskandale der letzten Jahre).
- machen unkreativ und unflexibel im Umgang mit Unvorhersehbarem.[45]

Zu starre Ziele sind also schlecht, keine Ziele auch. Und eine Zersplitterung in tausend Einzelteile, wie es Mikroprozesse suggerieren, erhöht die Gefahr, das große Ganze aus den Augen zu verlieren. Unterteilen wir eine Kurve in möglichst kleine Bestandteile, scheint es so, als bestünde sie aus lauter Geraden. Erst der Blick auf die Gesamtheit zeigt ihr Wesen als Kurve. Was wir brauchen ist eine grobe Orienierung aus persönlichen Erfahrungen, unterstützenden Bedingungen und Ressourcen, möglichen Veränderungen und wahrscheinlichen Hindernissen. Wir brauchen einen Rahmen, abgesteckt mit groben Zielen, ähnlichen den Minimal- und Maximal-Zielen, und einen roten Faden durch diesen Rahmen hindurch. Erst die Begrenzung des Zielhorizonts macht ein Erreichen möglich. Nur wer Grenzen erfährt, kann sich bis dahin ausdehnen.

Roadmaps, Ziele und Grenzdefinitionen werden in einem Gebiet in unserem Gehirn namens Hippocampus verarbeitet. Der Hippocampus ist dafür zuständig, gleich der Inventarliste einer Bibliothek, den Überblick über unsere Handlungsoptionen zu behalten und damit Klarheit, Sicherheit und ein Kontrollgefühl herzustellen. Damit erleichtern Roadmaps und kognitive Landkarten die Orientierung in komplexen Systemen.[46] Landkarten helfen Menschen, sich sicher und wie zu Hause zu fühlen,

---

45  Vgl. Pfläging, S. 102 f.
46  Vgl. Mikunda, S. 45 ff.

weil die Umgebung vertraut erscheint. Gleichzeitig triggern sie unsere Neugierde auf die Zukunft an.

Große Supermärkte, Museen und Freizeitparks arbeiten mit Landkarten, damit sich die Menschen besser zurechtfinden. Zusätzlich sehen die Besucher die verschiedenen Highlights, die sie noch erkunden könnten. Dazu werden im Hippocampus Übersichtskarten wie Webseiten abgespeichert, mit Links zu Assoziationen, Bedenken und sozialen Erwünschtheiten, Erfolgserfahrungen oder Zukunftsvisionen:

- „Da musst du unbedingt hin!"
- „Da warst du noch nicht?"
- „Du warst dort und hast nicht alles gesehen?"
- „Wenn du schon gezahlt hast, dann solltest du dir wirklich alles ansehen!"

**BEISPIEL:**

Die russische Studentin Bluma Seigarnik untersuchte im 19. Jahrhundert für eine Studie die Gedächtnisleistungen von Kellnern. Dabei stellte sie fest, dass sich diese an alles erinnern konnten, bis die Gäste zahlten. Damit ist der Vorgang abgeschlossen. Das Ziel wurde erreicht. Die zuständigen Gedächtnisinhalte werden nur solange erinnert, bis der Gast seine Rechnung begleicht.

Fragen wir Mitarbeiter danach, welches Ziel sie erreichen wollen, bleibt dieses solange aktiv, bis sie mit dem Ergebnis zufrieden sind. Damit das Ziel auch dauerhaft „scharf" bleibt, brauchen Sie Meilensteine und Feedbackgespräche, um es immer wieder ins Gedächtnis zu rufen. Haben Sie mithilfe einer Roadmap den Zielrahmen abgesteckt, sollten Sie einen Monat lang in wöchentlichen Gesprächen das Ziel präsent halten, bis es etabliert ist.

Während Männer häufiger Landkarten nutzen, vielleicht aufgrund ihrer größeren Unsicherheit[47], merken sich Frauen eher markante, emotionale Stellen. Selbst bei einer häufig gehörten Musik-CD wird es Ihnen schwer fallen, alle Titel in der richtigen Reihenfolge aus dem Stehgreif aufzusagen. Hören Sie jedoch die letzten Takte eines Stücks, wissen Sie, was als nächstes kommt. Die markante Stelle zeigt an, wie es weiter geht.

Männer planen umfangreiche Jagden, während Frauen die Himbeersträucher vor der Hütte und die Autoschlüssel ihres Mannes schneller finden. In Tests zur Orientierung im öffentlichen Raum erwiesen sich beide Strategien, die der Planung und die

---

[47] Es konnte in der Tat nachgewiesen werden, dass Jungs grundsätzlich sozial unsicherer sind als Mädchen. Um dies zu kompensieren, treten sie häufiger mit dem Spruch „Da bin ich endlich!" auf, während Mädchen sich eher mit dem Satz „Da seid ihr ja!" präsentieren.

der Orientierung an signifikanten Orten als genauso effektiv. Am effektivsten ist jedoch eine Kombination aus beidem, ein Grund mehr für kombinierte Teams:

- Landkarten bereiten uns mental auf die Zukunft vor. Sie liefern uns eine Grundorientierung in Prozessen.
- Signifikante Marker signalisieren die Wichtigkeit einer Veränderung, sozusagen als Eigenfeedback: Was kommt als nächstes? Sollten wir weitermachen, abbiegen, langsamer werden, genauer hinsehen, umkehren, Gas geben oder neu anfangen? Den emotionalen Markern werden wir uns intensiv in Kapitel 2.2.1 widmen.

## Elemente von Roadmaps

Kognitive Landkarten bestehen aus:
- *Meilensteinen* und *Zielen*
- *Knotenpunkten,* wo wichtige Informationen und Beziehungen zusammenlaufen. Denken Sie an Vorstandssitzungen, Meetings, Teamsitzungen, Messen oder Präsentationen. Knotenpunkte sind regelmäßig stattfindende Marktplätze des Informationsaustauschs.
- *Straßen* als Verbindungen zwischen Meilensteinen definieren, wie diese miteinander inhaltlich und zeitlich zusammenhängen und aufeinander aufbauen.
- *Achsen* als Verbindung zwischen Knotenpunkten verdeutlichen die Zusammenhänge zwischen wichtigen Beziehungen und Informationen.

Eine Landkarte stellt nur den groben Orientierungsrahmen dar und sollte prozesshaft wie bei richtigen Landkarten ergänzt werden um:

- *Berge* als Hindernisse
- *Wälder* als Unklarheiten
- *Fahrzeuge* als Ressourcen
- *Seen* als Entscheidungs- und Ruhepole

## Führung ist grenzwertig

Zu führen bedeutet, Grenzen zu setzen. Erst durch die Grenzziehung entsteht die Möglichkeit, Ziele zu denken und zu erreichen. Ohne Grenzen wäre unser Denken grenzlos und damit sinnlos und nichtig.

Vor vier Stunden stiegen Sie in ein Flugzeug. Vor drei Stunden ließ der Kapitän verlauten, dass es Probleme gäbe, die jedoch mit Sicherheit behoben werden. Kommt uns das nicht bekannt vor? Nun sitzen Sie auf dieser einsamen Insel, gestrandet mit zwei Handvoll anderer Glücklicher. Um zu überleben, müssen Sie die typischen Storming und Norming-Phasen überstehen. Rollen werden verteilt, Begabungen entdeckt und möglichst effektiv eingesetzt, in der Hoffnung, dass eines schönen Tages ein Flugzeug zur Rettung kommt.

In der Führung geht es nicht um das Überleben, auch wenn manche Menschen so tun, als ob dem so wäre. Doch auch Führung zieht seine Dramaturgie aus einem abgeschlossenen Raum, der dieser Insel nicht unähnlich ist. Das Verlassen der Insel, in unserem Fall die Kündigung, erscheint unmöglich oder ist zumindest mit vielen Nachteilen verbunden. Die Zwangs- oder Wahlverwandtschaften sind aufeinander angewiesen. Sie müssen miteinander auskommen, ob sie wollen oder nicht.

Diese räumliche Begrenzung des Denkens, Handelns und Wollens macht jedoch bei aller Spannung der gegenseitigen Abhängigkeit ein Agieren erst möglich. Erst durch das Ausdiskutieren eines Ziels, die Verfügbarkeit von Ressourcen und das reale Vorhandensein von Hindernissen innerhalb der Roadmap wird das Handeln auf der Mikroebene greif- und erfahrbar. Ein Denken in kosmischen Kontexten führt zur Haltlosigkeit und Instabilität. Damit führen Zwänge und Begrenzungen immer auch zu großen Chancen.

## 2.1.1 Vertrauen in Prozesse

Apfelsamen tragen in sich alle Informationen, die sie später zu Apfelbäumen mit reifen Äpfeln werden lassen. Gehen wir davon aus, dass aus einem Apfelsamen durch Umwelteinflüsse eine Birne werden könnte? Ein Pfirsich? Oder eine Banane? Eine seltsame Vorstellung.

Der Psychologe Eugene T. Gendlin geht in seinem Prozess-Modell davon aus, dass organische Prozesse einem Kreislauf ähneln: Wir haben Hunger, jagen (besorgen uns etwas zu essen), essen und stillen damit den Hunger, verdauen, worauf wir Stunden später wieder Hunger haben.[48] Der Hunger beinhaltet bereits das Jagen, Essen, Verdauen und den erneuten Hunger. Das Jagen beinhaltet das Essen, usw. Organische Kontexte sind also innerlich miteinander verknüpft. Diese von Gendlin beschriebene logische innere Fortsetzungsordnung[49] bestimmt den nächsten klaren und stimmigen Schritt, der uns zeigt, dass intuitiv die nächsten Schritte vorbestimmt sind. Für

---

[48] Vgl. Gendlin, S. 57 ff.
[49] Vgl. Hübler, Therapeutische Prozesse, S. 51 ff.

den Samen ist es logisch, eingepflanzt und gegossen zu werden, will er später zu einem Baum heranwachsen. Für Mitarbeiter erscheint es sinnvoll, zuerst eine Tätigkeit unter Anleitung zu üben, um später alleine zur Meisterschaft zu kommen.

Der übernächste Schritt im Prozess, der Erfolg im „alleine Handeln", kann jedoch, obwohl implizit angelegt, noch nicht erfüllt werden. Zuviel könnte in der Zwischenzeit passieren und damit den inneren Plan verändern. Ungeduldige Menschen wissen, wovon ich spreche. Der Psychologe Daniel Gilbert erfand für diese inneren prozesshaften Zusammenhänge das Kunstwort „nexting": Das Gehirn benutzt vergangene Gedächtnisinhalte und aktuelle Informationen, um zu klären, was den Organismus als nächstes erwartet. Es nimmt damit die Zukunft intuitiv in einem nächsten Schritt vorweg, in dem wiederum der gesamte Prozess enthalten ist.

Es wäre seltsam für den Apfelsamen, würde er vor dem Keimen und Wachsen zu einem Baum die Veredelung seiner Zweige planen. Er wüsste noch nicht, welche Zweige es zu schneiden gilt, um wieder voll in der Blüte zu stehen. Er wüsste nicht einmal, ob er soweit kommen wird. All das ist von zu vielen Umweltfaktoren abhängig: Ist es heiß oder kalt? Wie oft regnet es? Gibt es Tiere, die die Rinde beschädigen? Gibt es einen Gärtner, der den Baum hegt und pflegt?

Dass wir mit unseren Absichten und Plänen oft daneben liegen, zeigt die folgende Geschichte:

**BEISPIEL:**

Ein Händler zieht durch die Wüste. An einer Oase setzt er sich in den Sand. Wie gerne würde er sich unter Palmen setzen, doch diese sind noch zu klein und jung. Wütend darüber legt er einen Stein auf die größte der kleinen Palmen, auf dass sie niemals weiterwächst und auch der nächste Besucher der Oase in der Sonne brüten muss. Fünf Jahre später kommt er durch Zufall wieder an der Oase vorbei. Da fällt ihm die Palme von damals ein. Er sucht und sucht, kann sie jedoch nicht finden. Endlich schaut er nach oben und entdeckt, dass in der Krone der größten Palme ein Stein liegt.

Woher wissen Sie, mit welchen Methoden Ihre Mitarbeiter am besten gefördert werden und welche sie behindern?

Würde es Sinn machen, eine ärztliche Diagnose vor der Untersuchung vorzunehmen? Das Ziel Diagnose ist klar. Was dort stehen soll, muss sich erst zeigen. Andernfalls machte der Prozess keinen Sinn.

Wird jedoch der jeweils nächste Schritt des Prozesses sauber erarbeitet und fühlt sich damit für alle Gesprächspartner stimmig an, beinhaltet er in einer Mischung aus

Endo- und Exogenese alle möglichen nächsten Schritte bis zum Ende, ohne dass dieses Ende bereits konkret wäre. Hier brauche ich Vertrauen in den Prozess, Vertrauen in ein positives Menschenbild und Optimismus im Hinblick auf die Potenziale und die Motivation des Mitarbeiters.

Jeder nächste Schritt muss neu geklärt werden. Die Fortsetzungsordnung ist somit nicht klar festgelegt. Der innere Plan bleibt niemals stehen, sondern wird stetig angepasst an das, was ist, mit dem „nextenden" Blick auf das, was war. Zu Beginn des Gesprächs wurde der Rahmen innerhalb der Roadmap abgesteckt. Doch erst im Laufe des Gesprächs ergeben sich konkrete Ziele. Wenn ich die Erfahrungen des Mitarbeiters ernst nehme und im Gespräch berücksichtigen möchte, kann es gar nicht anders gehen. Spannenderweise ergibt sich in der Rückbetrachtung fast im-mer eine innere Logik und Ordnung: Genau so musste es kommen. Genau da wollten wir hin.

## Die Natur setzt sich keine Ziele

Die Fortsetzungsordnung geht nicht anders vor als die evolutionsbiologisch erklärte Entwicklung von Leben. Weiterentwicklungen und Veränderungsprozesse hängen oft von Zufällen ab. Das Wasser einer Quelle tropft zufällig auf eine bestimmte Stelle. Ein Vogelbaby bekommt zufällig mehr Würmer ab als seine Brüder und Schwestern. Ein Mitarbeiter bekommt zufällig etwas mehr Aufmerksamkeit als seine Kollegen.

Anschließend beginnt die natürliche Selektion. Die Stelle, auf die die Quelle tropfte, wurde zu einem Flussbett. Das Vogelbaby setzt sich aufgrund seines Anfangsglücks mehr und mehr durch. Das zufällig gestärkte Selbstwertgefühl des Mitarbeiters wird größer.

Umwelteinflüsse führen zu Mutationen. Der Flusslauf mäandert um Wurzelwerk durch den Wald. Das Vogelbaby wirft brutal ein paar Brüder aus dem Nest. Der Mitarbeiter lernt, in welchen Situationen es erfolgsversprechend ist, stolz zu sein und wann nicht. Vielleicht reist er nach China oder Japan und eckt dort mit seinem großen Selbstwertgefühl an.

Sofern diese Variationen ein Leben in der vorhandenen Umwelt erfolgreicher oder leichter gestalten, setzen sich die Mutationen durch. Wenn nicht, sterben die kurzfristigen Mutanten aus. Der Flusslauf sucht sich an manchen Stellen andere Ausläufer, die alsbald wieder veröden. Das Vogelbaby verzeichnet mit seiner brutalen Vorgehensweise Erfolge. Vielleicht ist es sogar das einzige, das überlebt. Es mag unbarmherzig klingen. Doch bei Ressourcenknappheit könnte es die einzige Möglichkeit sein zu überleben. Bevor Sie jedoch Rückschlüsse auf das menschliche Leben ziehen: Die Tierwelt ist oft herrlich unkompliziert. Selektionsmöglichkeiten sind im

Menschenreich um Meilen komplexer. Dort gibt es schließlich Seminare zur inter-kulturellen Kommunikation, die dem Mitarbeiter zeigen, wie er sich eleganter durch fernöstliche Verhandlungssituationen navigiert. Vielleicht lernt er in einem dieser Seminare, dass es mehrere Optionen gibt, clever durchs Leben zu kommen, eine stolze und eine demütige.

Hatte die Natur, hatte der Mitarbeiter ein konkretes Ziel vor Augen? Nein. Die Natur verfolgt keine Ziele in unserem Sinne. Würde sie es tun, bräuchte sie einen kreativen Schöpfer, der ein intelligentes Design erstellt, wie es Kreationisten glauben.

Statt Zielen verfolgt die Natur verschiedene Zwecke. Der Flusslauf versucht, rei-bungsfrei durch den Wald zu fließen, was in der Regel mit Umwegen verbunden ist. Flußbegradigungen sind von daher unsinnig, da sie zu Sturzbächen und Überflutun-gen führen. Was die Natur durch jahrzehntelanges Probieren perfektionierte, wird in-nerhalb weniger Monate verworfen, als ob wir es besser wüssten. Doch selbst wenn die Natur keine Ziele verfolgt, denkt sie mit. Bei einer begrenzten Masse an Futter ist es für das eigene Überleben zweckvoll, den Bruder aus dem Nest zu werfen. Will der Mitar-beiter in Fernost bleiben, ist es zweckvoll, sein Kommunikationsverhalten zu erweitern.

Alles Lebendige und Organische entwickelt sich weiter. Es passt sich an, um zu überleben und mit der Umwelt eine reibungsfreie Symbiose einzugehen, in der Orga-nisches und Umwelt sich gegenseitig in immerwährenden kleinstteiligen Feedbackab-gleichen beeinflussen. Nicht, um sich wie eine Maschine anzupassen – hier wurde Darwin häufig missverstanden –, sondern um die eigenen Fähigkeiten prozesshaft optimal auf das Umfeld abstimmen und damit einen agilen Feinabstimmungsprozess zu betreiben. Die Frage, wer zuerst da war, Henne oder Ei, stellt sich in diesem Kontext nicht mehr. Die Henne hat sich nicht aus dem Ei entwickelt, sondern, wenn wir ganz weit zurückgehen, aus einem Einzeller, einer Amöbe, später einem Fisch, dann einem Kriechtier und dann, irgendwann, ergab sich ein Ur-Ei, das evolutionsbiologisch „dachte", es wäre zweckmäßig eine gute Idee, zu einer Henne zu werden, die wie-derum „dachte": Das mit dem Ei als Schutz ist eine clevere Idee. Das behalte ich bei.

Einen Platz in der Welt suchen und finden, mit anderen kommunizieren, sich verbinden, neue Erkenntnisse erwerben und testen, hinfallen, wieder aufstehen, die Erkenntnisse anpassen und mit jedem Schritt ein wenig perfekter werden. So lauten die evolutionär-menschlichen Zwecke persönlicher Weiterentwicklung jenseits strik-ter Ziele.

Der Homo projectis hingegen setzt sich strenge Ziele: Er strebt eine große Kar-riere an. Er will glücklich sein und verwechselt dabei das Haben mit dem Sein, Glück mit Konsum. Er will sich ein Haus bauen, Autos kaufen und Erfindungen austüfteln. Seine Kinder sollen eine gute Ausbildung absolvieren. Warum nicht? All das sind hehre Ziele. Doch vielleicht sollten wir uns ab und an weniger Ziele setzen und mehr darauf vertrauen, dass das banale Leben aus Kommunizieren, Lachen, Kooperieren und Streiten nicht nur Glück genug beinhaltet, sondern bereits implizit in die richtige Richtung läuft. Wer hoch kompetent mit anderen kommuniziert, Netzwerke bildet, sich stetig weiterbildet, lernt, sich an Systeme anzupassen und nach einem Scheitern optimistisch wieder aufsteht, wird in jedem Fall hochkarätige Ziele erreichen.

## Ein kooperatives Ringen um den richtigen Weg

Wer sich im Kampf verbeißt und die Regeln übertritt, unfair kämpft und sein Gegenüber persönlich angreift, verbaut sich den Weg in die Kooperation. Er muss solange gegen Widerstände kämpfen, bis er sein Ziel erreicht. Wie jedoch sieht dieses Ziel aus?

Ein dauerhaft kämpfender Mensch will gewinnen und muss seinen Erfolg stetig gegen jüngere und bald stärkere Gegner verteidigen. Die reine Kampfeslogik lässt nur zwei Möglichkeiten zu: Gewinnen oder verlieren. Gewinnen als Ziel lässt zwar einen weiten Spielraum zur persönlichen Weiterentwicklung offen, inklusive manipulativen Methoden. Jedoch begrenzt Gewinnen die Möglichkeiten, in denen es um die gemeinsame kommunikative Entwicklung von Zielen geht.

Lassen sich demokratische Werte wie Gleichheit, Sicherheit und Freiheit mithilfe diktatorischer Grundzüge durchsetzen? Wird ein Mitarbeiter auf der Grundlage undiskutierbarer Anweisungen zu einem selbstreflexiven und -verantwortlichen Teamleiter? Über Werte und Ziele in der Organisation darf gestritten werden, muss es sogar. Der kooperative Wettbewerb um die richtigen Antworten und ein Streben zur nächsten evolutionären Stufe der Kooperationsgestaltung ist zur Weiterentwicklung einer Organisation unerlässlich. Ein solches Ringen ist kräfte- und ressourcenschonender als der kompromisslose Kampf. Dort ziehen zwei Personen an einem Seil. Person A will nach Norden, Person B nach Süden. Im kooperativen Ringen ziehen beide grob in die gleiche Richtung. Das Schiff hat den Hafen verlassen. Darin waren sich beide einig. Ein Zurück macht keinen Sinn. Doch wohin soll es gehen? Nach Westen? Nordwesten? Oder Südwesten? Wohin genau, wird ausgehandelt, offen und kooperativ.

## Der Zweck heiligt die Kompetenzen

Was bedeutet all das für Sie als Führungskraft?

Beginnen wir mit dem evolutionären *Zufall*. Könnten Sie dem Zufall an der richtigen Stelle einen platzierten Anstoß verpassen? Für einen solchen Stoß braucht es eine schnelle Auffassungsgabe und Mut, Humor, eine Metapher, einen Vergleich, ein

Gefühl im richtigen Moment anzusprechen, eine Frage zu stellen, um den Mitarbeiter aus der Reserve zu locken oder Angebote zu formulieren, um die Selbsthandlungskompetenz des Mitarbeiters zu erhöhen. Den Zufall anzustoßen heißt, den normalen Alltagstrott zu verlassen. Sie geben dem Fluss einen Hinweis, in eine neue Richtung zu fließen. Sie verlassen das sichere Gebiet des „Ich weiß, wo es lang geht" und wagen sich auf ein Feld namens „Lassen Sie uns gemeinsam um den richtigen Weg ringen", auch wenn Sie als Führungskraft, als Big Man den ersten Schritt gehen müssen.

Als zweites folgt die *Selektion*: Wie reagiert Ihr Gegenüber auf die Metapher? Auf den Humor? Empfindet er dasselbe wie Sie? Was könnte aus der Metapher entstehen? Ist seine Reaktion logisch? Sinnvoll? Einmal in Gang gesetzt, entsteht eine wahre Flut an Assoziationsketten. Ihre Aufgabe als Führungskraft besteht darin, diese Ketten in die richtigen Bahnen zu lenken.

Die Zwecke des dialogischen Austauschs sind kompetenzorientiert: Achtsamkeit, Stressbewältigung, Selbstreflexivität, Kreativität, Entscheidungsfreude, Agilität, Flexibilität, Anpassungs- und Problemlösefähigkeit, Kritik-, Konflikt- und Kommunikationsfähigkeit, Selbsthandlungskompetenz und Verantwortungsbewusstsein. Mit diesen Fähigkeiten im Rücken ist jedes Ziel erreichbar. Die Gesprächsmethode Focusing und die Ergänzungen dazu sind für die Entwicklung dieser Kompetenzen die idealen Mittel. In einem Satz lässt sich Focusing als eine sanft-hierarchische, wertschätzend-unnachgiebige dialogische Methode mit einem enormen Vertrauen in ko-evolutionäre Entwicklungen beschreiben.

Schließlich folgen *Mutationen*. Ein im Mitarbeitergespräch vereinbartes (Mikro-) Verhalten muss sich in der Praxis bewähren. Macht das neu verlaufende Flussbett Sinn? Wenn ja, was ist das Sinnvolle daran? Für den Fluss, das Wasser, das Flussbett und die Umgebung, inklusive ansässiger Tiere?

Zur Aufarbeitung dieses Feinschliffs besteht Ihre Aufgabe darin, klare Rückmeldungen zu geben, um dem Mitarbeiter eine erweiterte Sicht auf seine Weiterentwicklungsbeziehung zwischen sich und der Umwelt zu geben.

## Wenn etwas fehlt ...

Analog zum Prozess-Kreislauf des Hungers ergeben sich auch in Mitarbeiterprozessen Kreisläufe. Zusätzlich zum Bedürfnis des Hungers haben Menschen das Bedürfnis nach Anerkennung, Wertschätzung, Akzeptanz, ernstgenommen werden, die Möglichkeit zur Gestaltung und den Wunsch nach Kontrolle. Werden diese Bedürfnisse erfüllt, entfaltet sich ein Handlungsprozess analog zum Jagen. Sollte etwas fehlen und ein Bedürfnis nicht erfüllt werden, verharren Handlungen unvollständig in der Schwebe oder zielen nicht mehr auf das Ursprungsziel ab, sondern toben sich auf Nebenkriegsplätzen aus.[50] Ein Mitarbeiter, der sich nicht ernst genommen fühlt, könnte versuchen, sich anderweitig Gehör zu verschaffen, indem er an jeder Neuerung im Unternehmen herumnörgelt. Andere typische „Strategien"[51], um schlussendlich doch noch ernst genommen zu werden, sind Angeben, Besserwissen, Ideen blockieren, gleichgesinnte Verbündete suchen, Jammern oder auf moralische Prinzipien pochen.

Das Prinzip der Homöodynamik[52] beschreibt, was Organismen innerlich antreibt. Nach Antonio Damasio strebt jeder Organismus unter Stress nach einer Entspannung, die sich in einem Angriff, Flucht oder Totstellen äußern kann. Der Organismus reagiert auf ein Feedback von außen und passt sich dynamisch an.

Fühlt sich ein Mitarbeiter ernst genommen, entspannt sich sein homöodynamisches System. Anforderungen bewertet er nun als kontrollierbare Herausforderungen. Er fühlt sich dem Team zugehörig, kann sich weiterentwickeln und nimmt stolz persönliche Erfolge wahr.

Fühlt er sich nicht ernst genommen, blockiert er innerlich. Er empfindet keine Kontrolle, fühlt sich gestresst, über- oder unterfordert, ist enttäuscht, fühlt sich isoliert vom Team und sieht keine Möglichkeit, seine Kompetenzen anzubringen.[53] Dieses negative Stressempfinden kann jedoch auch Ursachen haben, die nur indirekt mit seinen Vorgesetzten oder seinem Team zu tun haben. Er kann ganz individuell zu impulsiven, lust- oder unlustgesteuerten Reaktionen neigen oder schneller als andere überfordert sein und einen Kontrollverlust erleiden. In beiden Fällen haben wir es nur mit einem Teil des Mitarbeiters zu tun. Der andere Teil, bewusst, reflektiert und denkend, scheint in Stressreaktionen zu „schlafen". Den ganzen Menschen anzusprechen bedeutet, diesen schlafenden Teil mit ins Boot zu holen.

## Individuelle Fortentwicklungen

Wie sich der Prozess fortsetzt, ist noch unklar und kristallisiert sich erst im Laufe eines Gesprächs, Nachdenkens darüber oder im Tun heraus. Die Entwicklung hängt davon ab, welcher Typ Mensch uns im Gespräch gegenüber sitzt:

---

[50] Vgl. Gendlin, S. 66 ff.
[51] Strategien in Anführungszeichen, da der Begriff der Strategie Willentlichkeit suggeriert, was für die meisten Verhaltensweisen anstrengender Zeitgenossen fraglich ist.
[52] Vgl. Hübler, Therapeutische Prozesse, S. 71 ff.
[53] Ebd. S. 73

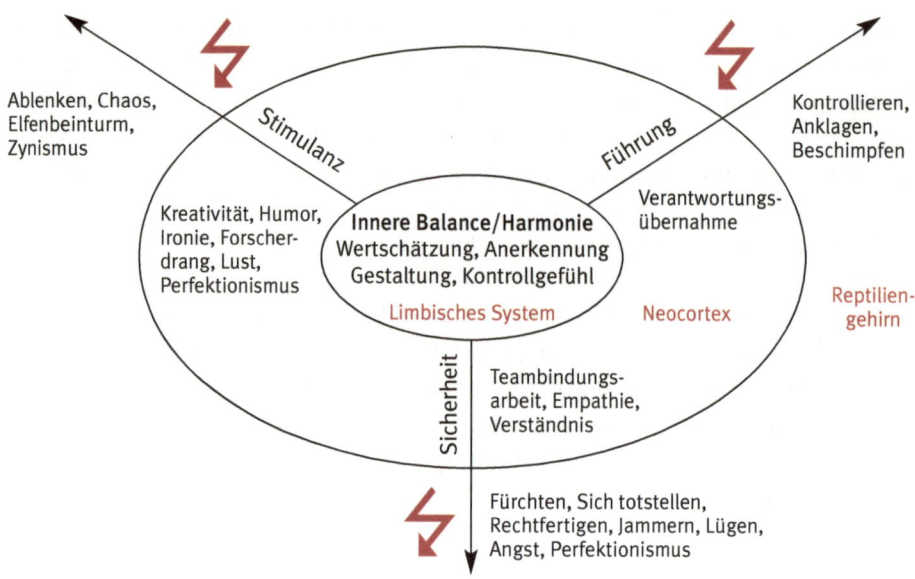

1. Der eine will die *Verantwortung* an sich ziehen und damit Prozesse gestalten, kontrollieren, sich aktiv Wertschätzung verschaffen, durch eigene Leistungen anerkannt und ernst genommen werden. In negativer Ausprägung finden wir hier manchen Angeber, Choleriker, Mikromanager oder Intriganten.
2. Der zweite will mit *Kreativität* gestalten und für seine reichhaltigen Ideen und „Erfindungen" akzeptiert, anerkannt, wertgeschätzt und ernst genommen werden. Kontrolle besteht für ihn sowohl in der kreativen Kontrolle über eine Tätigkeit, als auch in der spontanen Freiheit, von einer spannenden Aufgabe zur nächsten zu wandern. In negativer Ausprägung finden wir hier manchen Besserwisser, Zyniker, Lügner oder Chaoten.
3. Der dritte schließlich gestaltet, indem er zu einem *Teil des Teams* wird. Er sucht nach Anerkennung, Wertschätzung, Akzeptanz und möchte ernst genommen werden, indem er sich um die wichtige Aufgabe der Teambindung kümmert. Ein Kontrollgefühl hat er dann, wenn Vertrauenspersonen verbindliche Richtungsentscheidungen treffen. In negativer Ausprägung finden wir hier manchen Nörgler, Blockierer, Moralapostel oder Jammerer.

Können diese Typen ihre Bedürfnisse mit den genannten Aktivitäten erfüllen, entspannt sich ihre Homöodynamik, wodurch Herausforderungen einen Prozess in Gang setzen:

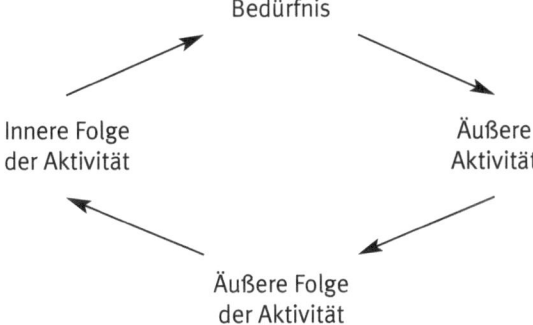

Aus einem Bedürfnis resultiert eine äußere Aktivität, diese wiederum hat eine äußere und eine innere Folge, was letztlich zurück zum Bedürfnis beziehungsweise der Bedürfnisbefriedigung führt. Das Bedürfnis nach Wertschätzung hat zur Folge, dass sich ein Mitarbeiter auf die Suche nach Maßnahmen zur Wertschätzungserfüllung macht. Bekam er in der Vergangenheit nutzbringende Antworten auf seine Fragen, nimmt er, indem er Fragen nach dem Wert seiner Arbeit stellt, die Zufriedenheit, die er aus vorangegangenen Prozessen kennt, vorweg, was nahelegt, sich auch in Zukunft nach seinem Wert mit Fragen zu erkunden:

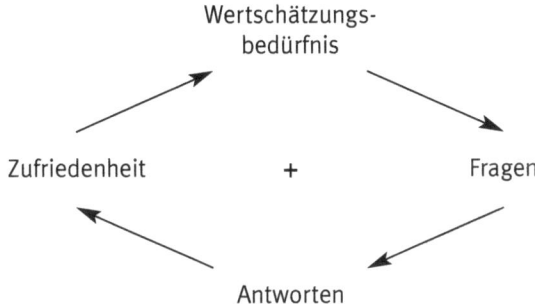

Sollte der Regelkreis unendlich ohne Regulierung weitergehen, besteht die Gefahr übertriebenen Stolzes und ungerechtfertigter Allmachtsgefühle. Werden Bankvorständen trotz rückläufiger Gewinne höhere Boni ausgezahlt, ist es kein Wunder, dass sie einen Realitätsverlust erleiden. Im Kreismodell sammelt sich die aufgestaute Energie wie in einem Schnellkochtopf. Wenn es piepst, sollten wir Dampf ablassen. Dann ist es Zeit, in einen neuen Kreis einzutreten und eine neue evolutionäre Stufe in Angriff zu nehmen. Der gerechtfertigte Stolz auf die eigenen Leistungen könnte dazu führen, für komplexere Aufgaben bereit zu sein. Damit kommen wir vom Kreis- zu einem spiralförmigen Modell der Weiterentwicklung, in dem der Weg stetig nach oben oder auch zurück nach unten führt. – Außer wir wollen, dass der Topf explodiert.

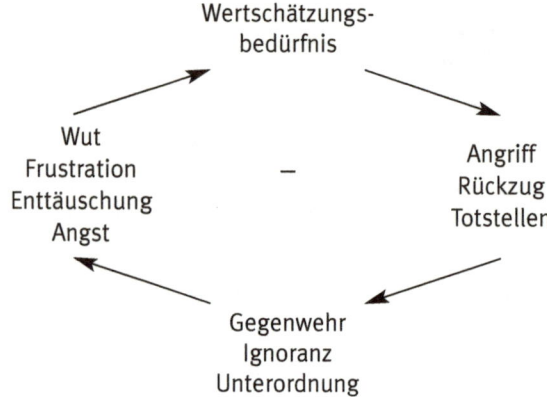

Die spiralförmige Entwicklung eines Mitarbeiters mit negativen Erfahrungen ist blockiert. Die Suche nach Wertschätzung verbindet er mit Wut, Enttäuschungen und Angst, sodass er in einen inneren und äußeren Teufelskreis aus Angriff, Rückzug und Totstellen oder Gegenwehr, Unterordnung und Ignoranz gerät:

Hier fehlt etwas, um den „normal-menschlichen" Prozess der Wertschätzung voran zu bringen. Drehen sich Mitarbeiter in diesem Teufelskreis, bleiben sie in ihrer Entwicklung stecken. Sie können nicht gestalten, weil sie zu sehr damit beschäftigt sind,

- die Schuld für Fehler bei anderen zu suchen,
- abzulenken, sich im Chaos zu verlieren, zynische Bemerkungen zu machen,
- zu lügen, sich zu rechtfertigen, zu jammern oder im vorauseilenden Gehorsam Bindung und Sicherheit zu suchen.

Das Fehlende muss erst ergänzt werden, um natürliche Wachstumsentwicklungen in Gang zu setzen. Erst wenn das Bedürfnis nach Wertschätzung gestillt wird, können Mitarbeiter sich wieder voll und ganz ihrer Entwicklung, Kreativität und Gestaltungsmöglichkeiten widmen.

Das Bedürfnis strebt dabei innerhalb seines Regelkreises ein Nullniveau an, um vollkommen befriedigt zu werden. Mehr Essen macht nicht satter, der Durst ist irgendwann gestillt und ein Zuviel an Lob für eine Tätigkeit ist sogar kontraproduktiv. Deshalb bedeutet Wachstum zuerst einmal, im Zuge persönlicher Entwicklungen, seine eigenen Potenziale (Äußere Aktivität), genauere und bessere Rückmeldungen (Äußere Folge) schneller, leichter, eleganter oder reibungsfreier zu erreichen.

Dazu sind Kooperationen am besten geeignet. Von unserem Gegenüber Respekt, Wertschätzung oder Lob einzuklagen, funktioniert als Comedy-Nummer für ungeliebte Narzissten. Wenn Donald Trump sich auf die Frage, wie er seine ersten Wochen im Amt bewertet, die Note A+ gibt, ist es schwer, sich bei aller Tragik ein Schmunzeln zu verkneifen. In der Realität erscheint es grotesk, Anerkennung einzufordern. Respekt, Wertschätzung und Lob müssen hart erarbeitet werden.

Wurde das Nullniveau erreicht und damit ein tragendes Fundament geschaffen, können wir uns spiralförmig, organisch und kämpferisch zum nächsthöheren Kreis weiterentwickeln. Kämpferisch deshalb, weil eine Weiterentwicklung nicht von alleine funktioniert. Es braucht den Mut und das Risiko, Fehler zu machen. Es braucht die Reibung mit anderen, denen ich vielleicht erst beweisen muss, was ich kann. Welche Kompetenzen dort unser Wachstum bestimmen, sehen wir uns in Kapitel 2.2.8 an.

Die Aussage Steve Jobs' „Es ist nicht die Aufgabe der Verbraucher, zu wissen, was sie wollen. Das ist unsere Aufgabe", zeugt von einem Visionär und Kämpfer, der für seine Meinungen gegen Widerstände einsteht. Die Geschichte von Apple zeigt, dass dieser Kampf immer wieder an seine Grenzen stieß. Der erste Laptop war zu groß. Eine Aktion, in der Käufer den Computer einen Tag lang testen konnten, scheiterte, weil sie die Geräte mit deutlichen Spuren zurückbrachten, was zu teuren Reparaturen führte. Apple klagte gegen Microsoft ... und verlor. Steve Jobs zog sich nach internen Querelen für einige Jahre aus dem Unternehmen zurück. Die Tiefschläge, die Apple und Steve Jobs einstecken mussten, sind zahlreich. Doch wie heißt es so schön: Der Charakter eines Menschen zeigt sich nicht am Fallen, sondern am Aufstehen.

Stephen Hawking vergleicht die Entstehungswahrscheinlichkeit unseres Universums mit einem Bleistift, der mit der Spitze nach unten auf einer Vielzahl hochkant übereinander gestapelter Rasierklingen balanciert. Dass dies möglich ist, erfordert entweder den Glauben an einen Schöpfer, der sich das ausdenkt, oder den Glauben an einen evolutionären Prozess, der nach abertausenden von Fehlschlägen endlich zu einer Lösung gelangt.

Offensichtlich hat Apple aus all den Rückschlägen jedes Mal etwas gelernt, um schließlich dort zu landen, wo das Unternehmen heute steht.

Steve Jobs als langjähriges Gesicht von Apple verlor niemals seine kämpferische Einstellung. Die Geschichte Apples unter Steve Jobs gleicht einer Achterbahnfahrt. Eine Anzeige von Apple aus dem Jahr 1981 beginnt mit den Worten „Welcome IBM. Seriously, ...". Apple platzierte eine Werbung auf dem berühmten Cannes-Festival. Und iPod, iPhone, iPad und iTunes wurden zuerst belächelt und beherrschten später den Markt – genau so, wie der Visionär Jobs die neuen Systeme ankündigte.[54]

---

[54] Vgl. http://www.mac-history.de

Die Reibung zu IBM, Microsoft oder Nokia schien Steve Jobs erst lebendig zu machen. Auch hier sollen Kämpfe nicht glorifiziert werden. Die bisweilen arrogante Art von Steve Jobs spaltete sein Umfeld in Freunde und Feinde. Das war wohl der Preis, den er zahlen musste. Ob er ihn gerne zahlte, ist nicht überliefert.

Steve Jobs sagte ehrlich, was er wollte. Widerstände forderten ihn heraus. Einem Mitarbeiter im Aufzug zu kündigen, weil ihm dessen Arbeitsauffassung nicht passte, gleicht jedoch einem Tiefschlag, der gegen Provokationsregeln verstößt. Geht die Auseinandersetzung zu sehr auf Kosten anderer und werden Mitarbeiter nicht mitgenommen, bekommt Wachstum etwas Erzwungenes. Reibung führt zu organischen Weiterentwicklungen. Reibung ohne Regeln führt zu Eskalationen.

## Bedenken

Auch wenn wir im Zuge unseres Kontrollbedürfnisses Probleme mit groben Richtungen und der Offenheit von Zielen haben – stünden die Ziele fest, ginge es in Mitarbeiterjahresgesprächen lediglich um die Zielumsetzung, nicht um Zielvereinbarungen. Zudem zeigen Prozessordnung und das Kreislauf- bzw. Spiralmodell auf, wie wir uns Schritt für Schritt an natürlichen Logiken orientieren.

Sollten Sie beim Lesen dieser Zeilen das Gefühl haben „Der spinnt! Schritt für Schritt? Dann werden wir mit unseren Gesprächen nie fertig!", kann ich Sie beruhigen. Hier findet ein Paradoxon statt: Sie entschleunigen Gespräche, um schneller zum Wesentlichen zu kommen. Sie nutzen tote Punkte und Reflexionsinseln, um zu klären, wo es hingehen soll, anstatt dauerhaft zu regulieren und zu deregulieren wie bei der manuellen Einstellung des warmen Wassers in der Dusche.

Ebenso häufig sind Bedenken, was die fehlende Voraussicht angeht. Wenn wir nur prozesshaft Schritt für Schritt nehmen, sind wir damit für die Zukunft gewappnet? Als Führungskraft muss ich definieren, wo die Reise hingeht, womit Sie Recht haben. Christoph Columbus musste seine Reise ebenso planen wie Steve Jobs Ziele vorgab. Damit wird die grobe Roadmap abgesteckt.

Was Sie nicht müssen, ist die Reise bis zum Ende durchzuplanen. Woher können Sie wissen, wie sich Ihr Umfeld entwickeln wird? Kaum jemand ahnte, dass mit einem Mal Tausende von Flüchtlingen in Kindergärten, Schulen, Heimen und Arbeitsstätten unterzubringen sein werden. Woher wollen Sie wissen, wie gut sich der Weitblick eines Mitarbeiters in einem halben Jahr entwickeln wird? Und ob es überhaupt der Weitblick ist, der seinen persönlichen Erfolg ausmacht?

Die Fraktallogik zeigt, dass Sie im Kleinen sehr wohl Ziele setzen können, um naheliegende Zwecke zu erfüllen, vor allem auf der Ebene persönlicher Kompetenzen.

Damit verfügen Sie analog zum Prototyping im agilen Projektmanagement über die Möglichkeit eines Testlaufs. Wer kommunikativ stark auftritt, erhöht seine Wahrscheinlichkeit, auch beim Kunden gut anzukommen. Sollte es auf der Ebene der Mikrohandlungen nicht funktionieren und sollten die inneren oder äußeren Widerstände zu groß sein, wird es auch langfristig nicht funktionieren. Besser, Sie selektieren zeitnah und schlagen eine erfolgversprechendere Richtung ein.

Wie Sie ohne die Hilfe eines 100-prozentigen Fahrplans auf mögliche äußere und innere Hindernisse reagieren, schauen wir uns im nächsten Kapitel an.

## 2.1.2  Mit drei Schritten in die Zukunft

Stehen wir vor der Entscheidung, etwas zu tun oder es zu lassen, beschäftigen uns in der Regel die Vor- und Nachteile eines Beschlusses. Wir denken darüber nach, warum wir etwas tun oder lassen sollten. Den Ablauf der Entscheidung stellen wir uns in der Regel nicht vor.

Um wirklich zu wissen, ob wir etwas tun sollten oder nicht, ist es hilfreich, drei verschiedene Zukunftsszenarien zu unterscheiden:

1. In der ersten Zukunft stellt sich die Frage nach dem Warum: Verfolge ich ein Ziel nur, weil andere es wollen? Oder will ich es selbst?
2. In der Gegenwart der Zukunft und damit mittendrin stellen wir uns die Frage nach dem Wie: Wie wird der Weg zum Ziel, in der Regel verbunden mit Hindernissen, ablaufen? Würden Sie das Gedankenspiel an dieser Stelle beenden, würden Sie nie wieder in den Urlaub fahren und Weihnachten würde ausfallen. Deshalb brauchen wir auch das nächste Szenario.
3. In der Vergangenheit der Zukunft stellt sich rückblickend die Frage, welche Schlüsse wir aus den Ereignissen ziehen, um diese in unser Selbstbild einzuordnen. Damit können wir auch einen schlechten, jedoch gemeisterten Urlaub positiv abspeichern. Auch über die anstrengende Verwandtschaft an Weihnachten wird nach dem Feiertagsdrama wieder gelacht.

Mitarbeiter mit negativen Erfahrungen bekommen durch die Auseinandersetzung mit der Gegenwart und der Vergangenheit der Zukunft eine positiv-realistischere Sicht auf den Prozess einer Entscheidungsumsetzung. Es wird klarer, auf welche eigenen Handlungen in Interaktion mit dem Umfeld er normalerweise frustriert, verärgert, enttäuscht oder besorgt reagiert und wie er diesen Teufelskreis durchbrechen kann.

Mitarbeiter, die zur eigenen Überschätzung tendieren, bekommen eine negativ-realistischere Sichtweise. Ihnen wird deutlich, wie sie sich auf Hindernisse wappnen können, um diese besser zu meistern.

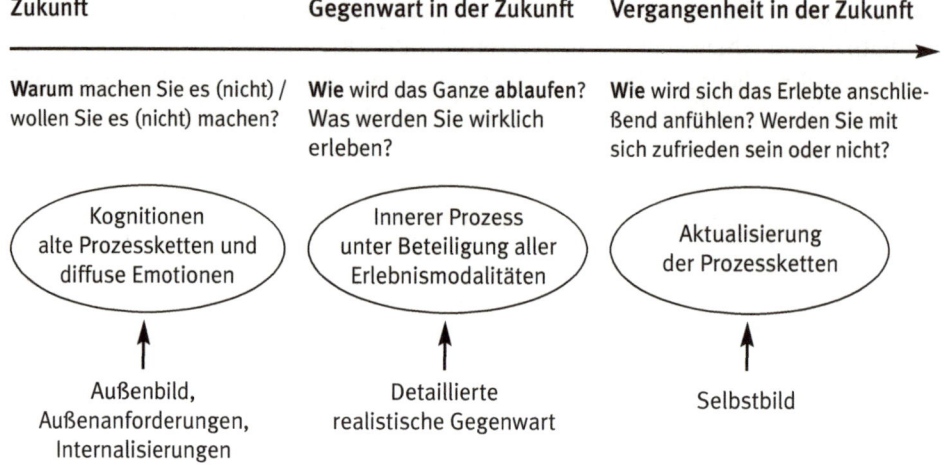

| Zukunft | Gegenwart in der Zukunft | Vergangenheit in der Zukunft |
|---|---|---|
| **Warum** machen Sie es (nicht) / wollen Sie es (nicht) machen? | **Wie** wird das Ganze **ablaufen**? Was werden Sie wirklich erleben? | **Wie** wird sich das Erlebte anschließend anfühlen? Werden Sie mit sich zufrieden sein oder nicht? |
| Kognitionen alte Prozessketten und diffuse Emotionen | Innerer Prozess unter Beteiligung aller Erlebnismodalitäten | Aktualisierung der Prozessketten |
| ↑ | ↑ | ↑ |
| Außenbild, Außenanforderungen, Internalisierungen | Detaillierte realistische Gegenwart | Selbstbild |

**TIPP: GESPRÄCHE ALS MENTALE SIMULATION**

Bauen Sie die drei Schritte in die Zukunft zwanglos in Gespräche ein:

- Warum halten Sie Ihre Ziele für eine gute Idee? Warum wollen Sie nicht lieber so vorgehen: …?
- Stellen wir uns vor, Sie würden so handeln. Was würde realistischerweise passieren?
- Nehmen wir an, wir treffen uns in einem Jahr wieder, um den Erfolg oder Misserfolg des Projekts aufzuarbeiten: Sie sind über Ihren Schatten gesprungen, sind Risiken eingegangen und es hat funktioniert. Wie werden Sie sich fühlen? Was an dem Projekt könnte schiefgehen? Wie wird es Ihnen gehen, wenn das Projekt scheitert? Was ist, wenn Sie Risiken vermieden haben und das Projekt trotzdem scheiterte? Was ist, wenn das Projekt damit Erfolg hatte? Wie geht es Ihnen jeweils damit?

## 2.1.3 Roadmap zu Gesprächsprozessen

Nach diesen Ausführungen lassen sich die zentralen Aspekte eines Mitarbeitergesprächs in einer Roadmap darstellen:

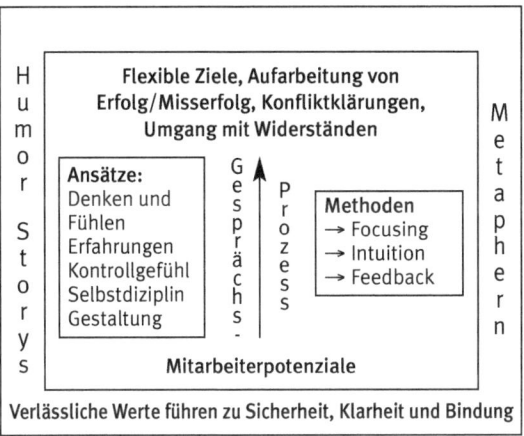

Den Rahmen liefern die Haltungen und Einstellungen aus dem ersten Teil des Buchs. Die unterschiedlichen Ziele definieren die Richtung. Der Weg dorthin verläuft über die verschiedenen Methoden, die wir noch kennenlernen werden, unter Berücksichtigung der unterschiedlichen neurowissenschaftlichen Ansätze. Darunter finden wir „Berge" wie die mangelnde Selbstdisziplin, „Wälder" wie noch aufzuarbeitende Erfahrungen und unklare Emotionen, „Fahrzeuge" wie die individuellen Gestaltungskompetenzen und „Seen" wie die aus dem ersten Teil bekannte Achtsamkeit.

Eine Roadmap zu Ihrem kommenden Mitarbeitergespräch könnte so aussehen:

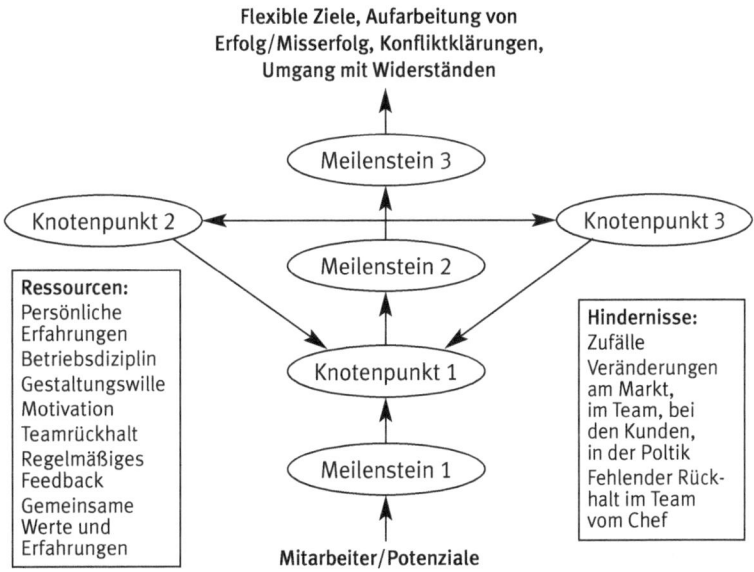

Definieren Sie auf dem Weg zum großen Gesprächsziel zunächst die Kompetenzen der Selbstreflexivität, Stressbewältigung, Problemlösefähigkeit, Entscheidungsfreude, Flexibilität, Loyalität, Konfliktfähigkeit, Neugier und Verantwortungsbewusstsein als logisch miteinander verbundene Meilensteine. Wollen Sie einen Mitarbeiter langfristig zu einem ebenbürtigen Gesprächspartner oder gar zum Kronprinzen aufbauen, können Sie zusätzlich Haltungen wie Authentizität, Direktheit, Unnachgiebigkeit und Mut als Meilensteine definieren.

An welchen Knotenpunkten, zum Beispiel in Teamsitzungen, Kundenpräsentationen oder Konfliktgesprächen, lassen sich diese Meilensteine testen?

## 2.2 Ein prozessorientiertes Gesprächsführungsmodell

### 2.2.1 Die Gesprächsführungsmethode Focusing

Im ersten Teil ging es darum, mit einer menschlich-natürlichen Führung Bindungen aufzubauen und Lebendigkeit vorzubereiten: Zu den eigenen Werten zu stehen, wagemutig-idealistisch Geschichten und Humor einzusetzen, Führung ein Gesicht ohne Masken zu geben, von Subjekt zu Subjekt, authentisch, echt, direkt, streitbar, fehlerfreundlich, gerecht und fair.

Die Gesprächsmethode Focusing reichert diese Haltungen um die Kompetenzen Flexibilität, Anpassungsfähigkeit und Unnachgiebigkeit an, damit Mitarbeitergespräche im besten Sinne zu einem lebendigen Erwartungs-Schlagabtausch werden. Als Führungskraft brauchen Sie dazu mehr als „nur" visionäre Ideen und den Idealismus, diese anzusprechen. Ein Teil von Ihnen sollte die klare innere Struktur eines Feldherrn haben, der sich jederzeit im Rahmen der Roadmap zurechtfindet, um Mitarbeiter zu erreichen oder bei nicht erreichten Meilensteinen eindeutige Rückmeldungen zu geben und sie so durch Kontroll- und Selbstdisziplinverlust-Situationen zu geleiten. Ein weiterer Teil sollte über die unerschütterliche Geduld eines Mediators verfügen, der vollstes Vertrauen in die prozesshaft-evolutionäre Entwicklung seiner Mitarbeiter hat, sofern dieser sich an stimmige Mikrohandlungen hält und ebenso an den Prozess der Fortsetzungsordnung glaubt.

Stellen Sie sich ein Mitarbeitergespräch als Wollknäuel vor. Sie haben keine Ahnung, worum es bei Ihrem Mitarbeiter in Wirklichkeit geht. Eine Columbo-Haltung kann hier sehr hilfreich sein. Wofür könnte die Wolle stehen? Für einen Menschen mit Fähigkeiten und Gestaltungskompetenzen. Wie diese Kompetenzen im Detail aussehen und wie sie einsetzbar sind, wissen Sie noch nicht. Sie wissen nicht einmal mit Sicherheit, ob sich die Farbe, die Sie von außen sehen bis zum Inneren durchzieht. Auch die Stärke des Fadens könnte sich verändern. Dennoch müssen Sie der Sache auf den Grund gehen. Was wollen Sie unternehmen? Kräftig daran ziehen und dabei riskieren, dass die Wolle innerlich verknotet? Oder wäre es eine bessere Idee, den Faden mit einem gezielten Griff zu fassen, um das Knäuel Schicht um Schicht abzurollen?

Wie verworren das Knäuel auch ist, es gibt eine innere Logik, die allerdings nur der Mitarbeiter selbst kennt. Sie können ihm lediglich helfen, dieser Logik auf den Grund zu gehen. Dabei kann das Knäuel sowohl für den Mitarbeiter, als auch für eine Aufgabe oder ein Projekt stehen. Auch Konflikte sind bisweilen so verworren wie dieses Knäuel.

Herr Schubert hat Streit mit einem Kollegen: Captain, übernehmen Sie!

In eben solchen Dilemmas finden sich Führungskräfte häufig wider. Sie wissen: Ich sollte etwas tun, ansonsten machen die beiden mir die ganze Abteilung kirre. Löse ich jedoch die Probleme meiner Mitarbeiter, komme ich zu nichts anderem mehr.

## TIPP: VOM PROBLEM ZUR VERANTWORTUNG

Als ersten Schritt in Richtung Kompromiss sollten Sie sich die Frage stellen: Wer hat hier ein Problem? Ich oder meine Mitarbeiter?

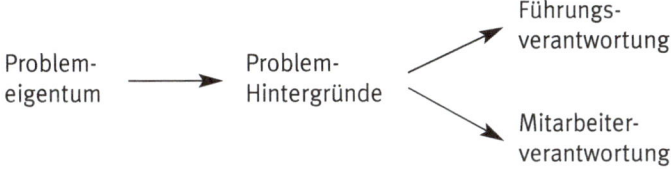

Gute Führungskräfte blicken in die Zukunft. Dort sehen sie, dass sich der Streit auf die komplette Abteilung, später auf die Kunden und schließlich auf den eigenen Ruf auswirken könnte. Im Moment der Schilderung gilt es allerdings umzudenken und das Problem dort zu belassen, wo es hingehört: In der Jetzt-Zeit bei diesem Mitarbeiter. Wir tendieren zu oft dazu, den Apfelbaum zu veredeln, obwohl der Apfelkern noch nicht einmal aufgekeimt hat.

Diese Entschleunigung und Fokussierung auf das Jetzt-Wesentliche ist enorm hilfreich, um die Problemhintergründe zu klären. Durch die Provokation des Mitarbeiters zur eigenen Klärung seiner Konfliktanteile, Lösungsideen und Einflussmöglichkeiten wird die Basis für seine spätere Teil-Verantwortungsübernahme gelegt.

## Der Gesprächsablauf mit Focusing im Überblick

Lassen Sie uns zunächst auf die wesentlichen Meilensteine eines Focusing-Gesprächs eingehen, bevor wir die Methode detailliert anhand eines Beispiels praktizieren:

*Schritt 1: Bereitschaft einholen*
Setzen Sie sich erst einmal.

*Schritt 2: Rundbeleuchtung*
Erzählen Sie mir alles, was Ihnen zum Thema wichtig erscheint.

*Schritt 3: Fokussierung*
Was ärgert/enttäuscht/wundert/freut Sie besonders? Was von dem, was Sie gerade erzählten, erscheint Ihnen besonders wichtig?

*Schritt 4: Stimmigkeit*
Passen die genannten Erlebnisebenen zueinander? Passt der Ärger zu einer bestimmten Metapher? Oder braucht es ein neues Bild oder geht es in Wirklichkeit um ein anderes Gefühl?

*Schritt 5: Ausblick*
Was müsste passieren, um wieder mehr Spaß in der Arbeit zu haben/mit Kollege X reibungsfreier zusammenzuarbeiten?

*Schritt 6: Umsetzung*
Wie könnte/sollte/müsste ein nächster Schritt in diese Richtung aussehen?

## Focusing-Methoden im Detail

Herr Schubert steht aufgebracht an der Tür: „Der Schumann ist unglaublich. Jetzt hat der schon wieder meine Unterlagen ‚geliehen‘ … und natürlich verschlampt."
Die Gesprächsführung mit Focusing könnte folgendermaßen aussehen:

1. *Atmosphäre* kreieren und *entschleunigen*:
   Setzen Sie sich. Vielleicht wollen Sie ein Glas Wasser, bevor wir mit dem Gespräch beginnen?

2. Geschichte mit *Verbreiterungsfragen* entstehen lassen: *Genauern, Bilder, Gedanken, Metaphern, Assoziationen*
   - Ich kann mir vorstellen, wie ärgerlich das für Sie ist.
   - Was meinen Sie (genau) mit geliehen? Was heißt verschlampt?
   - Damit ich Sie richtig verstehe: Das klingt so, als würden Sie wie Sisyphos Ihre Unterlagen sortieren und dann kommt Herr Schumann … und Zack! müssen Sie von vorne beginnen. Ist das so? Oder anders?

3. Geschichte in die *Tiefe* führen: Emotionale Äußerungen *markieren* und *zurückgeben* oder *genauern*[55]
   - Schubert: Der nervt total.
   - Führungskraft (gibt den emotional aufgeladensten Begriff zurück): Total.
   - Schubert (ballt unbewusst eine Faust): Ja, total! Ich könnte den an die Wand knallen.
   - Führungskraft (mit einem Lächeln): Das sehe ich. Da (ballt seine eigene Faust und zeigt darauf) steckt eine Menge Ärger drin, oder?
   - Schubert: Oh, ja!
   - Führungskraft: Der Ärger ist sicherlich nervig, oder? Was daran nervt Sie besonders? Wenn ich Ihnen zuhöre, denke ich: Wie anstrengend! Aber das ist nur meine Assoziation. Wie ist das für Sie? Anstrengend, nervig oder …?

**Meilenstein 1:** *Integration der Erlebensebenen*
Denken, Fühlen, Metaphern, Assoziationen, Körpersprache. Das Thema wurde von allen Seiten beleuchtet und ist (vorläufig) vollständig.

4. Einen *felt sense*[56] entstehen lassen: *Abgleich der Erlebensmodalitäten*
   Führungskraft: Passt das Gefühl, Ihr Ärger, zu Sisyphos? Oder verändert sich etwas? Woran erinnert Sie das? Vielleicht kennen Sie ähnliche Situationen aus der Vergangenheit? Würden Sie dem Thema als Ganzes einen Titel geben … eine Art Filmtitel, wie könnte der lauten?
   Anmerkung: Es könnte herauskommen, dass das Bild nicht passt und Sisyphos

---

[55] Die Sokratische Methode des Fragens ist hinlänglich bekannt. Fragen scheinen jedoch gefährlich zu sein, vielleicht sogar gefährlicher als Antworten. Sokrates jedenfalls wurde vorgeworfen, die Jugend zu verführen und bezahlte dafür mit dem Leben. Gut, dass uns dieses Schicksal in heutigen Demokratien nicht mehr blüht.

[56] Felt sense und felt shift sind zwei Kunstbegriffe von Gendlin. In einem felt sense wird mittels Oberbegriff das gesamte Erleben zu einem Thema zusammengefasst, eine Art Intuition erster Ordnung. Ein felt shift bezeichnet eine Intuition zweiter Ordnung: Probiere ich etwas im Geiste aus, fühlt es sich gut oder schlecht an?

weniger verärgert ist als vielmehr müde und frustriert. Damit ließe sich in einer späteren Konfliktschlichtung wesentlich besser arbeiten als mit Ärger.
Als Filmtitel könnte „Und täglich grüßt das Murmeltier" auftauchen.

**Meilenstein 2: Integration der Erfahrungen**
Die verschiedenen Erlebensebenen des Themas wurden miteinander abgeglichen und als *stimmig* erlebt. Es ergibt sich eine Gesamtüberschrift, worum es (wirklich) geht. In diesem Fall könnte der Titel lauten: „Anstrengend!", „Hinterher!" oder als Filmtitel: „Atemlos".

5. Einen *felt shift* entdecken: Aus dem felt sense entsteht der nächste Handlungsschritt:
    - Führungskraft: Was wäre eine gute Idee, ein Schritt in Richtung Lösung des Konflikts? Was müsste passieren, um sich entspannt zurückzulehnen? Gehen Sie diesen ersten Schritt im Geiste! Was sollten Sie tun? Woran merken Sie, dass dieser Schritt sinnvoll und richtig ist? Wenn nicht: Was müssten Sie verändern? Anmerkung: Natürlich kommen nicht alle Fragen auf einmal!
    - Schubert: Ich könnte meine Unterlagen wegschließen.
    - Führungskraft: Klingt das nach einer guten Idee?
    - Schubert: Geht so. Ich will meine Sachen eigentlich nicht wegsperren, nur wegen einer Person.
    - Führungskraft: Was könnten Sie stattdessen tun?
    - Schubert: Ich könnte nur einen Teil meiner Unterlagen wegsperren, die wichtigsten eben.
    - Führungskraft: Klingt das besser?
    - Schubert: Zumindest praktikabler. Ist weniger Aufwand und ich mache mir zudem klar, was wirklich wichtig ist und was ich wirklich brauche.
    - Führungskraft: Was noch?
    - Schubert: Ich werde wohl nicht umhin kommen, mit ihm ein paar ernste Worte zu reden.
    - Führungskraft: Und?
    - Schubert: Ist ja nicht so, dass ich das nicht schon versucht hätte.
    - Führungskraft: Was haben Sie konkret versucht?
    - Schubert: Zugegeben, es waren mehr Tür- und Angelgespräche.
    - Führungskraft: Wie zugegeben?
    - Schubert: … um meinem Ärger Luft zu verschaffen.
    - Führungskraft: Stattdessen hätten Sie gerne …?
    - Schubert: … eine Klärung der Situation.

- Führungskraft: Wozu Sie was brauchen?
- Schubert: Zeit und Ruhe. Ich würde es gerne nochmal mit einem Gespräch, dieses Mal in Ruhe, versuchen. Sollte das nicht funktionieren, würde ich wieder auf Sie zukommen.
- Führungskraft: Und das klingt in Ihren Ohren machbar?
- Schubert: Ja.

**Meilenstein 3: Integration der Zukunft**
Mögliche Handlungen werden mental getestet: Aus Anspannung könnte Erleichterung werden, aus Unsicherheit Zufriedenheit, aus Belastung und Enge Neugier.

6. Umsetzung in die Realität
   - Führungskraft: Wie können Sie diesen Schritt am besten umsetzen? Was können Sie selbst tun? Was können Sie an Ihrem Verhalten ändern? Was könnten Sie zu Herrn Schumann sagen?
   - Schubert: Am wichtigsten ist jetzt erstmal, dass ich mir klar mache, warum mich das so nervt. Alles Weitere wird sich zeigen.

Zusammengefasst lässt sich festhalten: Focusing ist eine achtsam-unnachgiebige Gesprächsmethode, die …

- nah am Empfinden des Mitarbeiters ist,
- ihn als verantwortungsbewussten Menschen wahrnimmt und darauf festnagelt,
- seine Gefühle, Impulse und Ideen ernst nimmt,
- ihn auf seine (oft unbewussten) Bedürfnisse zurückführt und
- seine Selbststeuerungskompetenzen und Strategien im Umgang mit Unerwartetem und Krisen fördert.

Damit gelingt es Ihnen, sich aus der Machtfalle, alles wissen zu müssen, ohne es wissen zu können, zu befreien.

Durch die Simulation der Zukunft werden Mitarbeiter mit Wahrheiten konfrontiert, die sie nicht mehr verdrängen können. Sie kamen an Kreuzungen, Weggabelungen und kritische Punkte und haben diese gedanklich bereits erreicht oder überschritten. Roger Willemsen hätte einen felt shift als mentalen Knacks bezeichnet. Mitarbeiter haben im Geiste so viel umgesetzt, dass sie diese Schritte nun in der Realität umsetzen müssen. Alles andere würde sich wie ein Rückschritt anfühlen. Durch die Ansprache mehrerer Bewusstseinsebenen wird die mentale Simulation umso realer.

## Ein Blick in die Zukunft

Der übliche Blick in die Zukunft erfolgt meist unter (Zeit-)Druck: Sie haben Ihre Zielvorgaben nicht erreicht und müssen nachbessern. Damit ist jedoch kein kreativer Blick nach vorne möglich. Unter Stress ist unser Denken geprägt von gegenwärtigen Verpflichtungen, Verbindlich- und Abhängigkeiten, Verteidigungsstrategien und Vergleichen. Selbst wenn der Mitarbeiter einen Blick in seine zukünftige Weiterentwicklung wagt, greift er auf vergangene Strategien zurück, von denen er, frei nach Watzlawick, „Mehr vom Gleichen" einsetzen wird. Um sich leibhaftig zu verändern, benötigt er Strategien, die er noch nicht kennt. Frei nach Einstein: „Verrückt ist der, der immer die gleichen Dinge tut, aber andere Ergebnisse erwartet".

Erst durch eine tiefere emotionale, kognitive und sinnhafte Analyse der Gegenwart kommt der Mitarbeiter einen Schritt nach dem anderen vorwärts und kann so befreit in die Zukunft blicken. Diese Schritte im Geiste und in Ruhe gemeinsam zu gehen, schafft Bindung. Der Blick in eine gemeinsame Vergangenheit kann ebenso bindungsförderlich sein. Da wir jedoch die vergangene Wirklichkeit durch unterschiedliche Brillen betrachten, weichen unsere Sichtweisen in der Regel voneinander ab. Die Zukunft hingegen ist noch frei von Wertungen und wirkt damit verbindender als die Vergangenheit.[57]

Damit wird Focusing zu einem mächtigen Gesprächsinstrument, das aufgrund der hierarchischen Unterschiede mit Vorsicht einzusetzen ist. Ich möchte daher erneut an den ersten Teil des Buches erinnern, insbesondere an das Konzept des Supportive Leaderships sowie die Prinzipien der Achtsamkeit und Wertschätzung.

### 2.2.2  Intuition ist wie ein sanfter Haken

An der eigenen verbalen Schlagfertigkeit zu arbeiten, heißt auch, schneller zu reagieren. Dabei muss nicht jeder Schlag zu 100 Prozent sitzen. Das würde viel zu viel Zeit kosten. Intuitive Schläge mit einem Gespür für die richtige Spur sind meist die effektiveren. So sind es nicht die Schläge eines Boxers mit 100-prozentiger Schlagkraft, die zu einem K.O. führen, sondern die sanfteren Treffer, die niemand erwartet.[58]

Als Coach kenne ich Gespräche, in denen ich nicht mehr machen musste, als ab und an ein „Immer?", „Nie?", „Eigentlich?", „Klingt ärgerlich.", „Was genau ärgert sie daran?", „Klingt wie Fahrradfahren bei einer 60-prozentigen Steigung" und zum Schluss „Was wollen Sie jetzt als nächstes tun?" in das Gespräch zu werfen. Die

---

[57] Vgl. Welzer, S. 15 ff.
[58] Vgl. Hoffmann, S. 141

Hauptaufgabe dieser Art der Gesprächsführung liegt darin, das eigene Denken von etwa 8 auf 3 Punkte herunterzufahren und stattdessen seine intuitive Achtsamkeit von 3 auf 8 hochzufahren. Die sokratische Methode des Fragens geht davon aus, dass der Mitarbeiter unbewusst weiß, was zu tun ist und ich ihm lediglich helfe, sich dies bewusst zu machen, vielleicht ja mit einem respektvollen intuitiven Volltreffer.

Docken Sie sich dazu wertschätzend-ernstnehmend[59] mit Ihren Spiegelneuronen an den Mitarbeiter an wie ein zusätzlicher Akku für einen Laptop. Der Akku wirkt unterstützend, sollte dem Laptop die Energie ausgehen. Die Richtung des Gesprächsprozesses gibt der Mitarbeiterprozessor vor.

Je mehr Ideen vom Mitarbeiter kommen, desto weniger Ideen müssen Sie selbst einbringen. Oftmals haben wir es jedoch mit Mitarbeitern zu tun, die auf die Frage „Und wie geht es Ihnen damit?" das fränkische „Passd scho" verlauten lassen. Erkenntnisgewinn gleich Null.

Nicht jeder Mitarbeiter kann mit Gefühlen umgehen, geschweige denn sie aussprechen. Wenn ich in meinen Seminaren Übungen anleite, reagieren manche Teilnehmer mit einer körperlichen Resonanz, andere verfügen über einen guten Zugang zu ihren Gefühlen oder Bildern, manche können etwas mit inneren Sprüchen anfangen, in der Art von (unheilvolles Flüstern) „Du musst das zu Ende bringen, bevor du nach Hause gehst"[60] und wieder andere bewegen sich am häufigsten in der Ideenwelt. Die Kunst an der Arbeit mit Focusing besteht darin, andere Erlebensebenen zu öffnen, nicht unter Druck, sondern respektvoll. Der Mitarbeiter bekommt Zugang zu einem ganzeren inneren Erleben, was ihm hilft, sich weiterzuentwickeln. Er beginnt, Probleme nicht nur zu durchdenken, sondern schult seine Wahrnehmung für Gefühle, für Situationen, Empathie gegenüber Kollegen und moralisch-sinnhafte Entscheidungen.

Erfolgt wenig Reaktion vom Mitarbeiter, sollten Sie ihn nicht hängen lassen, sondern Angebote machen. Nutzen Sie dazu Ihre Intuition als Spiegel-Resonanz-Instrument.

**BEISPIEL:**

Einem Mitarbeiter, der sich regelmäßig zu viele Aufgaben aufhalst, diese jedoch nicht erledigt, können Sie folgende Metapher nahelegen: „Als Kind hatte ich dieses Packeselspiel. Kennen Sie das? Die Spieler legen reihum je ein Stäbchen auf den Esel. Der, bei dem alle Stäbchen herunterfallen, muss sie nehmen. Vielleicht erinnert Sie das an etwas?"

„Nein."

---

[59] Vgl. Hübler, Therapeutische Prozesse, S. 25 ff.
[60] Auch bei diesem Spruch greift der Zeigarnik-Effekt: Einmal angefangen, fällt es uns schwer, eine Pause zu machen. Deshalb sind Cliffhanger in Serien so süchtig machend.

„Ich habe manchmal das Gefühl, Sie packen sich zu viel auf. Dabei hat jeder Rücken eine begrenzte Kapazität, jeder Mensch kann nur begrenzt viele Aufgaben parallel bearbeiten, auch bezogen auf die Aufgabenqualität. Und daran habe ich als Chef natürlich ein großes Interesse. Was meinen Sie, wie viele Aufgaben lassen sich effizient und effektiv gleichzeitig bearbeiten?"

Ein solches Bild dient als Weckruf. Es muss zum Mitarbeiter und zur Situation passen. Es darf nicht verletzend, sondern sollte im besten Sinne fortführend sein. Um natürlich zu wirken, ist der Einsatz der eigenen Intuition als „Feedbackmaschine" am besten geeignet. Eine solche Reaktionsmaschine kann aus ganz unterschiedlichen intuitiven Quellen schöpfen:

- An Ihrer Stelle würde ich mich belastet fühlen.
- Wenn Sie mir das so erzählen, taucht in mir ein Spruch auf wie: Wenn ich das nicht mache, wer dann?
- Wenn ich mich an Ihre Stelle versetze, ich glaube, das würde mir schwer im Magen liegen.

Bei intuitiven Rückmeldungen sind Sie ganz bei sich und achten auf das, was durch Ihren Mitarbeiter in Ihnen ausgelöst wird. Das Reagieren wie eine Maschine ist jedoch nur möglich, wenn Sie Ihr Denken und Reden herunterfahren und stattdessen beim Zuhören Ihre inneren Sensoren auf die eigenen somatischen Marker, Empfindungen oder Sprüche richten. Weitere Körpermetaphern[61] können sein:

**BEISPIELE:**

An Ihrer Stelle
- würden mir die Haare zu Berge stehen.
- hätte ich die Nase voll.
- würde mir der Kopf schwirren.
- hätte ich einen Kloß im Hals.
- hätte ich wackelige Beine.
- bekäme ich kalte Füße.
- würde ich die Faust meines Chefs, also meine eigene, im Nacken spüren.

Lassen Sie diese somatischen Marker in das Gespräch einfließen, um dem Mitarbeiter eine weitere neue Ebene des Erlebens zu eröffnen und ihm einen Schubs in Rich-

---

[61] Vgl. Hübler, Therapeutische Prozesse, S. 94 ff.

tung felt sense zu geben. Aber Vorsicht! Daraus sollte kein Zwang entstehen. Nach einer Aussage wie „An Ihrer Stelle würde ich mich in die Ecke gedrängt fühlen" sollten Sie mit einer Frage den Austausch eröffnen: „Wie ist das bei Ihnen?" Der Mitarbeiter kann schließlich ganz anders empfinden als Sie. Ihre Intuition könnte Sie in die Irre führen. Ohne dieses Sicherheitsnetz muss jeder Spruch ein Treffer sein. Mit offenen Fragen zu arbeiten gleicht der Führungshand des Boxers. Sie testen stetig, wo Ihr Gegenüber steht. Mit offenen Fragen befinden Sie sich auf der sicheren Seite. Sollten Sie daneben liegen, besteht sofort die Möglichkeit einer Korrektur.

Ebenso können Körpermetaphern als Ausblick in die Zukunft dienen:
- Könnte ich das erreichen, hätte ich eine stolzgeschwellte Brust.
- Dafür brauchen wir eine ruhige Hand, sollten klar denken können und einen kühlen Kopf bewahren. Wie schaffen wir das?

Sollte Ihnen die erste Aussage zu theatralisch klingen, konterkarieren Sie sie mit einem humorvollen, übertreibenden Unterton: „Wenn ich das erreichen könnte, hätte ich – tata! – (tiefe Stimme direkt aus einer Wagner-Oper) eine stolzgeschwellte Brust."

Für Ihre erfahrungsbasierte Intuition ist es wichtig, über einen reichhaltigen Fundus an Bildern, Filmen, einen sauberen Zugang zur eigenen körperlichen Wahrnehmung, den eigenen Gefühlen sowie über eine fortgeschrittene Reflexion der eigenen inneren Antreiber zu verfügen. Die Geschichten, Anekdoten und Metaphern sollten nicht antrainiert, sondern reflektiert sein, um wertschätzend zu wirken. Je mehr die Bilder, Metaphern, Filmzitate oder somatischen Marker mit Ihnen zu tun haben, desto leichter wird es Ihnen fallen, sie ehrlich einzusetzen, um einen offenen Austausch mit Ihrem Mitarbeiter anzuregen.

## BEISPIEL: ZUR NOT IST IMMER DER REGISSEUR SCHULD

Frau Bizet und Frau Britten liefern sich seit einigen Wochen einen erbitterten Streit um interne Vorgehensweisen. Als Chef bitten Sie beide zu sich und eröffnen das Gespräch mit einem wertschätzenden Schmunzeln: „Es tut mir leid. Ich muss mich bei Ihnen entschuldigen. Ich hatte nur darauf geachtet, zwei enorm kompetente Mitarbeiterinnen in mein Team zu holen.[62] Als wäre ich Gott, habe ich Mann und Frau berufen, um später festzustellen: Die beiden können nur gemeinsam intelligente Kinder zeugen, ich meine natürlich erfolgreiche Projekte durchführen. Nur leider scheint mir, kommt die eine aus Spanien und die andere aus

---

[62] Diese Aussage muss ehrlich sein.

Finnland. Und jede spricht offensichtlich nur ihre eigene Sprache. Dass Kompetenz auch bedeutet, für seine Überzeugungen zu kämpfen, hatte ich nicht bedacht. Doch leider ist es so, dass je kompetenter Sie, Frau Britten, auftreten und für Ihre Meinung kämpfen und je kompetenter Sie, Frau Bizet, auftreten und für Ihre Meinung kämpfen, desto mehr streiten sie miteinander. Was können wir tun, um eine gemeinsame Sprache zu finden?"

## TIPP: BILDER-FUNDUS

Legen Sie sich Postkarten oder andere Bilder zu, um Ihre Intuition zu trainieren. Sehr empfehlenswert sind die Karten aus dem Spiel Dixit. Beginnen Sie mit einem Satzanfang wie „Meine Mitarbeiter sind wie ...", „Führung ist wie ...", „Meine Arbeit ist wie ..." oder „Herr Brahms ist wie ..." und ziehen eine Karte. Nehmen wir an, Sie ziehen eine Karte mit einem Dschungel als Bild. Ergänzen Sie nun Ihren Vergleich mit einer Begründung: Herr Brahms ist wie ein Dschungel. Er verfügt vermutlich über eine Menge Kompetenzen, von denen niemand weiß, weil sie im Verborgenen liegen".

Eine weitere Möglichkeit zum intuitiven Einstieg in die Welt der Metaphern ist die Anwendung der Satzzeichenmethode. Fokussieren Sie sich im Gespräch darauf, was Ihr Gegenüber verbal für Satzzeichen setzt:

- Ich habe das Gefühl, dass Sie jeden Satz mit einem Fragezeichen (Ausrufezeichen) beenden. Lassen Sie uns über dieses Fragezeichen (Ausrufezeichen) sprechen.
- Ich habe das Gefühl, Sie setzen ein Komma nach dem anderen. Lassen Sie uns über diese Kommas sprechen.
- Ich habe das Gefühl, Sie sprechen ohne Punkt und Komma.

Eine Methode, die ich gerne in Seminaren als einfache Wahrnehmungsübung einsetze.

Die eigene Intuition einzusetzen ist ein sehr befreiendes Wagnis. Entgegen der traditionellen Art zu führen, indem Sie Führungsstile auswendig lernen, besteht hier Ihre Aufgabe darin, sich mit sich selbst zu beschäftigen und darauf zu achten, was Ihr Körper Ihnen für Informationen mitteilt. Damit verfügen Sie – je nach Erfahrungsschatz – über eine der mächtigsten Quellen der Führung. Es wäre fahrlässig, diese Quelle zu missachten. Frei nach Einstein: „Der intuitive Geist ist ein heiliges Geschenk und der rationale Verstand ein treuer Diener. Wir haben eine Gesellschaft erschaffen, die den Diener ehrt und das Geschenk vergessen hat."

Gleichwohl besteht die Gefahr, sich zu weit aus dem Fenster zu lehnen. Sie geben mit Ihrer Intuition etwas von sich preis, was in den Augen des einen oder anderen Mitarbeiters als schwach ausgelegt werden könnte. Diesem Dilemma entgehen Sie, indem Sie einen Funken Humor und Selbstironie mit in Ihre Intuition einbauen, um auf der souveränen Führungsseite zu bleiben (schmunzelnd): „Ich weiß auch nicht, warum das jetzt in mir auftaucht. Aber kann es sein, dass Sie nach jedem Satz drei Ausrufezeichen setzen?"

## 2.2.3 Kontrollverlust macht blind

Auf seinem vermeintlichen Weg nach Indien orientierte sich Columbus an den Sternen. Vermutlich wurden die Wasser- und Essensvorräte rationiert. Ein weitreichender Plan und eine Orientierungsroadmap sind sinnvoll, um nicht auf der Strecke zu bleiben. Dennoch galt es, Tag für Tag zu strukturieren, um die lange Reise zu überstehen.

Ein Gedankenspiel: Denken Sie für einen Moment an einen Mitarbeiter, der Sie nervt. Er ist unpünktlich, schlampig oder plump in seiner Umgangsweise. Wie oft haben Sie – bislang vergeblich – versucht, diesen Menschen zu verändern? Dieser Mitarbeiter ist Ihr ganz persönlicher Problembär.

Achten Sie auf Ihren Körper. Was passiert in Ihnen, wenn Sie an diese Person denken? Verkrampfen Sie innerlich, weichen zurück, gehen impulsiv nach vorne, ballen instinktiv die Fäuste, schütteln langsam den Kopf, schnaufen tief aus, stöhnen, sacken in sich zusammen?

Was Sie gerade erlebten, nennt sich Problemhypnose (verwandt mit der Fehlerhypnose aus Kapitel 1.3): Sie denken an ein Problem und Ihr Körper verkrampft sich unmittelbar.

Gestehen wir es uns ein: Manche Menschen können Sie nicht verändern. Zumindest nicht so, wie Sie es gerne hätten. Sie können jedoch Ihre eigene Einstellung verändern:

- Machen Sie aus dem Problem eine sachliche *Aufgabe*: Es gehört in meinen Aufgabenbereich, auch solche Menschen zu führen.
- Betrachten Sie diesen Mitarbeiter als persönliche *Herausforderung,* an der Sie sich abarbeiten und reifen: Besserwisser, Chaoten, Choleriker, Nörgler, alles schon mal da gewesen. So ein Exemplar hat mir in meiner Sammlung nerviger Mitmenschen noch gefehlt.

Was passiert, wenn Sie sich dieser Aufgabe oder dieser Herausforderung angenommen haben? Vielleicht passt in Ihrem Fall der Begriff Aufgabe besser. Oder die Herausforderung? Spüren Sie, wie sich Ihr Körper entspannt? Wie sich die Fäuste öffneten? Der Atem ruhiger wurde? Sich ihre Sitzhaltung veränderte?

Mit diesem kurzen Gedankenexperiment reflektieren Sie am eigenen Körper das Gefühl eines nahenden Kontrollverlusts und was es heißt, die Kontrolle und Selbstkontrolle wiederherzustellen: Ein Problem stresst mich. Eine Aufgabe werde ich sachlich erledigen. Eine Herausforderung ist immer noch anstrengend. Aber ich werde sie wie Columbus Tag für Tag in Angriff nehmen.

So ergeht es auch Ihren Mitarbeitern, wenn sie einen Kontrollverlust erleben. Sie verlieren den Abstand zu einem Problem. Ihr Denken ist damit beschäftigt, vorschnelle Schlüsse zu ziehen: „Typisch, dass mal wieder ich dieses Problem habe." Sie bekommen in Konflikten das Gefühl, als säßen sie auf einer einsamen Insel, mit einer Dose Thunfisch ohne Dosenöffner. An eine direkte Konfrontation ist nicht zu denken. Zuvor ist es wichtig, den Mitarbeiter wieder prozesshaft mit an Bord zu holen.

Ein typischer Kontrollverlust verläuft in drei Schritten:
1. Manchmal sind es zu wenige, oft zu viele Informationen oder Optionen in Entscheidungen, die uns überfordern. Wir verlieren den Überblick. Der Druck, das richtige Urteil zu fällen, nimmt zu. Polarisierende Entscheidungsmöglichkeiten, die beide denkbar und richtig sein können, machen die Entscheidungen nicht leichter. Letztlich geht es nicht mehr um die Frage der richtigen Entscheidung, sondern um die Entscheidungsunfähigkeit des Mitarbeiters.
2. Der Mitarbeiter sucht intuitiv nach Orientierungs- und Referenzwerten, um Vergleiche zu ziehen: Was macht Kollegin X? Was unternahmen wir letztes Jahr in einer ähnlichen Situation? Dabei überschätzt der Mitarbeiter die Wahrscheinlichkeit eines schnell und leicht erinnerbaren Referenzereignisses. Die meisten Menschen glauben beispielsweise, dass mehr Menschen bei Autounfällen sterben als an Magenkrebs. Das Gegenteil ist der Fall. Doch über Autounfälle wird gesprochen, über Magenkrebs nicht. Wir haben Angst vor Terroranschlägen, aber nicht vor dem heimischen Winzer.[63] Auch hier: Tote durch Terrorismus sind in allen Medien. Alkoholtote sind ein Tabu in einem Land, das stolz auf seine Brauereien ist. Gleichermaßen werden in Unternehmen Misserfolge totgeschwiegen.
3. Nimmt der Kontrollverlust überhand, tendiert der Mitarbeiter dazu, Handlungen zu unterlassen, bevor er etwas Falsches tut. In der Rückschau führt diese Handlungsweise allerdings zu erneutem Stress: Eine vermeintlich falsche Handlung hätte in das eigene Selbstverständnis integriert werden können: Es war falsch, was ich im Nachhinein weiß. Wieder etwas gelernt. Ein Nichthandeln kann nicht integriert werden: Ach, hätte ich doch …!

---

[63] Vgl. das Kabarett-Programm von Hagen Rether: Liebe

Ein gefühlter Kontrollverlust führt zu hochkonzentriertem negativen Stress. Die Mitarbeiter verlieren ihre Menschlichkeit. Sie reagieren aus ihrem Reptilien- oder Säugetier-Gehirn, um sich zu verteidigen, flüchten oder tot zu stellen. Geht es ums Überleben, spart der Körper Energie. Der Neocortex macht ein Nickerchen. An die Reflexionskompetenz eines Mitarbeiters ist nicht zu denken.

Ein prozessorientiertes Mitarbeitergespräch,
- verhindert die Überflutung mit Informationen, indem diese Schritt für Schritt nach gemeinsamer Wichtigkeit und Dringlichkeit geordnet werden,
- prüft Referenzwerte nach deren Sinnhaftigkeit,
- spielt Handlungsoptionen mental durch,
- teilt die Kontrolle über die Gesprächsinhalte mit dem Mitarbeiter, anstatt sie von oben zu bestimmen und
- stellt damit ein realistisches Kontrollgefühl wieder her.
- Es gilt die Provokationsregel Nummer 2: Braucht ein Mitarbeiter Reflexionszeit oder steht unter Strom, sind selbst die wohlwollendsten Attacken fehl am Platz.

---

**TIPP: DIE WESENTLICHEN 80 PROZENT**

Reduzieren Sie Informationen auf das Wesentliche. Nutzen Sie dazu das 20/80-Prinzip: Welche zentralen 20 Prozent an Informationen reichen aus, um den Mitarbeiter zu 80 Prozent zu informieren?

## Papiercomputer

Für Mitarbeiter, die es gerne klarer und technischer als die Pareto-Regel haben, ist der Papiercomputer von Frederic Vester[64], einem Pionier der Gehirnforschung, äußerst hilfreich: Hier analysieren Sie in einer Matrix, welche Faktoren zur Erreichung eines Ziels sich gegenseitig beeinflussen.

|  | Faktor 1 | Faktor 2 | Faktor 3 | Zeilensumme |
|---|---|---|---|---|
| Faktor 1 | x |  |  |  |
| Faktor 2 |  | x |  |  |
| Faktor 3 |  |  | x |  |
| Spaltensumme |  |  |  | x |

---

[64] Vgl. https://de.wikipedia.org/wiki/Papiercomputer_(Vester). Der Papiercomputer ist ein Teil von Szenarioanalysen.

## Anleitung

Der Zeilenfaktor 1 beeinflusst den Spaltenfaktor 2 mit einem intuitiven Wert von 0–5, usw., sich selbst kann er natürlich nicht beeinflussen. Beeinflusst der Zeilenfaktor den Spaltenfaktor gar nicht, tragen Sie eine 0 ein. Beeinflusst er ihn sehr stark, tragen Sie eine 5 ein.[65]

Nachdem alle Faktoren eingetragen und die Abhängigkeiten durchgespielt wurden, vergleichen Sie die Zeilen- und Spaltensummen:

- Hohe Zeilensummen sprechen für einen starken Einflussfaktor. Wenn Sie diese Faktoren optimieren, nehmen Sie damit gleichzeitig einen indirekten Einfluss auf andere Faktoren. Filtern Sie in Ihrer Analyse die drei bis fünf wichtigsten Beeinflusser heraus.
- Hohe Spaltensummen sprechen für einen stark beeinflussten Faktor. Diese Faktoren können vernachlässigt werden. Sie werden von anderen mitbestimmt.
- Faktoren mit hohen Spalten- und hohen Zeilensummen sind kritische Faktoren, oft Schlüsselfaktoren. Hier gilt es aufzupassen. Sie sollten optimiert werden. Da sie ebenso von anderen Faktoren beeinflusst werden, könnte es zu einer Überoptimierung kommen.

### BEISPIEL: DER UMZUG EINER IT-ABTEILUNG

Die IT-Abteilung eines größeren Unternehmens muss in einem Jahr umziehen. Zur Planung und Vorbereitung des Umzugs erstellen die Mitarbeiter eine Papiercomputer-Analyse.

**Thema: Umzug der IT-Abteilung**

| | Personal | Hausver-waltung | Komm. mit HW | Leitung | Awender-wünsche | Fremd-firma | Wetter | HW- Res-sourcen | Schlüssel-personen Personal | Spalten-summe |
|---|---|---|---|---|---|---|---|---|---|---|
| Personal | 0 | 1 | 5 | 2 | 3 | 1 | 0 | 5 | 5 | 12 |
| Hausverwaltung | 3 | 0 | 5 | 3 | 1 | 5 | 0 | 0 | 2 | 19 |
| Komm. mit HW | 5 | 5 | 0 | 1 | 4 | 5 | 0 | 3 | 5 | 20 |
| Leitung | 2 | 4 | 0 | 0 | 5 | 0 | 0 | 0 | 0 | 11 |
| Anwender-wünsche | 4 | 4 | 2 | 4 | 0 | 1 | 0 | 5 | 4 | 24 |
| Fremdfirma | 3 | 3 | 2 | 0 | 1 | 0 | 0 | 2 | 0 | 11 |
| Wetter | 4 | 4 | 0 | 0 | 0 | 5 | 0 | 1 | 3 | 17 |
| HW-Ressourcen | 0 | 0 | 0 | 0 | 4 | 0 | 0 | 0 | 0 | 4 |
| Schlüsselperso-nen Personal | 5 | 4 | 5 | 2 | 4 | 0 | 0 | 2 | 0 | 22 |
| Zeilensumme | 26 | 25 | 19 | 12 | 22 | 17 | 0 | 18 | 19 | |

In unserem Beispiel lauten die wichtigsten Einflussfaktoren:

- Anwenderwünsche
- Schlüsselpersonen im Personal
- Kommunikation mit der Hausverwaltung

Um die eigene Kontrolle zu erhöhen, lassen sich daraus auszugsweise folgende Ideen weiterverfolgen:

- Anwenderwünsche frühzeitig abfragen, analysieren und Rückschlüsse auf Umzugsmaßnahmen ziehen.
- Funktionen der Schlüsselpersonen analysieren und wenn möglich Aufgaben auf eine breitere Basis verteilen, um Ausfälle abzufedern.
- Analyse, in welchen Punkten die Kommunikation mit der Hausverwaltung einen hohen Einfluss auf einen erfolgreichen Umzug hat.

## Kontrolle in Konfliktgesprächen

Auf Franz von Assisi geht der Satz zurück: „Herr, gib mir die Kraft, die Dinge zu ändern, die ich ändern kann, die Gelassenheit, das Unabänderliche zu ertragen und die Weisheit, zwischen diesen beiden Dingen die rechte Unterscheidung zu treffen."

Er sprach damit aus, was die Stoiker bereits 1500 Jahre vor ihm den lieben langen Tag praktizierten: Kannst du es ändern? Wenn nein, entspanne dich! Auch wenn diese einfache Frage aufgrund komplexer Wirkungsgefüge nicht immer zu einfachen Antworten führt, schult sie unsere Wahrnehmung. Weiß ich, mit welchen Hebeln ich eine Veränderung bewirken kann und mit welchen nicht, welche Maßnahmen ich folglich unterlassen kann, macht mich das gelassener. Kontrollverlust bedeutet meist, den Überblick über die Einflussnahme-Hebel in der Arbeit zu verlieren. Herrscht hierzu wieder Klarheit, tritt das Kontrollgefühl wieder ein.

Für provokante Mitarbeitergespräche bedeutet Kontrolle, die Klarheit darüber zu gewinnen, wofür es sich zu streiten lohnt, welche Aspekte die wesentlichen sind, was ich beeinflussen kann und was nicht. Die alleinige Kontrolle habe ich in einem Gespräch nie. Umso mehr gilt es zu unterscheiden, an welchen Ideen ich festhalten sollte und wo es sinnvoll wäre, klein beizugeben. Erfahrene Verhandlungsführer nennen es kleine Geschenke. Dies bündelt meine Kräfte, um nicht vorzeitig zu ermatten

---

[65] Auf meiner Webseite finden Sie eine vordefinierte Excel-Datei, in die Sie nur noch die Faktoren eintragen und den Einfluss definieren müssen. Der Summen werden von selbst errechnet.

und statt mich dem Risiko des „Alles oder nichts" auszusetzen, das zu erreichen, was mir wirklich wichtig ist.

Ein Gespräch kann mittels Papiercomputer vorbereitet werden, um die wichtigsten Punkte einer gemeinsamen Entscheidung aus persönlicher Sicht zu analysieren. Doch erst im Gespräch als Prozess kristallisieren sich die wesentlichen Punkte aller Seiten heraus, weshalb es umso wichtiger ist, spontan und intuitiv zu reagieren, statt stoisch an seiner Meinung festzuhalten.

## 2.2.4  Selbstdisziplin – die Wiederentdeckung einer Tugend

> Zuerst ignorieren sie dich, dann lachen sie über dich,
> dann bekämpfen sie dich und dann gewinnst du.
> MAHATMA GANDHI

Den Impuls, aggressiv auf Gegenwehr zu reagieren, kennen wir alle. Die einen agieren diesen Impuls nach außen aus, die anderen richten ihn nach innen. Manchmal ist es sinnvoll zu streiten. Macht es jedoch Sinn zu kämpfen, wenn wir nur verlieren können? Ist es sinnvoll, in Widerstand zu gehen, wenn wir mit der Auseinandersetzung nichts erreichen, nichts an der Situation verändern können?

John Lennon sagte: „Wenn du kämpfst, wissen sie, wie sie mit dir umgehen sollen." Als Erdem Gündüz am 18.06.2013 aus Protest gegen die Erdogan-Regierung acht Stunden lang stoisch auf dem Taksim Platz in Istanbul stand, wusste die Polizei nicht, was sie mit ihm anfangen sollte. Eine solche Aktion erfordert eine Menge Geduld, Vertrauen und Selbstdisziplin, um sich nicht vom Umfeld provozieren zu lassen.

### Reflexion: Die Selbstdisziplin meiner Mitarbeiter

*Wie gut funktionieren die Impulskontrolle und Selbstdisziplin Ihrer Mitarbeiter? Wie groß ist die Fähigkeit, Unlust für ein höheres Ziel aufzuschieben? Beobachten Sie Impulsreaktionen, ein verärgertes Flüchten oder Ablenkungen, wenn jemand die Kontrolle über eine Aufgabe verliert!*

Ende der 1960er Jahre: Die Hippie-Zeit erreicht ihren Höhepunkt und der Psychologe Walter Mischel führt entgegen dem damaligen Zeitgeist die ersten Testreihen zu seinem berühmten Marshmallow-Test durch: Kindergartenkinder werden für 15 Minuten mit einem Marshmallow alleine gelassen. Widerstehen sie, bekommen sie im Anschluss zur Belohnung eine zweite Zuckerbombe.

Es kristallisierten sich drei Arten von Kindern heraus:
- Die Selbstkontrollierten schoben den Genuss auf.
- Für die Impulsiven war die Versuchung zu groß.
- Die Schummler höhlten die Marshmallows aus, aßen das Innenleben und taten so, als hätten sie widerstanden.

Walter Mischel testete 13 Jahre später die dann jungen Erwachsenen erneut. Das Ergebnis: Kinder, die im Vorschulalter selbstkontrollierter agierten, waren als junge Erwachsene entschlossener, erfolgreicher in der Schule, resilienter und wurden sozial kompetenter beurteilt. Die Ungeduldigen hingegen waren emotional instabiler und schnitten, obwohl nicht weniger intelligent, in der Schule schlechter ab.[66]

Die Psychologin Celeste Kidd erweiterte den Kontext des Versuchssettings mit einer Verlässlichkeitskomponente.[67] Sie ließ die Kinder von dem Versuchsleiter verunsichern (er brach ein Versprechen) oder eine Bindung zu den Kindern aufbauen (er hielt ein Versprechen ein). Die Erkenntnisse aus diesem Versuch sind gerade in der Führung spannend, wo es um Vertrauen und Misstrauen geht: Die Verunsicherten hielten im Durchschnitt drei, die Vertrauensvollen zwölf Minuten durch, bevor sie über den kleinen Zuckerberg herfielen.

## Strategien für mehr Selbstdisziplin

Vor allem jüngere Mitarbeiter wuchsen durch den Umgang mit Computerspielen, Handys und sozialen Medien mit einem stetigen Feedbackgewitter auf. Sie sind es gewohnt, auf eine Aktion eine schnelle Reaktion zu bekommen. Sollte diese ausbleiben, steigt die Gefahr der Unlust, sich weiter mit einem Thema zu befassen. Die Selbstdisziplin sinkt, Impulsivität und Ungeduld steigen an.

Meine Erfahrungen als Universitätsdozent zeigen jedoch, dass sich junge Menschen am leichtesten ablenken lassen, wenn

1. die Autorität nicht von Anfang an klar ist. Mit Autorität meine ich nicht nur die Frage der anschließenden Notengebung, sprich Bewertung, sondern vor allem die Autorität des Wissens: Können wir von dem da vorne überhaupt etwas lernen?
2. Wege und Lernziele nicht klar genug formuliert werden.

---

[66] Vgl. Mischel, S. 39 f.
[67] Vgl. Kidd et al.

Ist die Autorität geklärt und der Rahmen mithilfe einer Roadmap und Meilensteinen abgesteckt, gilt es, den Unterricht so lebendig wie möglich zu gestalten:

- Theater-, Rollen- und Planspiele, die den Menschen geistig und körperlich ansprechen
- Diskussionsrunden, um die Erfahrungen der jungen Menschen wertschätzend einzubeziehen und die persönliche Relevanz der zu vermittelnden Kompetenzen zu klären
- Übungen, die zusätzlich zum Denken die Gestaltung und das Tun fördern, beispielsweise das Erstellen von Grafiken oder die Zuordnung von Wissensbausteinen in vorgefertigte Matrixen

Wird dergestalt der Mensch als Individuum angesprochen, gibt es keinen Grund mehr für Ablenkungen oder Widerstände.

## Die ABCDE-Analyse

**BEISPIEL: HERR MOZART IST UNGEDULDIG**

Herr Mozart kommt in einer Aufgabe nicht weiter. Er würde gerne seine Führungskraft oder einen Kollegen fragen. Leider ist derzeit niemand verfügbar. Er wird ungeduldig. Da kommt Frau Mendelsohn vorbei, die mit seiner aktuellen Tätigkeit überhaupt nichts zu tun hat. Herr Mozart nutzt die willkommene Ablenkung für einen Plausch.

In manchen Momenten kann es sinnvoll sein, einen Abstand zu einer festgefahrenen Aufgabe einzunehmen, um auf neue Perspektiven zu kommen. In anderen Fällen ist es ein eindeutiges Fluchtverhalten.

Um innere Automatismen zu untersuchen, entwickelte der Psychologe Albert Ellis in den 1950er-Jahren die sogenannte Rational Emotive-Therapie, in nebenstehendem Schaubild durch aktuelles Neurowissen ergänzt.

Die Automatismen (A-C) suggerieren Herrn Mozart: Es bringt nichts, weiter an der Aufgabe dran zu bleiben. Also lasse ich mich ablenken. Die Neubewertung könnte lauten: Vielleicht hat Frau Mendelsohn, gerade weil sie nicht vom Fach ist, eine durchschlagende Idee. Frau Mendelsohn wird damit zu einem Perspektivenwechsel eingeladen.

Neurobiologisch gehen wir mit der Installierung neuer Lernketten weg von Automatismen im limbischen System hin zu einer geplanten Vorgehensweise im Präfrontalen Cortex (PFC).

Automatismen und Neubewertung von Reaktionen

| A | uslösereiz Blockade | Automatismen |
|---|---|---|
| B | ewertung: Ich komme nicht mehr weiter | im limbischen |
| C/K | onsequenzen: Sich Ablenken lassen | System |

| D | ialog, innerer: Was bringt die Ablenkung? | Neubewertung und |
| E | rkenntnis: Ein Perpektivwechsel könnte neue Impulse geben | -installation im PPC |

## Zur Etablierung neuer Wenn-Dann-Vernetzungen im Gehirn

Bei Albert Ellis werden Automatismen durchbrochen, indem ich darüber nachdenke. Walter Mischel greift die Idee der ABCDE-Analyse auf und stellt sich die Frage, wie solche Automatismen noch durchbrochen werden können, um Impulskontrolle und Selbstdisziplin wieder herzustellen. Seine Antwort: Eine Ablenkung wird auf der impulsiv-somatischen Ebene gebahnt, was uns an die somatischen Marker von Antonio Damasio erinnert. Mischel nutzt damit das Wissen um Wenn-Dann-Vernetzungen in unserem Gehirn:

- Wenn ich an einer Aufgabe nach … (beliebige Zeit eintragen) nicht weiterkomme,
- (dann) werde ich … (unruhig, nervös, gereizt, …),
- wodurch ich mich leicht ablenken lasse.

Da dieser innere Auslösereiz unbewusst stattfindet, benötigen Mitarbeiter einen Impuls, ein Feedback von außen, um die automatische Kette zu durchbrechen. Grafisch zusammengefasst lassen sich die Abläufe in uns wie folgt darstellen:

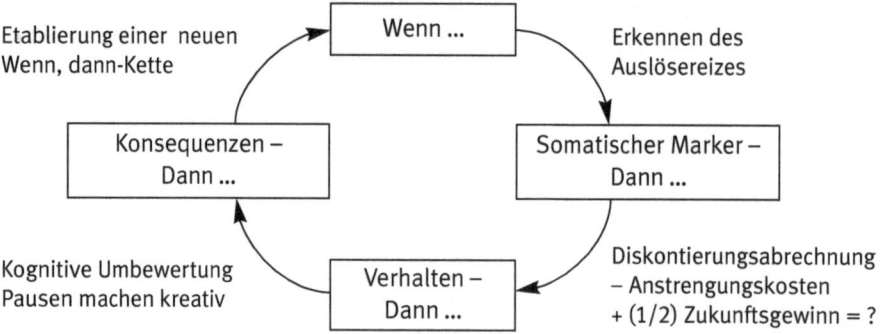

Der erste Ansatz zur Selbstdisziplin ist das Erkennen des somatischen Auslösereizes, zum Beispiel ein nervöses Spielen mit dem Kugelschreiber oder der innere Impuls aufzustehen und sich zu bewegen. Dieses innere Signal sollte eine Rechnung zu den sogenannten Diskontierungskosten auslösen: Was gewinne ich, wenn ich weiter an der Aufgabe dran bleibe? Was gewinne ich, wenn ich abbreche?

Da ein möglicher Gewinn in der Zukunft unsicher ist – wir erinnern uns an die 2:1-Regel von Daniel Kahneman –, teilen wir den Zukunftsgewinn (0–10) durch zwei. Verrechnet mit den Anstrengungskosten (0–10) ergeben sich zwei Möglichkeiten:

1. Herr Mozart sagt sich: Meine Anstrengungskosten liegen bei 7. Die Wahrscheinlichkeit auf einen Erfolg, wenn ich an der Aufgabe dran bleibe, liegt bei 8. Damit ist das Ergebnis negativ: –7 + 4 = -3. Ich wäre dumm, würde ich jetzt weiter grübeln.
2. Herr Mozart sagt sich: Meine Anstrengungskosten liegen bei 4. Die Wahrscheinlichkeit auf einen Erfolg, wenn ich jetzt an der Aufgabe dran bleibe, liegt bei 9. Damit ist das Ergebnis positiv: –4 + 4,5 = + 0,5. Ein Dranbleiben könnte sich lohnen.

Herr Mozart muss sich nicht um jeden Preis durch seine Aufgabe quälen. Manche inneren Impulse zeigen uns, dass wir eine Pause brauchen. Erkenntnisse aus der Chronobiologie zeigen, dass alle Naturvorgänge biologischen Rhythmen mit unterschiedlichen Zeitlängen unterliegen. Unsere körperlichen, geistigen und seelischen Aktivitäten folgen dem sogenannten „rest-activity-cycle". Hieraus leitete der Hypnotherapeut Ernest Rossi den Leistungsrhythmus ab:[68]

---

[68] Vgl. Rossi

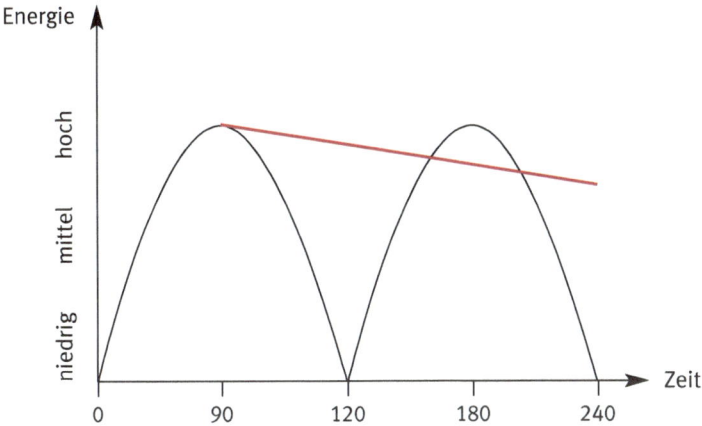

Einer Aktivitätsphase von 90 bis 120 Minuten folgt eine etwa 15-minütige Erholungs- und Ruhephase mit dem Zweck der Regeneration des Körpers.

Legen wir keine Pause(n) ein, befinden wir uns langfristig leistungsmäßig nur noch auf einem mittleren Niveau. Am Abend kann es zusätzlich schwerfallen, wieder abzuschalten.

Herr Mozart muss sich also entscheiden: Dient das impulsive Signal meines Körpers meiner Gesundheits- und Leistungserhaltung? Oder ist es ein Zeichen meiner Ungeduld?

Entscheidet er sich dafür, die Flinte nicht vorschnell ins Korn zu werfen, hat er die Möglichkeit, sein Verhalten zu ändern: Er kann

- aufstehen, eine kurze Pause machen und etwas trinken, um sich anschließend gestärkt und eventuell mit neuen Ideen wieder an die Arbeit zu setzen.
- Frau Mendelsohn nach ihrer Meinung fragen.
- eine E-Mail an Kollegen schreiben, die sich mit ähnlichen Aufgaben beschäftigten und eventuell über das Schreiben zu neuen Erkenntnissen kommen.
- sich Fragen zu seinem Problem ausdenken.
- eine Mindmap mit den Problemen zu seiner Aufgabe erstellen.
- einen Problemlösungsspaziergang machen.

All diese Verhaltensweisen ziehen neue Konsequenzen nach sich, wodurch Herr Mozart neue Wenn-Dann-Ketten in seinem Gehirn und damit in seinem Verhalten etabliert. Die Neu-Etablierung von Wenn-Dann-Ketten begegnen der zu Beginn des zweiten Teils des Buches erwähnten Loslösung von äußeren und damit ebenso inneren logischen Vernetzungen durch überfordernde Projekt-Horizonte.

**TIPP: FEEDBACK AUF SOMATISCHE AUTOMATISMEN**

Diese Methode und sowie die Berechnung der Diskontierungskosten führen zu einer höheren Klarheit darüber, warum es Mitarbeitern schwer fällt, am Ball zu bleiben. Ein Wissen, das Sie gezielt in Mitarbeitergesprächen einsetzen können. Fragen Sie dazu einen Mitarbeiter nicht nur, warum ihm eine Aufgabe schwer fällt, sondern auch, wie es ihm geht, wenn er an die Aufgabe denkt. Es könnte sein, dass er innerlich verkrampft oder seine Hände etwas Imaginäres abwehren, sich seine Schultern nach vorne ziehen oder er in sich zusammensackt. Auch hier gilt: Kommt von einem Mitarbeiter wenig, können Sie als Führungskraft eine angespannte Haltung einnehmen und humorvoll fragen: „Was denken Sie? Ist das eine gute Haltung, um kreativ zu sein? Oder wäre das (Einnehmen einer offen-neugierigen Haltung) besser, um auf spannende Erkenntnisse zu kommen? Ich weiß ja, wie es bei mir ist. Aber wie es bei Ihnen aussieht, weiß ich nicht."

### Reflexion: Meine eigene Selbstdisziplin

*Was würden Ihre Mitarbeiter über Sie erzählen?*
*a) Mein Chef ist sehr selbstdiszipliniert.*
*b) Mein Chef lässt auch mal Fünf gerade sein.*
*c) Mein Chef lässt neben der Fünf auch die Sieben und Neun gerade sein.*
*Als Typ a)-Chef sind Sie vermutlich erfolgreich, vielleicht fehlt Ihnen aber auch das Verständnis für Mitarbeiter mit wenig Selbstdisziplin. Ihre hohen Ansprüche könnten den ein oder anderen unter Druck setzen. Als Typ b)-Chef kommt bei Ihnen trotz Selbstdisziplin auch der Spaß nicht zu kurz. Und über Typ c)-Chefs hüllen wir lieber den Mantel des Schweigens.*

## 2.2.5 Prozesse minimieren Widerstände

Zitat einer Führungskraft aus einer sozialen Einrichtung vor dem Hintergrund einer geplanten umfassenden Umbauaktion: „Unsere Klienten tun sich schwer mit dem geplanten Umzug. Noch schwerer tun sich allerdings die Mitarbeiter. Als klebten sie an ihren Stühlen und Tischen."

Wer jemals mit seinen Mitarbeitern einen Change-Prozess durchmachte, weiß, wie viele Unsicherheiten damit verbunden sind. Unsicherheiten, die oft in Abwehrreaktionen umschlagen, wird das verdeckte Gesprächsangebot „Widerstand" nicht angenommen. Was früher richtig erschien, ist heute falsch. Die alten Strategien passen nicht mehr zu den neuen Problemen.

Wollen Sie Mitarbeiter nachhaltig mitnehmen und verändern, genügt es nicht, sie vor den Kopf zu stoßen. Das kann zunächst nur ein Weckruf sein. In der Regel ist es sinnvoller, prozesshaft vorzugehen. Stellen Sie sich dazu das Gespräch mit dem Mitarbeiter wie einen Hürdenlauf vor. Dabei haben Sie zusammen vier Hürden zu überwinden:

1. *Verstehen*: Verstehst du, lieber Mitarbeiter, was ich dir mitteilen möchte? Was davon verstehst du? Und welche Bedeutung hat das Verstandene für dich?
2. *Glauben*: Glaubst du, was ich sage? Wenn nicht, mit welchen unumstößlichen Fakten kann ich dir beweisen, dass ich es ernst meine?
3. *Können*: Kannst du das Geforderte umsetzen? Wenn nicht, wie kann ich dir helfen, das Geforderte zu leisten? Was brauchst du dazu?
4. *Wollen*: Willst du es umsetzen? Wenn nein, haben wir ein ernsthaftes Problem. Am besten, ich zeige dir die Konsequenzen deines gewollten Widerstands auf und du denkst bis nächste Woche darüber nach, wie es weitergehen soll.

## Bedenken akzeptieren, einen Willensruck vorbereiten

Veränderungsprozesse sollten wie auf einer Waage ausbalanciert werden. Die Hemmnisse, neue Wege zu gehen, umschreibt der Nobelpreisträger Daniel Kahneman mit dem Begriff der Verlustaversion: Sollen Mitarbeiter ein neues Verhalten ausprobieren, liegen bei den meisten zwei Steinchen Bedenken in der einen Waagschale und ein Steinchen Neugier in der anderen. Letztlich wären wir ohne dieses Missverhältnis kaum noch am Leben. Mut würde zu Übermut führen. Risiko zu Lebensmüdigkeit. Sollte ich vor dem Überqueren einer Straße nach links und rechts schauen? Es könnte hilfreich sein.

Diese Sichtweise dient der Erhaltung des Lebens und des Status quo. Um neue Wege zu gehen, müssen wir diesem Ungleichgewicht entgegenwirken. Dazu gibt es zwei Strategien:

1. Als Führungskraft können Sie den Bedenken Ihrer Mitarbeiter entgegenwirken, indem Sie ihnen ein Sicherheitsnetz aufbauen aus Wertschätzung, Akzeptanz, Verlässlichkeit, Respekt und Geduld. Bereits die Gestaltung der Atmosphäre, indem Sie eine Tasse Tee anbieten, hat einen enormen Einfluss auf das Wohlgefühl des Mitarbeiters. Das Motto dafür lautet: Je schlimmer es wird, umso mehr Unterstützung bekommst du von mir. In Mediationen arbeite ich hierzu mit Veränderungsbildern: Wenn Sie an die kommende Aufgabe denken, welches Bild passt für Sie am besten?

- Eine Achterbahn, Berg- und Talfahrt: Es geht rauf und wieder runter.
- Ein Hürdenlauf: Die Hürden zu nehmen ist anstrengend. Wenigstens sind sie endlich.
- Ein Puzzle: Wir müssen die richtigen Puzzlestücke finden.
- Ein Labyrinth: Wir dürfen den roten Faden nicht verlieren.
- Oder ein organisches Phasenmodell aus Aussähen, Reifen lassen, Ernten und Genießen: Alles ist im Wandel. Wir brauchen Geduld. Wer gut vorbereitet ist, kann sich gelassen zurücklehnen.
  Vermutlich kennen Sie mein bevorzugtes Modell.

2. Auf der anderen Seite gilt es, zum Ausgleich der Waage weitere kleine Steinchen in die Waagschale zu werfen, nämlich Neugier, Hoffnung, Optimismus und Vertrauen, um die Dominanz der Bedenken zu brechen. Wird der Fokus auf mögliche Gewinne beziehungsweise auf das, was funktioniert, gerichtet, löst dies einen inneren Motivationsschub aus.

Was passiert jedoch, wenn Sie versuchen, einen unsicheren Mitarbeiter einzulullen: „Das wird schon. Probieren Sie es aus. So schlimm kann es nicht werden. Sie müssen sich nur trauen!"

Wie viele Szenen kennen Sie, in denen der Mitarbeiter entgegnete: „Na gut. Wenn Sie meinen." Ein paar Wochen später führten Sie dasselbe Gespräch noch einmal. Und wieder, und wieder, …

Zu viel Optimismus macht unsicheren Mitarbeitern Angst. Die Neugier erscheint noch wackelig. Die Hoffnung ist zu weit entfernt. Was bis dahin alles passieren kann?

Das dritte Newtonsche Gesetz besagt: Du musst etwas zurücklassen, um genügend Energie zur Beschleunigung zu haben. Zwischen den beiden Strategien besteht eine innere Logik. Ohne Akzeptanz der Unsicherheit, ohne Wertschätzung der Bedenken, ist keine neugierige Bewegung in die Zukunft möglich.

### BEISPIEL: EINFÜHRUNG EINER NEUEN SOFTWARE

Frau Bartok ist eine gute Seele, schon seit 20 Jahren als Sekretärin des Chefs. Kürzlich erfuhr sie, dass sie sich mit einer neuen Software auseinandersetzen soll. Von Beginn an war sie vehement gegen deren Einführung: „Das bringt nichts. Das haben wir bisher prima ohne hinbekommen." Es kommt zu folgender Unterredung:

- Führungskraft: Frau Bartok, wenn Sie an die bevorstehende neue Software denken, was kommt Ihnen da zuerst in den Sinn?
- Bartok: Das brauchen wir nicht.

- Führungskraft: Und sonst?
- Bartok: Das ging bisher auch ohne.
- Führungskraft: Sie setzen ganz schön Energie ein, sich gegen die neue Software zu wehren.
- Bartok: Ich halte es eben für sinnlos.
- Führungskraft: Ich kann Sie verstehen. An Ihrer Stelle ginge es mir ähnlich. Sie sind schon so viele Jahre hier und bisher hat es auch funktioniert. Bisher. Nun sollen Sie sich in eine neue Software einarbeiten. Das ist, als würde man einem Profitänzer neue Schuhe geben und die alten, mit denen er so viele Erfolge hatte, an den Nagel hängen.
- Bartok: So in etwa.
- Führungskraft: Das ist schon seltsam, oder? Wie geht es Ihnen damit?
- Bartok: Schön ist das nicht. Wahrscheinlich auch umständlich. Man weiß doch, dass am Anfang erst einmal nichts so funktioniert, wie es soll.
- Führungskraft: Wenn Sie jetzt von mir erwarten, dass ich Ihnen widerspreche, muss ich Sie enttäuschen. Wahrscheinlich wird es so kommen.
- Bartok: Na sehen Sie!
- Führungskraft: Und dennoch kommen wir nicht daran vorbei. Immerhin wurde lange hin und her beraten, wie wir uns in Zukunft positionieren sollten. Und damit kam unter anderem diese Software heraus. Die Gründe kennen Sie.
- Bartok: Trotzdem.
- Führungskraft: Woraus speisen sich denn Ihre Bedenken gegen die neue Software?
- Bartok: Erstmal wird alles chaotisch werden.
- Führungskraft: Chaotisch.
- Bartok: Ja. Nichts wird funktionieren. Wir werden andauernd einen Computerspezialisten brauchen.
- Führungskraft: Und weiter?
- Bartok: Wenn man ihn am meisten braucht, wird er nicht erreichbar sein. Außerdem werden wir ewig brauchen, bis die gesamten Daten eingespeist sind.
- Führungskraft: Frau Bartok, ich danke Ihnen. Wissen Sie was? Genau solche Informationen brauchen wir, um einen möglichst reibungsfreien Übergang zu gestalten. Und gerade Sie als erfahrene Kollegin können uns hierbei entscheidend weiterhelfen. Ich habe eine Bitte an Sie. Wie wäre es, wenn Sie in unserem nächsten Meeting diese Punkte vorbringen? Vielleicht fallen Ihnen noch weitere ein.
- Bartok: Meinen Sie wirklich?
- Führungskraft: Aber ja. Wir könnten uns zu all diesen Punkten Gegenmaßnah-

men überlegen. Es wird mit Sicherheit eine Herausforderung bleiben, aber mit Ihrer Hilfe bestimmt mit weniger Reibungen.

- Bartok: Ich überlege es mir.
- Führungskraft: Tun Sie das. Geben Sie mir einfach morgen Bescheid.

Will Frau Bartok sich ungern im Meeting präsentieren, kann sie ihre Kritikpunkte aufschreiben. Auch damit wird sie zu einem Teil des Projekts, wodurch ihr Widerstand abnehmen wird.

**TIPP: PROZESSHAFTER UMGANG MIT WIDERSTÄNDEN**

Gerade bei Widerständen kommt uns die prozesshafte Machbarkeit der kleinen Schritte zugute. Einen kleinen Schritt im Geiste kann ich ausprobieren – schmerzfrei, ohne Konsequenzen. Ich werde schon sehen, ob der Schritt sinnvoll ist oder nicht. Danach folgt der nächste und so weiter und so fort.

Schließlich greift der Anpassungseffekt. Vorbehalte nehmen ab. Die Zukunft wird zur Gegenwart und verliert an Bedrohlichkeit. Das Neue wird nicht mehr ignoriert, geleugnet oder bekämpft. Es wird durch die prozesshafte Herangehensweise selbst zum Status quo. Wir gewöhnen uns an den neuen Stand der Dinge und sei er mit einer noch so kleinen Veränderung verbunden. Eine Veränderung ist es dennoch. Eine Veränderung, auf der sich aufbauen lässt.

## 2.2.6 Synchronisieren Sie die Gehirne Ihrer Mitarbeiter

„Bereits beim Vorstellungsgespräch hatte ich ein seltsames Gefühl. Ich kann es nicht beschreiben. Ich hätte ihn nicht genommen, wären seine Zeugnisse nicht so großartig gewesen."

Wir alle kennen Situationen, in denen wir Entscheidungen nur nach unserem Gefühl oder nur nach unserer Logik trafen und damit schlecht gefahren sind. Mal entschieden wir rein rational und drückten unsere Gefühle beiseite. Mal handelten wir aus emotionalen Gründen, ohne die logischen Konsequenzen zu bedenken.

Das Bewusstseinsrad[69] verdeutlicht die Möglichkeiten unseres Erlebens, das im Gehirn als vernetztes Cluster abgespeichert wird.

---

[69] Vgl. Siegel, S. 144

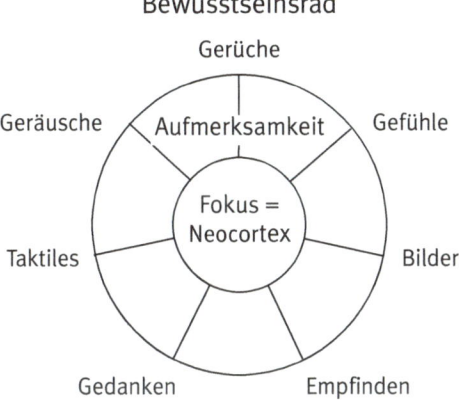

Bewusstseinsrad

**BEISPIEL:**

Bezogen auf den anstehenden Umzug seiner Abteilung könnte das Cluster im Gehirn eines Mitarbeiters etwa so aussehen:

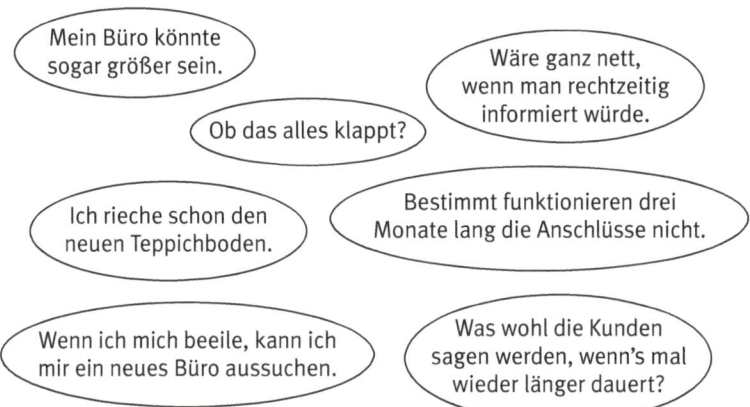

Hinter diesen Assoziationen stecken Gefühle, Bilder sind mit Gedanken verknüpft und sogar Gerüche tauchen auf. Ohne die Berücksichtigung emotionaler Aspekte blieben wir in einem ewigen assoziativen Kreislauf stecken. Erst durch unsere Emotionen macht es „Klick" im Kopf.[70] Ein Klicken, das anzeigt, zu welcher Seite wir in einer Entscheidung tendieren.

---

[70] Vgl. Gerald Hüther: Die neue Lust am eigenen Denken. Im Gespräch mit dem Wissen-Verlag (https://www.youtube.com/watch?v=82jJ_WbcIV8).

In Konfliktgesprächen ist es oft erhellend, insbesondere die emotionale Ebene anzusprechen: „Ich habe das Gefühl, dass dieser Vulkanausbruch (Wutausbruch) von Ihnen auf etwas ganz anderes abzielt als nur auf die Geschäftszahlen. Lassen Sie uns ehrlich miteinander umgehen." Wobei ein Sprechen in Bildern als Träger einer Emotion meist brückenbauender wirkt, als das Gefühl direkt anzusprechen. Sollte Sie sich unsicher sein, wie Mitarbeiter auf die Ansprache von Emotionen reagieren, gilt die Grundregel: Ängste zu haben erlaubt sich niemand, Bedenken durchaus.

## Innere Kriegstreiber

Jeder von uns kennt die inneren Sprüche, die uns zu Höchstleistungen antreiben. Ohne diese Antreiber wären wir nicht dort, wo wir sind. Wir hätten kein Studium, keine Ausbildung absolviert. Wir hätten kein Ehrenamt und würden vielleicht nicht einmal in Urlaub fahren:

- Streng dich an.
- Mach schneller.
- Das kannst du besser.
- Dort kannst du was erleben.
- Die Mühe wird sich bezahlt machen.

Typische Innere-Antreiber-Skripte lauten:
- Das *Perfektionismus*-Skript: Nur die Perfekten werden geliebt. Vermeide Fehler. Plane rechtzeitig und zu 100 Prozent. Erst dann wird ein Projekt perfekt ablaufen. Erst dann kann ich entspannen.
- Das *Turbo*-Skript: Wer langsam ist, wird etwas verpassen. Beeil dich. Denk schnell. Sprich schnell. Dein Gegenüber könnte dich überfahren. Er könnte dir deine Ideen streitig machen.
- Das *Rechtmacher*-Skript: Tritt niemandem auf die Füße. Mach es allen Recht. Ich will, dass alle glücklich sind. Wenn ich jemanden kritisiere, mag er mich nicht mehr.
- Das *Sachlichkeits*-Skript: Sei stark! Zeig keine Gefühle. Streng dich an. Gehe über deine Grenzen. Halte durch. Meine Schwächen gehen niemanden etwas an.
- Das *Einzelkämpfer*-Skript: Team bedeutet: Toll, ein anderer macht's. Nur alleine kann ich in Ruhe Aufgaben bearbeiten, ohne dass mir jemand dazwischen pfuscht. Teamkreativität ist eine Lüge.
- Das *Optimismus*-Skript: Höher, schneller, weiter. Negative Gefühle und Bedenken

sind nicht erlaubt. Nur mit Optimismus kommen wir weiter. Überfordernde Projekte sind dazu da, gemeistert zu werden.

- Das *Kämpfer*-Skript: Andere müssen von ihrem Glück überzeugt werden. Nur ich weiß, was richtig ist.
- Das *Anführer*-Skript: Meine Mitmenschen wissen nicht, was richtig oder falsch ist. Sie benötigen einen Anführer, um ihnen den richtigen Weg zu zeigen, zur Not mit Druck.

Weil innere Antreiber ihren motivationalen Anteil daran haben, uns zu dem zu machen, wer wir sind, sollten wir sie entsprechend würdigen. Sie helfen uns über manche Durststrecke und Hürde hinweg. Doch ab und an übertreiben sie. Selbst wenn wir ausgepowert sind, feuern sie weiter und führen zu dem, was Watzlawick „Mehr vom Gleichen" nannte. Trifft ein Perfektionist auf einen trägen Kollegen, kommt es zu Anklagen. Dabei würde es dem Perfektionisten gut tun, selbst eine Pause einzulegen. Trifft ein Rechtmacher auf einen Egoisten, empfindet er dessen Art als unverschämt. Doch auch ihm würde es helfen, ab und an ein wenig egoistischer zu sein.

Das extreme Verhalten Ihrer Mitarbeiter können Sie nicht unterbinden. Dazu ist es zu tief in ihrem Verhalten verankert. Alternativ können Sie Ihre Mitarbeiter dazu anregen, sich etwas zu erlauben, ausnahmsweise ganz ernsthaft und ohne Humor:

- Ich finde es großartig, wie optimistisch Sie sind, wie Sie für Ihre Ideen kämpfen, sich um andere kümmern.
- Nur eine Idee: Wie wäre es, wenn Sie sich einmal am Tag eine kleine Nachlässigkeit in einem Bereich ohne große Folgen erlauben würden? Um zu testen, was passiert?
- Wie wäre es, ab und an die Zügel aus der Hand zu geben oder einen kleinen Wutausbruch zuzulassen?
- Wie wäre es, sich bei dieser Aufgabe nur zu 80 Prozent anzustrengen? Was denken Sie, könnte passieren?
- Welche Folgen hätte es, würden Sie diese Aufgabe einen Tag später abgeben?
- Wie würde Ihre Kollegin reagieren, würden Sie ihr die Meinung geigen?

„Es wohnen zwei Seelen in meiner Brust", sprach einst Goethe. Auch in uns gibt es (mindestens) zwei Seelen. Die eine sagt: „Du gehst erst nach Hause, wenn die Aufgabe erledigt ist". Die andere dagegen sagt: „Einmal früher heimkommen wäre nicht schlecht."

Erlauben Sie Ihrem Mitarbeiter Ausnahmen von der Regel, um sich auch in der Arbeit wieder als ganzer Mensch zu fühlen. Ohne Ausnahmen erscheint der Mensch zwiegespalten, als ob nur das eine oder das andere möglich wäre. Mit Ausnahmen scheint eine innere Einigung mit der Tendenz zur einen oder anderen Seite möglich. Das Pareto-Prinzip empfiehlt schließlich nicht, ab jetzt Aufgaben hinzuschludern. Im Gegenteil legt es nahe, sich genau zu überlegen, wo mein Schwerpunkt, meine Aufmerksamkeit liegen sollte, um mich diesen Kernaspekten intensiver als Nebenschauplätzen zu widmen. Die Tendenz, nicht mehr zu 100 Prozent perfekt sein zu müssen, lässt meine Arbeit damit paradoxerweise perfekter werden als zuvor. Anstatt eines einfachen Perfektionismus erreichen wir damit einen perfekten Perfektionismus, der der Aufgabe und dem Menschen gerecht wird.

Alternativ kann auch ein Wechsel der Erlebensebene dazu führen, sich mehr als Subjekt, denn als Arbeitsobjekt zu fühlen:

- Manchmal kommen Sie mir vor, als wären drei riesige Megaphone auf Sie gerichtet und nur ein klitzekleiner Pieps kommt aus Ihnen heraus.
- Wenn ich an Sie denke, habe ich manchmal das Gefühl, Sie würden Ihre Teammitglieder wie ein Safari-Guide von einer Sensation zur nächsten jagen.
- Entschuldigung, aber Sie bekommen schon wieder diesen Casino-Blick.

Vielleicht bekommt das Gespräch dadurch den Schubs, den es braucht, um einen Schritt weiter zu kommen.

## Fühlen, Denken und Moral

Manche Mitarbeiter verfügen über ein machtvolles Auftreten. Sie befinden sich, um mit Graves zu sprechen (vgl. Kapitel 1.1.1), auf der 3. Entwicklungsstufe. Sie würden sich selbst als emotional stabil bezeichnen, treten bisweilen trotzig auf wie ein kindlicher Tyrann, sind jedoch logischen Schlüssen nicht immer aufgeschlossen.

Andere Mitarbeiter sind kognitiv enorm fit. Sie befinden sich nach Graves auf dem 5. Level. Sie wissen(!), dass sie Recht haben, es fällt ihnen jedoch schwer, Bündnisse einzugehen und anderen zu vertrauen. Sollte die 3. Stufe noch präsent sein, tragen sie in sich deren kraftvolles Auftreten. Zur Not gehen sie andere aggressiv an oder übergehen sie in Meetings. Kollegen emotional von ihrem Wissen zu überzeugen, fällt ihnen allerdings schwer.

Die nächsten Mitarbeiter befinden sich nach Graves auf der 6. Stufe. Sie sind sowohl emotional, als auch kognitiv fit, sogar moralisch, bekämpfen mit ihrer emotional-selbstreflexiv-moralischen Überlegenheit jedoch alle anderen.

Abholen können Sie als Führungskraft die jeweiligen Mitarbeiter mit Fragen wie:
- Ihre Vorgehensweise ist (emotional) nachvollziehbar. Ist sie aber auch sinnvoll, wenn Sie andere überzeugen wollen?
- Ist es logisch, so zu handeln?
- Können wir es uns leisten, die Meinungen einer Gruppe komplett auszugrenzen?

Ohne die Synchronisierung von Denken, Fühlen und Moralvorstellungen führen einseitige Entwicklungen dazu, sich im Zweifel nur noch auf diese Seite zu berufen und sich damit langfristig noch mehr in dieser Richtung weiterzuentwickeln. Ein denkender Mensch tendiert dazu, Probleme zu durchdenken. Ein fühlender Mensch durchfühlt. Ein moralischer Mensch beruft sich in der Not auf seine Wertmaßstäbe.

Analog zu den Graves-Leveln entwickeln sich die drei Stränge der emotionalen, kognitiven und moralischen Entwicklung ebenso stufenweise.

### Emotionale Kompetenz
Emotionale Kompetenz lässt sich grob in fünf Stufen aufteilen, die von unten nach oben aufeinander aufbauen:[71]

| | |
|---|---|
| Soziale Kompetenz | Emotionen angemessen äußern können |
| Selbstregulation | Mit Emotionen umgehen können |
| Emotionales Verständnis | Die Entstehung von Emotionen bei sich selbst und anderen verstehen |
| Fremdkenntnis | Emotionen bei anderen erkennen |
| Selbstkenntnis | Eigene Emotionen erkennen |

Wenn ich Emotionen an mir oder anderen nicht erkenne und verstehe, kann ich sie weder an mir selbst regulieren, noch darauf bei anderen eingehen oder meine erkannten Emotionen äußern.

### Kognitive Kompetenz
Kognitive Entwicklungsmodelle beziehen sich meist auf Jean Piaget.[72] Für Erwachsene sind die beiden letzten Stufen von Piaget interessant, die ich um das laterale und kybernetische Denken erweitere – auch hier wieder von unten nach oben:

---

[71] Vgl. Goleman, S. 38 f.
[72] Vgl. https://de.wikipedia.org/wiki/Jean_Piaget

| | |
|---|---|
| Kybernetisches Denken | Jedes System besitzt ein Eigenleben, das durch komplexe Zusammenhänge gesteuert wird. Manche Faktoren darin sind bedeutender als andere. |
| Laterales Denken | Um die Ecke denken. Muster werden zum Beispiel durch Metaphern durchbrochen, bekannte Abläufe neu geordnet. |
| Hypothetisches Denken | Fähigkeit zu hypothetischem Denken, mentalen Simulationen, Umgang mit Hindernissen und Humorfähigkeit |
| Logisches, vertikales Denken | Fähigkeit zum logischen Denken in Bezug auf tatsächliche oder vorgestellte Sachverhalte. Meist vollzieht sich das logische, vertikale Denken in Mustern und klaren Abläufen. |

### Vertikales Denken

Das vertikale Denken besticht durch ein lineares Denken in Mustern: Auf A folgt B. Ein Auslöser setzt das Muster in Gang, worauf die immer gleichen Abläufe folgen. Einmal in der Spur, erscheinen andere Möglichkeiten kaum denkbar. Die vorab gespeicherten Ideen und Wege im Gehirn sind zu dominant, als dass ein Abweichen möglich erschiene.[73]

**BEISPIEL:**

Ein junger Mitarbeiter lebte bisher nach dem Muster: Ich frage nach und alles geht glatt. Nun geht er zum ersten Mal eine Aufgabe an, ohne nachzufragen. Prompt passiert ein Fehler. Das alte Muster wird dadurch tief in sein Gehirn tätowiert.

Das erinnert uns an die Fortsetzungsordnung. Tatsächlich gibt es gute und schlechte Muster. In einem Leben ohne Muster müssten wir ständig aufs Neue entscheiden, wie wir uns verhalten sollen.

Der Apfelkern denkt nicht nach, ob er keimen soll oder nicht. Auch der Jäger macht sich keine Gedanken darüber, ob er ein gejagtes Tier verarbeiten soll oder nicht. Und Verkäufer denken vermutlich auch nicht darüber nach, ob sie den Spieß umdrehen und stattdessen dem Kunden etwas abkaufen sollten. Klopfen, Abwarten, Horchen, Tür öffnen und ein freundliches „Guten Tag". Viele Prozesse

---

[73] Vgl. de Bono, S. 21 ff.

sind als Muster sehr sinnvoll. Einmal abgespeichert müssen wir nicht mehr darüber nachdenken.

Dennoch kennen Sie sicherlich mindestens einen Mitarbeiter, der Sie mit „Das haben wir schon immer so gemacht"-Sprüchen zur Weißglut treibt. Auch die Kämpfer-, Optimismus-, Rechtmacher- oder Perfektionismus-Skripte dienen dazu, nur in eine Richtung zu denken und andere Möglichkeiten auszuschließen. Damit führen sie jedoch zu einem maladaptiven Lernen. Der Mitarbeiter befindet sich in einem Teufelskreis aus Kämpfen, Verschweigen, Streiten, Unverständnis, Alleingängen, Beschwerden, Selbstbestätigung, usw. An eine persönliche Weiterentwicklung ist nicht zu denken. Er bleibt in seinen Mustern verhaftet, als befände er sich in einem Rollengefängnis.

## Denken in Möglichkeiten

Ein hypothetisches Denken gleicht einem Denken in Möglichkeiten, in Chancen und Risiken, wie Sie es vermutlich aus der SWOT-Analyse kennen: Stärken (Strengths), Schwächen (Weaknesses), Chancen (Opportunities) und Risiken (Threats). Sich etwas vorzustellen, was aktuell nicht real ist, hilft nicht nur, um sich in eine Hochlaune zu katapultieren, sondern auch bei der Vorwegnahme von Hindernissen. Offensichtlich scheint es manchen schwerzufallen, sich hypothetische Hindernisse vorzustellen. Was nicht ist, jedoch als Worst Case-Szenario sein könnte, wird lieber im Geiste eines Höher, Weiter, Schneller verdrängt. Dies soll nun nicht heißen, immer und jederzeit schwarz zu malen. Es geht vielmehr um eine realistische Sichtweise, wie wir sie aus der mentalen Simulation der drei Zukünfte kennen.

Ein Spezialfall ist sicherlich der Humor. Wer Humor hat, befindet sich automatisch in einer Als-ob-Welt. Er hält es aus, Möglichkeiten – auch unangenehme – nebeneinander stehen zu lassen. Narzissten unterer Entwicklungsstufen schaffen dies nicht. Sie brauchen die Gewissheit, dass sie geliebt werden oder nicht. Ironische Seitenhiebe empfinden sie deshalb nicht als lustig, sondern als Angriff.

## Laterales Denken

Das laterale Denken dient dazu, Muster zu durchbrechen, die ihren Sinn verloren haben. Niemand agiert als Visionär, Sonderling oder Macher, verbände er damit nicht eine sinnvolle Erfahrung. Verändert sich der Kontext und entwickelt sich ein Mensch weiter, verändert sich auch sein Handlungspotenzial beziehungsweise die Anforderungen an seine Kompetenzen. Zur Durchbrechung der immer gleichen Denk- und Handlungsmuster empfiehlt Edward de Bono,[74]

---

[74] Ebd. S. 55 ff.

- Nebenschauplätze zu betrachten,
- feststehende Annahmen und dominante Faktoren zu hinterfragen,
- andere Elemente einzuführen, um in einem Muster andere Abläufe oder Ideen zu provozieren,
- die Betrachtung der Problemlösung von einem neuen Ablauf- oder Ausgangspunkt zu beginnen, sowie als Unterform:
- Informationen neu zu ordnen, um sich nicht durch die Reihenfolge ihres Auftauchens beeinflussen zu lassen.

Wie viele Spiele braucht es, um im Rahmen eines Turniers aus 111 Tennisspielern den Gewinner zu ermitteln? Der Fokus der Frage liegt auf dem Gewinner. Der Nebenschauplatz führt wesentlich schneller zum Ergebnis: Notwendig sind 110 Spiele. Jeder Verlierer muss einmal verlieren.

## Information – Desinformation

Eine Möglichkeit, Nebenschauplätze zu beleuchten, findet sich in der de Bono-Methode Information – Desinformation wieder. Oft ist es spannender, darauf zu achten, was jemand nicht sagt und welche Informationen wir nicht kennen.

Nachdem in den letzten Jahren eine Welle des positiven Denkens über uns hinweg schwappte, geriet der Optimismus in vielen Bereichen zur Zwangsveranstaltung. Wie gefährlich ein überbordender Optimismus sein kann, beschreibt der Psychologe Paul Pearsall eindrücklich in seinem Buch „Denken Sie negativ, unterdrücken Sie Ihren Ärger und geben Sie anderen die Schuld". Die Maxime des positiven Denkens könnte einem Krebspatienten, bei dem der Krebs trotz positiven Denkens nicht totzukriegen ist, suggerieren, dass er offensichtlich nicht positiv genug dachte und damit selber schuld ist. Hilfreicher wäre es, dem positiven Denken einen Realismus gegenüberzustellen, der mit möglichen Rückschlägen rechnet. Auch im Kontext vieler Großprojekte wäre ein wenig negatives Denken hilfreich, um angemessener mit Komplikationen umzugehen. Dabei macht es so viel Spaß, sich mit den Möglichkeiten zu beschäftigen, ein Problem zu verschlimmern. Zudem fallen uns dazu oftmals viel mehr Ideen ein als mit den üblichen tausendmal durchdachten Optimierungsgedanken. Im Umkehrschluss können wir uns immer noch den Kopf darüber zerbrechen, wie wir das Problem neu angehen. Damit ließe sich die dominante Idee „Wir schaffen das!" knacken.

## Kopfstandmethode

Bei extrem dominanten Mustern ist es besser, auf Abstand zu gehen, um sich dem Problem später aus einer bewertungsfreien Haltung zu nähern. Diesen Weg geht die sogenannte Kopfstandmethode:

1. Wie kann ich ein Problem verschlimmern?
2. Was lerne ich daraus?

*Synektik*

Synektische Methoden werfen problemfremde Elemente ins Spiel, zum Beispiel ein Auto oder einen Frosch: „Stellen wir uns vor, nicht Sie, sondern ein Frosch hätte Ihr Problem. Was macht 1. einen Frosch aus? Er ist glitschig und hat eine lange Zunge, um Fliegen zu fangen. Und was hat das 2. mit Ihrem Thema zu tun?"

Vielleicht kommen Sie aufgrund der klebrigen langen Zunge auf die Idee, den Kontakt mit einem Problem niemals zu verlieren und dennoch auf Abstand zu bleiben.

*Plus-Minus-Interessant*

Eine weitere bekannte Methode zum lateralen Perspektivwechsel ist die Plus-Minus-Interessant-Methode (PMI-Methode) von de Bono: Was spricht in einer Entscheidung für die eine Seite? Was für die andere? Und was ist interessant an der Entscheidung? Was ist interessant daran, dass ich mir überhaupt zu dem Thema Gedanken mache? Was ist interessant am Thema? Und was an den Menschen, die direkt oder indirekt von der Entscheidung abhängig sind? In Patt-Situationen bieten die Interessant-Fragen oftmals einen Ausweg. Beide Seiten sind gut. Vielleicht sollte ich die Entscheidung noch reifen lassen. Vielleicht fehlen noch wichtige Informationen. Vielleicht muss ich lernen, loszulassen.

*ABC-Listen*

Eine ebenso spannende, wie schlichte Methode sind die ABC-Listen der Management-Trainerin Vera F. Birkenbihl, die Sie als Ergänzung der Assoziationsketten einsetzen können. In der einfachen Version fragen Sie Ihren Mitarbeiter, welche Assoziationen ihm zum Thema Umzug mit A, B, C, usw. einfallen, zum Beispiel: M wie Mehrarbeit, A wie Anstrengung oder D wie Disziplin. Manche Assoziationen sind belanglos wie in jeder Brainstorming-Methode. Andere führen durch den leichten Zwang, die Anfangsbuchstaben zu nutzen, zu spannenden neuen Ideen.

Erweiterte ABC-Listen arbeiten mit mehreren Spalten. So können Sie in der ersten Spalte frei assoziieren, während Sie in der zweiten und dritten Spalte Assoziationen zu den Begriffen „Material" oder „Personal" suchen. Anschließend werden die verschiedenen Spalten auf der Suche nach neuen Erkenntnissen oder Synergieeffekten vernetzt.[75]

---

[75] Vgl. Birkenbihl, S.41 ff.

*Informationsreihenfolgen*

Wie anhand der Fortsetzungsordnung erläutert, nimmt jeder vorherige Punkt den nächsten vorweg. Die Gehirnforschung spricht von einer Bahnung des Gehirns, einem Priming, wie es tagtäglich in der Werbung stattfindet: Das genussvolle Ausatmen nach einem Schluck eiskalter Coke in der Kinowerbung nimmt bereits den Kauf in der Pause und das Trinken vorweg. Wird ein Projekt, zum Beispiel eine Veranstaltung, geplant, erfolgt dies nach ebenso logischen, zusammenhängenden Gesichtspunkten:

1. Programm und Ablauf werden festgelegt,
2. weshalb es bestimmter Materialien (Stühle, Besteck, Teller, …) bedarf,
3. die geordert werden müssen, sofern sie noch nicht vorhanden sind, wozu es
4. jetzt und später eine bestimmte Anzahl an Verantwortlichen braucht, die zum Programm passen, usw.

Aus 1. folgt 2. folgt 3. folgt 4. usw. Würden wir jedoch bei 4. beginnen, bestimmten die vorhandenen Mitarbeiter das Programm. Würden wir bei 2. beginnen, würde es sich anbieten, mit den vorhandenen Materialien zu „arbeiten". Vielleicht würden wir auf eine ganz andere Veranstaltung, zum Beispiel eine Steh- statt Sitzveranstaltung kommen, nicht im Raum, sondern ein Open Air. Es mag sein, dass der bisherige Plan viel Zeit und Mühe spart. Durch die Veränderung des Startpunkts könnten langweilige, festgefahrene Veranstaltungen jedoch einen ganz neuen Schwung bekommen.

Nach dem gleichen Muster funktionieren Informationsabläufe: Stellen Sie sich vor, Sie wollen Geschäftsbeziehungen zu einer neuen Firma aufbauen. Auf einem Empfang treffen Sie zufällig auf einen anderen Geschäftspartner, der in den höchsten Tönen von der Firma schwärmt. Damit werden Sie voreingestellt, zudem mit dem Primacy-Effekt: Was zuerst in unser Gehirn kommt, wirkt dominanter als spätere Informationen. Sie sind begeistert. Doch der Zufall geht weiter. Einige Minuten später treffen Sie auf einen weiteren Kollegen. Dieser lässt kein gutes Haar an der Firma. Sie jedoch sind skeptisch. Wurde nicht gerade eben genau diese Firma in den Himmel gehoben? Ausnahmen bestätigen eben die Regel. Doch es geht noch weiter. Zufälle gibt es heute! Es tauchen ein dritter und ein vierter Geschäftspartner auf. Der dritte ist ebenso negativ gegenüber der Firma eingestellt wie der zweite. Damit bekommt Ihre Begeisterung einen dicken Knacks. Doch der vierte lobt die Firma wieder über den grünen Klee. Nun steht es 2 : 2. Eine klare Sache, oder? Eigentlich. Denn nachdem der vierte Kollege sich positiv äußerte, entspannen Sie sich wieder. Zudem wirkt zum Abschluss der Recency-Effekt. Der letzte Gesprächspartner schloss Ihre Mini-Analyse ab. Danach kam keine weitere Information mehr in Ihr Gehirn. So schlimm kann die Firma doch nicht sein. Der erste hatte es ja auch gesagt. Der zweite war eine Ausnahme und der dritte die Bestätigung der Ausnahme. Skeptisch sind Sie immer noch. Der kleine Knacks ist geblieben. Sie sollten Ihrem zukünftigen Geschäftspartner unbedingt ein paar ernste Fragen stellen. Andererseits: Jeder macht mal Fehler. Was würden wohl Ihre ehemaligen Geschäftskollegen über Sie erzählen?

Was wäre wohl passiert, hätten Sie zuerst den zweiten Kollegen getroffen? Anschließend den ersten und vierten und zum Schluss den dritten? Verändert die Reihenfolge Ihre Entscheidungsfindung?

Erinnern Sie sich an das Achtsamkeitskapitel? Darin haben Sie erfahren, dass, wir fähig sind, mehr Informationen aufzunehmen, wenn Wahrgenommes nicht sofort bewertet wird. Im lateralen Denken sehen wir den Grund, warum Entscheidungen nachhaltiger sind, wenn wir Informationen erst später bewerten.

Ergänzend zur Focusing-Gesprächsführung sind laterale Einwürfe, Verschlimmerungen, Nebenschauplätze, Desinformationsfragen, Synektik, neue Standpunkte und Informationszusammenfassungen angebracht, um Gespräche mit einem Ruck wieder ins Rollen zu bringen, sollten die etablierten Gehirnmuster zu dominant sein.

Auf der Grundlage dieses Denkens funktionieren eine Vielzahl weiterer Methoden, die ich nur der Vollständigkeit halber nennen möchte: Morphologischer Kasten, Tetralemma, Triz, TILMAG, 635 oder das 6-Farben- oder Hüte-Denken.

## Kybernetische Modelle

Die Spendenbereitschaft der Menschen in der ganzen Welt nach der Flutkatastrophe in Thailand 2004 war enorm, sodass die Überlebenden in den Krisengebieten mit allem ausgestattet wurden, was sie brauchten. Häufig war das Geld jedoch nicht an bestimmte Güter gebunden, sodass sich die Spendenempfänger Waren kauften, mit denen sie nicht umgehen konnten. Sie nahmen im Schnelldurchlauf zu viele Entwicklungsstufen auf einmal. Als die Geldquellen versiegten, saßen sie auf ihren überdimensionierten Autos, für die kein Benzin mehr vorhanden war, die repariert und gepflegt werden mussten. Dafür fehlten jedoch das Geld und das Wissen. Sie bekamen Lebensmittel geliefert und vernachlässigten den Anbau eigener Nahrungsmittel. Die Überlebenden wurden zum zweiten Mal von einer Katastrophe heimgesucht, einer Katastrophe der Güte und Hilfsbereitschaft.

Kybernetische Modelle betrachten unsere Wirklichkeit als zu komplex, um sie 1 : 1 zu erfassen. Es wird immer Faktoren geben, die sich als dominant aufdrängen, während sich andere vor unserer Wahrnehmung verstecken. Wir müssen also lernen, sich aufdrängende Faktoren zurückzudrängen und genauer hinzusehen.

Eine Mini-Kybernetik kennen Sie bereits mit dem Pareto-Prinzip. Die komplexe kybernetische Methode des Papiercomputers lernten Sie bereits in Kapitel 2.2.3 kennen. Als Ergänzung dazu soll an dieser Stelle ein einfaches Beispiel zur Darstellung von Vernetzungen genügen:

Stellen Sie sich vor, Sie bekommen einen neuen Mitarbeiter. Dieser soll einen guten Einstieg bekommen, weshalb Sie ihn für die effiziente Erfüllung einer Aufgabe besonders loben. Was ihn stolz macht. Die vereinfachte unsystemische Sichtweise lautet: Sie nahmen Einfluss auf ihn und erzielten den gewünschten Erfolg. Da wir jedoch in komplexen Systemen leben, ergibt sich eine weitere Komponente: Der neue, junge Mitarbeiter erzählt stolz vom Lob des Chefs. Ein älterer Mitarbeiter, der bereits vor Ihnen im Unternehmen tätig war, kennt noch die Welt von früher. Damals wurde weniger gelobt. Er erledigt seine Arbeit auch so. Warum braucht es dazu eine besondere Anerkennung? Den jungen Leuten wird es heutzutage viel zu leicht gemacht! Wie arrogant die jungen Schnösel hier schon am ersten Arbeitstag auftreten!

Im Wesentlichen gibt es zwei Möglichkeiten:

1. Sie pflegen ein gutes Verhältnis zu diesem Mitarbeiter, weshalb er mit seinem Ärger direkt zu Ihnen kommt. Sie tauschen sich darüber aus, dass sich die Welt verändert hat, dass er aber auch Recht hat und man aufpassen muss, die jungen Leute nicht zu verhätscheln. Der Kollege wird zufrieden sein. Der Chef ist doch nicht so blauäugig wie gedacht und hört auf ältere, erfahrene Kollegen.
2. Der Kollege ist ein alter Grummler. Sie leiten zwar schon seit zwei Jahren diese Abteilung, doch an diesen einen Kollegen kommen Sie nicht heran. Er hat stets etwas zu meckern. Meist geschieht das hinter Ihrem Rücken. So ist es auch dieses Mal. Der Kollege beschwert sich nicht bei Ihnen, sondern bei einem anderen Kollegen. Und dieser steigt auch noch, wie Sie später erfahren, in die Nörgelei ein. Die beiden stacheln sich gegenseitig in ihrer Unzufriedenheit an. Sie, als mittel-junger Chef, verstehen den neuen, jungen Mitarbeiter natürlich besser als die altgedienten Recken. Es kommt zu kleinen Sticheleien gegen den jungen Kollegen, die dieser ignoriert oder mit einem Gegenstichen beantwortet, was wiederum als Zeichen seiner jugendlichen Arroganz gewertet wird. Eventuell beschwert er sich auch bei Ihnen, weshalb Sie mit den älteren Kollegen ein ernstes Wort reden müssen.

Im ersten Fall führte das Lob aufgrund der vorhandenen Bindung zum Team zur gewünschten Wirkung. Im zweiten Fall führte das Lob durch die nicht beachtete systemische Kybernetik zu einer Folge, die Ihr Vorhaben konterkarierte. Gut gemeint ist manchmal eben doch das Gegenteil von gut.

## Moralische Kompetenz

Trotz aller Kritik bleibt der Psychologe Lawrence Kohlberg der bekannteste Moralforscher. In seiner Lehre unterscheidet er sechs Moralstufen[76], wiederum von unten nach oben dargestellt:

| | |
|---|---|
| Autonome Moral | Auf der letzten Stufe orientieren sich die persönlichen Moralvorstellungen des Mitarbeiters am Prinzip zwischenmenschlicher Achtung, etwa am kategorischen Imperativ von Kant oder der Bergpredigt. Das autonome Moralverständnis wählt sich gegebenenfalls eigene moralische Grundsätze, auch auf die Gefahr hin, dass diese mit dem System, in dem sich der Mitarbeiter befindet, über Kreuz liegen. |
| Gesellschaftsvertrag | Moralische Normen werden vom Mitarbeiter nur als verbindlich angesehen, wenn sie für alle im Team oder der Abteilung im Sinne eines (mündlichen) Sozialvertrags sinnvoll begründet sind. |
| Gesetz und Ordnung | Der Mitarbeiter akzeptiert auf der 4. Stufe Gesetz und Ordnung als sinnvoll für das Funktionieren einer Gesellschaft oder Gemeinschaft. |
| Autoritäten | Der Mitarbeiter orientiert sich an gerechtfertigten Autoritäten, klagt gleichzeitig eigene Bedürfnisse innerhalb klassischer Eltern-Kind-Beziehungen ein. |
| Austauschbeziehungen | Das Handeln des Mitarbeiters gleicht kooperativen oder kämpferischen Austauschbeziehungen im Sinne eines „Wie du mir, so ich dir". Kooperiert das Gegenüber, tut er dies auch. Kämpft er, kämpft der Mitarbeiter ebenso. |
| Hierarchien | Der Mitarbeiter orientiert sich an Strafen, Gehorsam, Macht und Hierarchien. |

Die meisten Psychologen und Soziologen können sich auf drei Ebenen der Moral einigen: eine präkonventionelle (Stufe 1 und 2), eine konventionelle (3 und 4) und eine postkonventionelle (5 und 6).

Wie in den Graves-Leveln entwickelten sich die Stufen abhängig von ihrem Umfeld. So mancher Mitarbeiter ist mit Führungskräften in Unternehmen aufgewachsen, in denen eine autonome Moral verpönt war. Freie, eigenmoralische Äußerungen

---

[76] Vgl. https://de.wikipedia.org/wiki/Kohlbergs_Theorie_der_Moralentwicklung

hätten über kurz oder lang zu einer Kündigung geführt. Auf der anderen Seite können Mitarbeiter mit übertriebenen Moralvorstellungen ihre Vorgesetzten zum Explodieren bringen. Selbst mit einer postkonventionellen Moral gibt es Situationen, die mitgetragen werden sollten, anstatt jede einzelne Rosine aus einem Rosinenbrötchen eines Bio- und Öko-Checks zu unterziehen.

## Nachhinkende Entwicklungen

Eine gleichmäßige Entwicklung beschert uns Mitarbeiter, die in Ruhe die wesentlichen Faktoren einer Entscheidung reflektieren, die zudem auf angemessenen moralischen Standards fußen und ihre Meinung sozial kompetent äußern.

Was jedoch, wenn ein Mensch in einem Bereich weiter entwickelt ist als in anderen? Sollte seine moralische Kompetenz nicht mit Empathie einhergehen, haben wir es mit einem Menschen zu tun, der anderen seine moralische Überlegenheit vorhält. Es fällt ihm schwer, sich in andere hinein zu versetzen und die Auswirkungen seiner Moralkeule kognitiv zu durchdringen. Der Idealist vergisst, seine Kollegen mitzunehmen. Andernfalls würde er merken, dass seine Absicht, andere zu überzeugen abschreckend wirkt.

Sollte ein Mitarbeiter sozial und kognitiv hoch kompetent sein, bei fehlender Moral, besteht die Gefahr einer emotionalen oder kognitiven Manipulation wie wir es von populistischen Visionären kennen. Sind kognitive und moralische Kompetenzen sehr hoch, besteht die Gefahr einer kühlen, berechnenden Wirkung. Ist die emotionale Kompetenz kleiner als alles andere, kann es zur Gefühlsduselei bis hin zur emotionalen Gefangennahme kommen: „Du musst mich doch verstehen! Ich verstehe dich ja auch!" Typische Vertreter dieser einseitigen Entwicklung generieren sich als Opfer des Teams, der Abteilung oder der Gesellschaft. „Warum immer ich?", fragen sie sich, ohne ihre eigene Rolle im Spiel zu reflektieren. Sind emotionale und moralische Kompetenzen am höchsten, wird aus dem „Du musst mich doch verstehen!" ein erhobener Zeigefinger: „Nach allgemeinem Verständnis ist es ganz klar, dass ich Recht habe."

## Entwicklungskonsequenzen

Schauen wir uns beispielhaft an, welche Konsequenzen wir hieraus für die Entwicklung der Konfliktfähigkeit eines Mitarbeiters ziehen:

Merkt ein Mitarbeiter Wut in sich aufsteigen und kann er diese regulieren und angemessen äußern? Oder reagiert er nur auf äußere Reize, während ihm seine eigenen inneren Prozesse verschlossen bleiben, was seinen Kontrollverlust, den er ohnehin in Konflikten verspürt, noch verstärkt?

Gleichzeitig macht es einen Unterschied, ob er auf der Ebene des konkreten, logischen Denkens verbleibt (Der hat …, worauf ich keine andere Wahl hatte, als …). Oder ob er sich auf der hypothetischen Ebene vorstellen kann, in einer erneuten Situation anders zu handeln, worauf er seinem Gegenüber die Möglichkeit eröffnet, ebenso anders zu handeln. Das laterale Denken befähigt ihn, dominante Muster zu durchbrechen, wie „ich muss kämpfen, weil der Stärkere immer recht hat". Das kybernetische Denken schließlich hilft ihm, systemische Zusammenhänge als komplex zu akzeptieren. Sein Gegenüber befindet sich ebenso in komplexen Zwängen wie er selbst. Ein Beobachter, Applaus oder Kritik aus dem Hintergrund können eine Situation eskalieren lassen, ohne dass die beiden Protagonisten dies bemerken oder bewusst planen.

Am ausschlaggebendsten sind freilich die moralischen Unterschiede. Je höher die moralische Stufe des Mitarbeiters ist, desto freier kann und wird er agieren. Auf den unteren Stufen orientiert er sich

- am Wertegerüst der Organisation,
- daran, was erlaubt ist und was nicht,
- daran, was sanktioniert wird und was nicht,
- am vorherrschenden Kooperationsgeist sowie
- an mehr oder weniger logisch nachvollziehbaren Normen.

Auf höheren Stufen beginnt er, selbst die Sinnhaftigkeit von Regeln zu reflektieren.

Die letzten beiden Stufen mögen für Führungskräfte anstrengend sein, sind jedoch im Sinne des Schlagworts „Unternehmer im Unternehmen" für agil auftretende Organisationen unerlässlich, um flexibel auf gesellschaftliche Strömungen und Veränderungen am Markt im weitesten Sinne einzugehen. Bis hin zur Mikroebene, auf der sich moralisch mitdenkende Mitarbeiter Gedanken über Material- und Kopierkosten oder die Effektivität und Effizienz von Projekten machen.

Erst wenn Mitarbeiter fähig sind, hypothetisch in die Zukunft zu blicken, eine gesellschaftlich verträgliche Moral und zudem die soziale Kompetenz besitzen, ihre Ideen und Bedenken zu äußern, können wir von einem wirklich kompetenten, hoch entwickelten Mitarbeiter sprechen. Dann stellt sich nur noch die Frage, ob Sie als Führungskraft bereit sind, sich von diesem Mitarbeiter Ihren Posten streitig zu machen?

Dies erscheint uns heutzutage als Zukunftsmusik. Mutige, mitdenkende Mitarbeiter wären jedoch mit Blick auf Abgasskandale, fehlschlagende Fusionen oder Kostenexplosionen in Großprojekten mehr als wünschenswert.

## 2.2.7  Die Integration individueller Erfahrungen

Wir schreiben den 28. August 1963. Die Stimmung ist aufgeheizt. Rassenunruhen. Ein heißer Sommer. Auf dem Lincoln Memorial Platz in Washington warten über 200.000 Menschen auf einen Redner, in den sie viele Hoffnungen setzen. Sie warten auf Martin Luther King. Sein Berater warnte ihn: „Die Leute wollen etwas Besonderes hören. Streich deine ‚I have a dream'-Zeilen. Das klingt zu sehr nach Kirche." Als King seine Rede hält, will der Funke nicht überspringen. Zu sehr klebt er in den ersten Minuten an seinem Manuskript. Es schafft es nicht, die Menge emotional mitzunehmen. Er resigniert beinahe. Da bemerkt er den Ruf von Mahalia Jackson, der berühmten amerikanischen Gospelsängerin und Kennerin seiner Ursprungsrede: „Tell ‚em about the dream, Martin." King geht darauf ein. Ab da kam die Predigt. King löste sich von seinem Manuskript. Er improvisierte jedoch nicht ins Blaue, sondern folgte einer inneren Linie, die sich aus seinen Erfahrungen aus seiner Zeit als Redenschreiber für die Kirche speiste. Wie ein Mantra beginnt er seine Sätze immer wieder mit der berühmt gewordenen Zeile „I still have a dream". Der Funke springt über. King ist jetzt in seinem Element.

Der Begriff „Erfahrung" entstammt der gleichen Quelle wie „Führung". Die eigene Erfahrung ist einzigartig. Dennoch greifen manche Menschen lieber auf die Kenntnisse erfahrener Führer zurück, statt eigene Erfahrungen zu machen, in der Hoffnung, damit gut zu fahren. Vielleicht wollen sie Fehler vermeiden. Vielleicht sind sie lebensängstlich. Solche Mitarbeiter sollten davon überzeugt werden, dass letztlich die eigenen Erfahrungen zur Bewerkstelligung eigener Aufgaben am wertvollsten sind, da nur sie als individuell angepasste Brillengläser zu ihren eigenen Problemen passen. Andere Mitarbeiter verbinden Führung mit der Gefahr, sich von den Erfahrungen des Vorgesetzten abhängig zu machen, eine nicht ganz von der Hand zu weisende Sichtweise. Entkräften Sie diese Bedenken am besten durch Transparenz.

### Unsere drei Gehirne

Evolutionsbiologisch entwickelte sich das menschliche Gehirn aus der ebenso schnellen wie eiskalten Reaktionsfähigkeit von Reptilien und den Emotionen von Säugetieren. So wie diese Gehirnzentren eine stetige Weiterentwicklung vom Groben zum Feinen darstellen,[77] befinden wir uns mit unseren Fähigkeiten in einem stetigen

---

[77] Selbst Vögel arbeiten trotz ihres Minigehirns mit Werkzeugen. Sie bauen sich beispielsweise Angeln, um an Futter zu kommen und besitzen eindeutige Planungskompetenzen, wenn sie Muscheln auf Felsen werfen, um an das Muschelfleisch zu kommen.

Kontinuum der Weiterentwicklung. Selbst unsere Reaktionen in Krisen werden mit der Erfahrung differenzierter und planvoller. Fehlt jedoch die Vertrauensbasis, reagiert der Mitarbeiter wie in Urzeiten aus den Untiefen dieser beiden Gehirnzentren mit einer Verteidigungs- oder Angriffskommunikation.

Nur das logische Denken entwickelte sich eigenständig. Deshalb sprechen Gehirnforscher von drei Gehirnen im Menschen. Unser Reptiliengehirn reagiert in Gefahren, indem es schnell zwischen gut und böse selektiert und sich für Flucht, Totstellen oder Angriff entscheidet. Unser limbisches System speichert unsere emotionalen Erlebnisse. Unser Neocortex plant unser zukünftiges Verhalten. Eine Synchronisation von Fühlen und Denken sowie Vergangenheit, Gegenwart und Zukunft nutzt die Kompetenzen aller drei Gehirne: Schnelligkeit, Schutz, emotionale Kompetenz, planerische und organisatorische Fähigkeiten sowie Kreativität und Flexibilität.

Werden Mitarbeiter in Aufgaben eingearbeitet, orientiert sich dies meist am Standardverhalten des Vorgängers. Damit wird die Einarbeitung in eine Stelle entmenschlicht. Der neue Mitarbeiter soll sich an der Stelle orientieren, nicht die Stelle am Menschen.

Effektiver und menschlicher gleichermaßen wäre eine Anpassung an die vorhandenen Erkenntnisse des neuen Mitarbeiters aus seinen vorherigen Aufgabenbereichen, an sein Vorwissen und seine Erfahrungen. Mitarbeiter sollten die Möglichkeit haben, ihre bisher erfolgreichen Erfahrungen einzubringen, bevor sie sich komplett neu einarbeiten müssen. Sollten Sie Bedenken haben, dass damit Chaos ausbricht, wurde offensichtlich der falsche Mitarbeiter ausgewählt. Am Ende der Einarbeitung sollte eine Symbiose aus mitgebrachten individuellen Erfahrungen und gesetzten systemischen Pflichten stehen.

## TIPP: DER DREI-GEHIRNE-CHECK

Bevor Sie mit Ihrem Mitarbeiter ein ernsthaftes Gespräch führen, sollte er bereit dazu sein, die Informationen von Ihnen auch aufzunehmen:

1. Steht mein Mitarbeiter unter *Stress*? Wenn ja, kann ich mir weitere Erklärungen sparen. Erst gilt es, den Stress zu reduzieren, zum Beispiel, indem ich Verständnis zeige: „Ich kann mir gut vorstellen, wie es Ihnen geht. An Ihrer Stelle müsste ich die neuen Informationen auch erstmal einordnen und bewerten."[78] Diese Phase entspricht dem Freiraum schaffen im Focusing.

2. Welche *emotionalen Erfahrungen* sind mit dem zu besprechenden Thema verbun-

---

[78] Seit 1976 wird Rettungssanitätern beigebracht, die Wahrnehmung in Unfällen mittels einer „verbalen Ersten Hilfe" auf Positives zu lenken: „Alles wird gut. Gleich kommt ein Arzt. Sie schaffen das." (vgl. Beetz, S. 138).

den? Werden Erfahrungen nicht durch Wertschätzung integriert, fehlt die Bereitschaft, nach vorne zu blicken:[79]„Ihre frühere Vorgehensweise klingt für mich absolut logisch. Sie passte in den damaligen Kontext. Lassen Sie uns gemeinsam anschauen, was hier anders ist."

3. Erst jetzt ist der Mitarbeiter fähig, *kreativ in die Zukunft zu denken*. Dabei werden vergangene Erfahrungen mit neuen Erkenntnissen vernetzt: „Lassen Sie uns Ihre Erfahrungen darauf prüfen, inwieweit sie auf die neue Situation übertragbar sind. Dort wo Lücken entstehen, sollten wir sie mit neuen Ideen auffüllen."

TIPP: OHNE RELEVANZ KEINE MOTIVATION

Anleitungen werden vom Mitarbeiter nur angenommen und Zielrichtungen nur angestrebt, wenn sie eine persönliche Relevanz für den Mitarbeiter besitzen. Eine Möglichkeit, Relevanz zu fördern, ist die konkrete Beschäftigung mit Erfahrungen, Beispielen und der Verallgemeinerung daraus resultierender Regeln im Rahmen eines Mitarbeitergesprächs.

## Die soziale Integration individueller Erfahrungen

Es wäre fahrlässig, die Erkenntnisse des Teams zugunsten individueller Erfahrungen zu vernachlässigen und damit die Balance im Team zu gefährden. Die persönlichen Erkenntnisse müssen folglich in den Kontext des vorhandenen Gruppenwissens integriert werden:

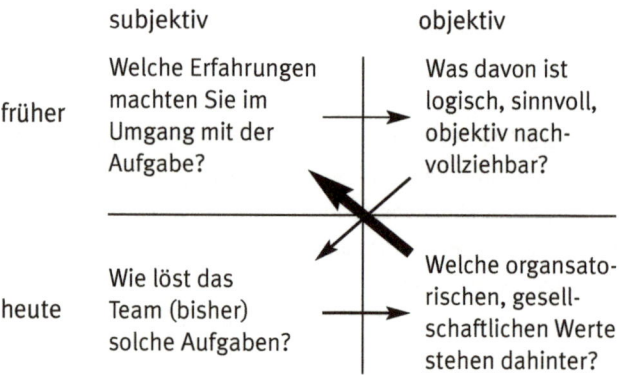

|  | subjektiv | objektiv |
|---|---|---|
| früher | Welche Erfahrungen machten Sie im Umgang mit der Aufgabe? | Was davon ist logisch, sinnvoll, objektiv nachvollziehbar? |
| heute | Wie löst das Team (bisher) solche Aufgaben? | Welche organsatorischen, gesellschaftlichen Werte stehen dahinter? |

---

[79] Das dritte newtonsche Gesetz: Du musst etwas zurücklassen, um einen Schub nach vorne zu bekommen.

1. Erfragen Sie als Führungskraft die Erfahrungen Ihres Mitarbeiters im Umgang mit einem Problem, einem Konflikt oder einer Aufgabe. Klären Sie im Rahmen des Mitarbeitergesprächs, ob diese Erfahrungen im alten Kontext sinnvoll, logisch und objektiv nachvollziehbar sind. Dabei kann es sich um unterschiedliche Kategorien von Sinnhaftigkeit handeln: Ein Handeln kann sinnhaft sein, weil es dem Handelnden Vorteile bringt. Oder aber es ist vorteilhaft für ein System, für das Team oder die Organisation. Die Vorteile können kurz- oder langfristig sein. An dieser Stelle ist es wichtig, jedes vergangene Handeln für seine guten Gründe wertzuschätzen, um die Motivation des Mitarbeiters nicht frühzeitig zu verlieren.
2. Nun folgt der Vergleich mit den bisherigen Lösungsansätzen und Herangehensweisen des Teams. Wo gibt es konsensfähige Gemeinsamkeiten, wo diskussionswürdige Abweichungen?
3. Bevor individuelle Erfahrungen aufgrund eklatanter Abweichungen verworfen werden, geht der Blick in Richtung größerer Zusammenhänge: Stehen die Lösungen des Teams im Einklang mit den Werten der Organisation? Gehen sie konform zu gesellschaftlichen Werten? Vielleicht sollte das Unternehmen und nicht der Mitarbeiter umdenken?
4. Zuletzt landen wir wieder bei den individuellen Erfahrungen des Mitarbeiters. Vielleicht ergänzen diese das bisherige Teamwissen oder geben ihm eine neue Richtung vor und stoßen eine Reflexion der Unternehmenswerte an.

Übersetzen wir diese Gedanken in konkrete Fragen, erhalten wir wiederum einen Erkenntniskreislauf:

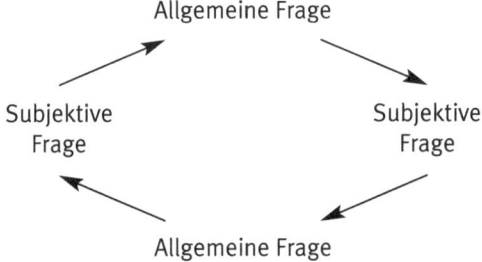

Ist der Mitarbeiter grundsätzlich ablehnend, sollten Sie mit subjektiven Fragen einsteigen. Bauten Sie bereits eine gute Bindung auf, können Sie subjektive Fragen auch später, im Laufe des Gesprächs, einfließen lassen. Mit konkreten Inhalten gefüllt, sieht der Kreislauf so aus:

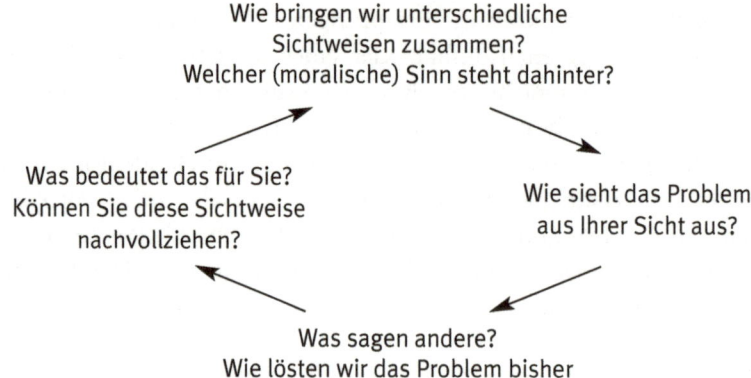

Nur wenn Sie die individuellen Erfahrungen in den Teamkontext einbinden, sind Teamkooperationen langfristig tragend.

## 2.2.8 Gestalten statt Kämpfen

Sie haben die Wahl: Wollen Sie lieber eine Reise buchen, bei der Sie alles selbst planen (müssen, können, dürfen)? Oder bevorzugen Sie eine Reise, bei der alles vorgeplant ist? Ihr Reiseleiter bestimmt, wann Sie aufstehen, wann und was es zu essen gibt, was Sie besichtigen, wie viel Zeit Sie dafür haben und mit welchen Menschen Sie zu tun haben werden.

Unzählige Menschen entscheiden sich für Pauschalreisen nach dem zweiten Muster. Warum? In einer Zeit, in der wir im Sinne des Maximalprinzips mit wenig Zeitaufwand viel besichtigen wollen, erscheint die zweite Variante die reizvollere. Soweit zum Zukunftsblick Nummer 1 (vgl. Kapitel 2.1.2).

Der Zukunftsblick Nummer 2 untersucht, wie es wirklich ablaufen wird:
- Ist das Essen schlecht, habe ich keine Ausweichmöglichkeit.
- Ist die Gruppe nervig, muss ich dennoch mitgehen.
- Hätte ich den Wunsch, an einem Ort länger zu bleiben oder mir andere Höhepunkte anzusehen, wird das nicht möglich sein, weil ich ansonsten auf eigene Faust zum Hotel zurückkehren muss.

Damit entpuppt sich der erste Zukunftsblick als äußerst madig.

Was passiert, wenn ich mir mit dem dritten Zukunftsblick die Fragen stelle:
- Wie werde ich damit umgehen, wenn der Urlaub nicht perfekt, aber von mir selbst geplant wurde?
- Wie wird es mir ergehen, wenn ich etwas entdecke, dass alle anderen nicht entdeckt haben, weil sie sich wie Herdentiere berieseln ließen?

Es geht mir nicht um die Diffamierung vermeintlicher Mitläufer. Wollte jeder immerzu den Ton angeben, müssten wir die Themen Zusammenarbeit und Kooperation von der Agenda löschen. Vier Familienmitglieder, vier Urlaubsziele. Ich erlebte nur zu oft, dass die Vorstellungen vor und nach einer Reise von Pauschaltouristen zu weit auseinanderlagen, so unzufrieden wie Wähler mit ihren Parteien sind oder Mitarbeiter mit dem Ausgang von Projekten.

Übertragen auf Unternehmen geht es nicht um die Wahl zwischen Gestaltungsdruck und Anleitungskoma, sondern vielmehr darum, wie viel ein Mitarbeiter gestalten soll, kann und will.

## Reflexion: Gestaltungslustig oder -träge

*Denken Sie an einen Mitarbeiter, der nicht in die Gänge kommt:*
- *Wie sehr ist er motiviert, sich innerhalb eines gesteckten Rahmens weiterzuentwickeln?*
- *Wie hoch ist sein Selbstwertgefühl?*
- *Was traut er sich zu?*
- *Welche emotionalen, kognitiven und moralischen Kompetenzen zeichnen ihn aus, seine Situation mitzugestalten?*
- *Wie wichtig sind ihm Status und Geltung gegenüber Kollegen?*

### Aus der Wissenschaft: Gestaltung motiviert

Die Psychologen Michael I. Norton, Dan Ariely und Daniel Mochon[80] testeten den IKEA-Effekt, indem sie Versuchspersonen einen Kranich falten ließen. Anschließend sollten sie eine Wertung für ihr gebasteltes Objekt bestimmen. Dieser wurde mit dem Wert verglichen, den andere dem nicht-selbstgebastelten Objekt beimaßen. Das Ergebnis dieser und einer Menge anderer Studien: Der Wert eines selbst gestalteten Objekts liegt im Durchschnitt fünfmal höher.

---

[80] Vgl. Norton/Mochon/Ariely

### Gestaltung macht klug

Erfahrungen führen zu neuen Netzen im Präfrontalen Cortex. Diese Netze machen stressresistenter, moralischer (sozialisierter) und kreativer. Zudem fällt es Menschen mit mehr Erfahrungen leichter, Prioritäten zu setzen. Allerdings zeigt eine Studie des Neurobiologen Fred H. Gage (2004), dass nur freiwillige Erfahrungen zu einem Ausbau der Netze im Präfrontalen Cortex führen. Er untersuchte Mäuse, deren Netze im Präfrontalen Cortex durch Laufräder enorm wuchsen. Wurden die Mäuse allerdings daran gehindert, aus dem Laufrad auszusteigen, gab es keine positiven Veränderungen im Präfrontalen Cortex. Im Gegenteil: Es schrumpfte sogar der Hippocampus.

## Gestaltungslust

Die Gesprächstherapie besagt: Jeder Mensch strebt danach, sich weiterzuentwickeln. Manche mehr, andere kaum merklich. Jedoch wollen alle auf ihre Weise kompetent mitgestalten und damit einen wertvollen Beitrag zum Team leisten. Wie diese Gestaltung aussieht, ist unterschiedlich. Das Team-Management-System[81] bietet dazu folgende Gestaltungstätigkeiten:

- Abläufe planen und organisieren
- Konzepte entwickeln
- Ideen generieren
- Leistungsergebnisse überprüfen und kontrollieren
- Standards und Werte durch Bindungsarbeit im Team sichern
- Kollegen und Kunden informieren und beraten
- Produkte und Dienstleistungen verkaufen

Wie Francois Lelord in seinem Buch „Hektor auf der Suche nach dem Glück" humorvoll schildert, sind wir Menschen beständig dabei, uns mit anderen zu messen. Vergleiche an sich sind nichts Schlechtes. Sie motivieren uns, wenn wir uns mit besseren Kollegen vergleichen. Vergleichen sich Mitarbeiter dauerhaft mit besseren Kollegen, kann dies kurzfristig motivieren, langfristig jedoch frustrieren. Vergleicht sich ein stiller Bindungsarbeiter mit einem lauten Marketingmenschen, verkennt er seine eigene Wertigkeit. Doch nicht nur kreativ sein und verkaufen heißt Gestalten. Im Sinne einer lückenlosen Wertschöpfungskette heißt Gestalten ebenso Kaffee kochen, kopieren und kontrollieren. Eben jene Wertigkeit lässt sich in individuellen Gesprä-

---

[81] Vgl. Tscheuschner/Wagner

chen leichter herausarbeiten als in Teamsitzungen, in denen die Lautesten definieren, welche Arbeit am wertvollsten ist. Für Mitarbeitergespräche liegt es nahe, Gesprächspartner auf ihre Gestaltungskompetenzen abzuklopfen und sich auf die verschiedenen Charaktere einzuschwingen:

- Ein Planer, Organisator und Kontrolleur braucht klare Fakten.
- Ein Entwickler und Ideengenerator braucht Visionen.
- Ein Berater und Kümmerer lebt von emotionalen Faktoren.
- Ein Verkäufer respektiert knallige Argumente.

Das Team-Management-System verdeutlicht die Wichtigkeit unterschiedlicher Mitarbeiter im Team. Teams sollten sich regelmäßig vergegenwärtigen, mit welchen Herausforderungen sie es zu tun haben und sich entsprechend neu ausrichten. Der Spruch „Never change a winning team.", den wir aus Fußballberichterstattungen kennen, geht davon aus, dass der Gegner stets gleich bleibt. Genau das tut er jedoch nicht. Wenn Jogi Löw sein Team umstellt, hat er gute Gründe. Der Gegner stellt sein Team schließlich auch um. Wir tun so, als wäre die Welt ein Schachspiel, bei dem sich die gegnerischen Figuren solange nicht bewegen, bis wir mit unserem Zug fertig sind.[82] Die komplexe Realität hält jedoch nicht an, sie wartet nicht auf uns, sondern verfolgt eigene Pläne. Deshalb sollten Sie nicht nur Ihre Mitarbeiter, sondern auch Ihr Team immer wieder neu zusammenstellen und justieren, um gestaltungsfähig zu bleiben.

Beziehen wir das Prozess-Modell aus Kapitel 2.1.1 auf das Team-Management-System, lässt sich ein Gestaltungs- und Kontroll-Kreislaufmodell für jede einzelne Gestaltungsmöglichkeit kreieren:

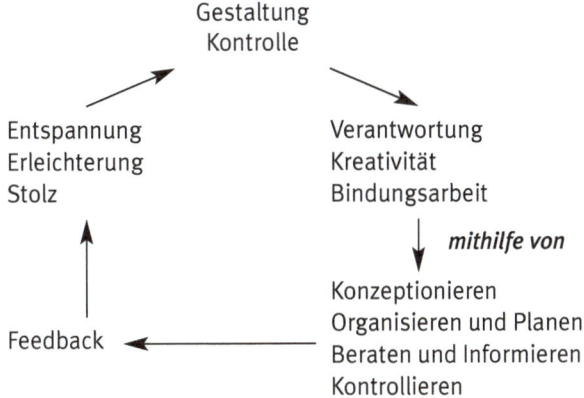

Je nach Typ nimmt ein Mitarbeiter aufgrund seiner Erfahrungen vorweg, dass er entspannt, erleichtert oder stolz sein wird, wenn seine Kreativität, Verantwortungsübernahme oder Bindungsarbeit erfolgreich sein wird. Er wird daraufhin konzeptionieren, organisieren, planen, beraten, informieren oder kontrollieren, um sein Gestaltungs- und Kontrollbedürfnis zu erfüllen. Werden ihm seine bevorzugten Gestaltungsmöglichkeiten versagt, oder bekommt er ein negatives Feedback auf sein Verhalten, ergibt sich analog zum negativen Wertschätzungszyklus ein negativer Gestaltungszyklus aus Frust, Wut, Angst und Enttäuschung.

Eine persönliche Weiterentwicklung kann nun in zwei Richtungen gehen:
1.  Mit dem bewährten Verhalten ein positives Feedback leichter und schneller beziehungsweise überhaupt positive Rückmeldungen zu bekommen.
2.  Ein neues Verhalten als Ergänzung des persönlichen Repertoires hinzuzunehmen, um damit ein positiveres Feedback zu bekommen.

Am Ende eines Mitarbeitergesprächs sollte eine klare Rollenbeschreibung[83] stehen, um die Erwartungen beider Parteien zu klären und die Spielräume des eigenen Handelns aufzuzeigen. Die spezielle Gestaltungslust des Mitarbeiters führt dabei zu einer individuellen Färbung:

### Rollenbeschreibung: Beispiel Teamleiter

*Individuelle Gestaltungslust:* Berater und Kümmerer
*Aufgaben:* Das Team nach außen vertreten. Das Team nach innen zu Höchstleistungen antreiben und zusammenhalten.
*Bereiche:* Leitung der Teamsitzungen, Informationsschnittstelle zwischen innen und außen, Präsentationen/„Verkauf" nach außen, Vertretung der Organisation nach außen
*(Entscheidungs-)Verantwortung:* Autonome Kontaktaufnahme zu Kunden, Kündigung von Kunden (nach zuvor klar definierten Richtlinien), Richtungsvorgabe der Maßnahmen, Maßnahmenplanung in Abstimmung mit dem Team
*Dunkle Flecken:* Unangenehme Informationen werden zu zögerlich mitgeteilt
*Kompensation:* Unangenehme Informationen werden im Tandem mit stellvertretender Teamleiterin mitgeteilt

---

[83] Vgl. Robertson, S. 37 ff.

## 2.3 Von der Provokation zum produktiven Gesprächsprozess

Manche Führungskräfte haben ständig neue Ideen, die sich irgendwo zwischen Kreativitätsflut und Chaos befinden. Andere gehen forsch an ein Thema heran, überfordern Ihre Mitarbeiter jedoch mit Ihrem Tatendrang. Wieder andere sind jederzeit Herr der Lage, strahlen allerdings die Kühle eines Eisschranks aus. Und schließlich gibt es die perfekten Zuhörer, die jedoch nicht selten durch Entscheidungsschwäche glänzen.

In Gesprächsprozessen benötigen Sie alle Qualitäten unserer vier Provokateure:

1. Die Erstellung einer Roadmap erfordert einen klar strukturiert denkenden Feldherrn, der mit Zukunftsfragen die mentale Simulation des Mitarbeiters vorausplant. Er reduziert Informationen auf die wesentlichen Aspekte und achtet zudem auf die Regulierung der Selbstdisziplin, die einigen Mitarbeitern insbesondere im Hinblick auf die Reiz- und Informationsüberflutung in einer volatilen Welt Probleme bereitet. Zum Abschluss des Gesprächs behält er den Überblick über die persönlichkeitsabhängigen Gestaltungsmöglichkeiten des Mitarbeiters und die Chancen einer Integration der individuellen Erfahrungen in die vorhandenen Gruppenstrukturen.
2. Ihr innerer Mediator erkundet die speziellen Erfahrungen und Kompetenzen des Mitarbeiters. Ohne eine persönliche Relevanz ergibt sich keine Motivation. Daher ist es sinnvoller, vor der Warum-Frage die Wie-Frage zu stellen: Wie erledigte der neue Mitarbeiter Aufgaben bisher und wie ist diese individuelle Vorgehensweise mit den Sichtweisen des Teams vereinbar? Eine Besonderheit stellen eigenintuitive Elemente dar. Je stärker ein Mitarbeiter in seinem negativen Bedürfniskreislauf gefangen ist, umso mehr gilt es, eigenintuitive Emotionen- und Bilderwelten als Angebote zur Durchbrechung negativer Kreisläufe einzubringen. Dazu benötigen Sie Ihren inneren Mediator, der Ihre Intuition geduldig wahrnimmt, um diese später offen zu äußern. Um Mitarbeiter individuell zu fördern, ist es hilfreich, neben der Kreativität ebenso die emotionale Seite zu betrachten. Dort befinden sich oftmals Hindernisse, die mittels Ausnahmen-Erlaubern und kreativ-lateralen Methoden sowie der Frage nach dem moralischen Sinn in das Gesamtbild integriert werden können, um Gesprächsprozesse anzukurbeln. Gleichzeitig sorgen diese Methoden für genügend Abstand, um Prozesse aus der Vogelperspektive zu betrachten.

3. Ihr innerer Visionär ist ideenflüssig und kreativ genug, mit Geschichten, Metaphern und humorvollen Sprüchen Gespräche zu beginnen, aufzulockern oder abzuschließen. Nebenbei werden dadurch essentielle Werte vermittelt, die durch die Abstand- und Humorbrille anstatt bloßer Belehrungen leichter angenommen und erinnert werden.

4. Ihr innerer Idealist bringt die nötige Respektlosigkeit mit, um mit einem natürlich-neugierigen Genauern und Markieren Gespräche auf den Kern einer Sache zu lenken. Damit zeigen Sie echte anteilnehmende Neugier und Wertschätzung, was hilft, um Widerstände klar auf den Tisch zu bringen. Der Mitarbeiter wird in seinen Anliegen ernst genommen. Seine persönliche, evolutionäre Entwicklung wird vorangetrieben. Er wird aber auch auf seine Ehrlichkeit festgenagelt und sanft in Richtung Selbstmanagement und -verantwortung geführt.

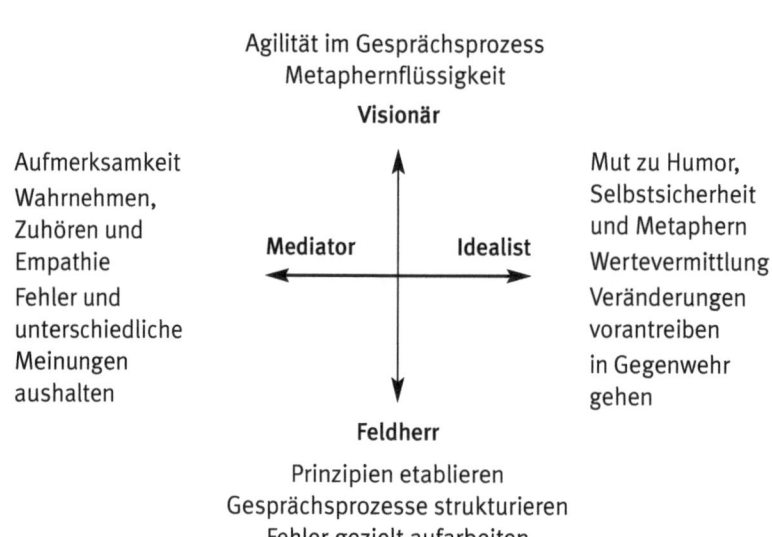

Agilität im Gesprächsprozess
Metaphernflüssigkeit
**Visionär**

Aufmerksamkeit
Wahrnehmen,
Zuhören und
Empathie
Fehler und
unterschiedliche
Meinungen
aushalten

**Mediator**          **Idealist**

Mut zu Humor,
Selbstsicherheit
und Metaphern
Wertevermittlung
Veränderungen
vorantreiben
in Gegenwehr
gehen

**Feldherr**
Prinzipien etablieren
Gesprächsprozesse strukturieren
Fehler gezielt aufarbeiten

Eine prozesshafte Vorgehensweise kommt vor allem bei Mitarbeitern zum Tragen, die unsicher sind, mit Kontrollverlusten kämpfen, Schwierigkeiten damit haben, andere Erlebensebenen zu integrieren und damit in ihrer persönlichen Weiterentwicklung nicht vorankommen, sich leicht ablenken lassen oder postwendend und dauerhaft in Widerstand gehen.

Die wertschätzende Nutzung von Humor oder Metaphern und der grundsätzliche Einsatz klarer, direkter und ehrlicher Worte kann Mitarbeiter wachrütteln. Im Falle tieferer Widerstände nutzen kleine Schritte, um Veränderungsprozesse bei Mitarbeitern nacheinander anzuleiten.

Das schrittweise Vorgehen im Focusing verhindert eine informative Reizüberflutung und fördert damit das Kontrollgefühl. Durch die Hinzunahme unterschiedlicher Erlebensebenen durchbricht Focusing den Ablauf von Automatismen, seien es Wenn-Dann-Ketten im Verhalten oder Antreiber-Skripte. Mitarbeiter werden dadurch selbstkontrollierter und vorwärts-reflektierter.

# 3

# DAS INDIVIDUUM UND DAS NEUE

Ein Mensch handelt verantwortlich, indem er sich seine Entscheidungen und Konsequenzen bewusst macht. Ein Objekt wird getrieben von Antreibern, Stress, Kontrollzwang und Impulsen. Es ist abhängig von seinem Bild, seinem Image, das es nach oben und unten präsentieren muss. Es handelt eingezwängt in Rollengefängnissen. Ein Subjekt wird nicht ge-, sondern angetrieben von Neugier und Entdeckerfreude. Es exploriert, hat Spaß daran, Neues zu entdecken und genießt das Kribbeln, die eigenen Potenziale zu erkunden. Der Gesprächstherapeut Carl Rogers, ein geistiger Vater Gendlins, sagte sinngemäß: Jeder Mensch strebt nach Weiterentwicklung, nach einer persönlichen Vervollkommnung. Kinder haben diesen Drang, wenn sie die Grenzen des Spielplatzes ausloten. Jugendliche haben ihn oft nur noch in ihrer Freizeitgestaltung, in der Schule leider kaum noch. Der Druck und die Angst, etwas falsch zu machen, verhindern das Wechselspiel zwischen geistigem Schlendern und fokussierter Ernsthaftigkeit, das unserer Kultur Dichter wie Goethe und Schiller oder Erfinder wie Siemens, Daimler oder Benz schenkte. Die Angst vor Fehlern verhindert Kreativität, Innovationen und letztlich die Selbstentwicklung der Menschen.

Auf Partys gilt die zweite Frage nach dem Namen meist dem Beruf: Was machst du so? Wer bist du? – Ich bin Bankangestellte, Jurist, Beamter, Journalistin, Ingenieur, Sekretärin.

Sind wir wirklich „nur" Richter? Mechatroniker? Kfz-Mechaniker? Oder sollten wir uns lieber im Zuge der politischen Korrektheitsbeweise auf sicheren Boden begeben: Ich bin ein Mensch mit juristischem Hintergrund. Verwaltungshintergrund. Technischem Hintergrund. Wir aber reduzieren uns auf einen Teilaspekt unseres Lebens und tun so, als wäre es der Hauptteil.

Der Psychoanalytiker Erich Fromm unterschied in seinem Klassiker „Haben oder Sein" eben jene beiden Bewusstseinsformen. Wir sind verheiratet und haben eine Beziehung. Wir haben eine Familie und haben Kinder. Dabei könnten wir auch Ehemann oder -frau, Vater oder Mutter sein, mit Leib und Seele.

Das Haben parzelliert unser Dasein. Alles um uns herum wird nach Belieben ausgetauscht. Eine echte Beziehung kann sich daraus nicht ergeben. Erst im Sein-Status lassen wir die Dinge an uns heran und verschmelzen mit ihnen.

Anstatt einen Job zu haben und Aufgaben zu haben, könnten Sie den Mitarbeitern helfen, sich an die Wurzeln ihrer Kindheit zu erinnern. Eine Kindheit voller Forscher,

Erfinder, Entdecker, Entwickler, Verkäufer, Berater und Bastler. Damals gab es noch kein Haben, keine Parzellierung und keine Objekte. Die Kinder bestanden aus purem Sein. Die Zeit stand still. Doch innerhalb dieser stillstehenden Zeit war die Produktivität so hoch wie später nur noch in der Freizeit.

Mit gutem Zureden und Mut machen, an diese Zeit anzudocken und so die Potenziale der Mitarbeiter zu fördern, erscheint mir zu wenig. Die Vorgabe eines Visionärs, die Struktur eines Feldherrn oder das Vertrauen und die Geduld eines Mediators sind unabdingbar, um Mitarbeiter aus ihrer Komfortzone herauszulocken und über ihren Präsentismus und Verlustaversions-Schatten zu springen. Oftmals braucht es zusätzlich den Schub eines kämpferischen Idealisten aus einer Haltung, die mein Focusing-Ausbilder Klaus Renn als „Respekt-Los" bezeichnet: Wir haben Respekt voreinander ... und los!

Manchmal waten wir in Mitarbeitergesprächen wie durch Nebel. Die Ziele wurden sauber formuliert. Auch die Ressourcen wurden geklärt. Die Hindernisse auf dem Weg dorthin erscheinen jedoch so undurchdringlich, dass wir inoffiziell keine Ahnung haben, was wir hier gerade tun, dies jedoch offiziell bestreiten. Ein authentisches, greif- und streitbares Auftreten, ein mutiges Vorwärtssprechen und das flexible aufeinander Einlassen führen vielleicht zu kleineren Eskalationen, weil die Fluchtwege sich zurechtgelogener Ziele in der Ferne verbaut wurden. Wer jedoch jemals ein reinigendes Gewitter erlebte, das nicht unter der Gürtellinie, sondern fair und direkt ausgetragen wurde, weiß um die Kraft klarer Standpunkte, Erwartungen und Grenzlinien. Damit lässt sich arbeiten. Der Nebel lichtet sich und der gemeinsame Weg liegt plötzlich wieder klar vor uns.

# ANHANG

# Gesprächsprozess-Beispiele

In den folgenden Gesprächen wurden diverse Methoden aus dem vorliegenden Buch angewandt. Um welche es sich konkret handelt, erfahren Sie im Anschluss des Gesprächs.

## Installation eines offeneren Führungsstils

Herr Berg ist eine Führungskraft älterer Schule. Er ist davon überzeugt, dass seine Mitarbeiter eine harte Hand brauchen. Andernfalls würden sie nicht mitziehen. In letzter Zeit häuften sich jedoch Beschwerden über seine ruppige Art, was auch damit zu tun hat, dass jüngere Mitarbeiter nicht mehr jede Anweisung fraglos ausführen. Es kam zu kleineren Statusrangeleien, die Herr Berg mit noch mehr Härte anging. Dies soll in einem Führungsgespräch aufgearbeitet werden.

FÜHRUNGSKRAFT: Herr Berg, wie läuft es so in Ihrer Abteilung?

BERG: Gut.

FÜHRUNGSKRAFT: Gut also. Schön. Was daran, würden Sie sagen, läuft gut?

BERG: Nun, ja. Ich habe den Laden gut im Griff.

FÜHRUNGSKRAFT: Das heißt …?

BERG: Meine Mitarbeiter wissen, was sie zu tun haben.

FÜHRUNGSKRAFT: Und das tun sie dann auch?

BERG: In der Regel.

FÜHRUNGSKRAFT: In der Regel bedeutet: Es gibt Ausnahmen?

BERG: Wie überall, oder?

FÜHRUNGSKRAFT: Wie überall. Die Frage lautet nur: Wie zufrieden sind Sie mit diesen Ausnahmen?

BERG: Naja. Manchmal könnte es schneller laufen.

FÜHRUNGSKRAFT: Schneller laufen …?

BERG: Manche dieser jungen Leute haben etwas andere Vorstellungen von Arbeit als ich.

FÜHRUNGSKRAFT: So was soll vorkommen. Wie gehen Sie denn in solchen Fällen vor?

BERG: Als Führungskraft sehe ich es als meine Aufgabe, ihnen klar zu machen, wie es richtig läuft.

FÜHRUNGSKRAFT: Und wie machen Sie ihnen das klar?

BERG: Indem ich ihnen deutlich erkläre, was sie zu tun haben.

FÜHRUNGSKRAFT: Und das funktioniert dann?

BERG: Irgendwie. Vielleicht widerwillig. Aber sie tun es.

FÜHRUNGSKRAFT: Denken Sie, es ist produktiv, wenn ihre Mitarbeiter Aufgaben widerwillig erledigen?

BERG: Naja.

FÜHRUNGSKRAFT: Ich weiß nicht, wie es Ihnen geht, aber wenn ich etwas widerwillig mache, erledige ich die Arbeit gerade so, dass es keine Beschwerden gibt. Im Berufsleben haben wir es ja öfter mit Zwängen zu tun. Dennoch: Was gäbe es denn für Möglichkeiten einer stärkeren Beteiligung der Mitarbeiter?

BERG: Das ist schwierig. Die Zwänge, die Sie angesprochen haben. Es gibt Dinge, die müssen erledigt werden. Punkt aus. Ob die wollen oder nicht.

FÜHRUNGSKRAFT: Was Sie erzählen, klingt anstrengend. Ich muss da spontan an einen Prellbock denken, der solange gegen eine Mauer eindrischt, bis sie fällt. Passt dieses Bild?

BERG: Naja, Prellbock … Weiß nicht … Aber stimmt schon. Manchmal habe ich tatsächlich das Gefühl, gegen Mauern zu rennen.

FÜHRUNGSKRAFT: Ich kann Ihnen anbieten, gemeinsam zu überlegen, ob und wie es leichter ginge.

BERG: Ich kenne meine Leute. Ich weiß, was die brauchen.

FÜHRUNGSKRAFT: Davon bin ich überzeugt. Wie lange sind Sie schon bei uns?

BERG: Seit 15 Jahren.

FÜHRUNGSKRAFT: Da weiß man, wie Mitarbeiter zu führen sind.

BERG: Ganz genau.

FÜHRUNGSKRAFT: Und genau dieses Wissen will ich Ihnen gar nicht nehmen. Ich kann Ihnen aber anbieten, dass wir uns Alternativen überlegen. Wenn die sich in der Praxis nicht bestätigen, können Sie immer noch auf ihre bewährten Strategien zurückgreifen.

BERG: Hm.

FÜHRUNGSKRAFT: Könnte es schaden, mehr Optionen in der Rückhand zu haben?

BERG: Eigentlich …

FÜHRUNGSKRAFT: Was würde sich für Sie verändern, wenn Sie mehr Handlungsoptionen hätten?

BERG: Vielleicht könnte ich noch energischer auftreten.

FÜHRUNGSKRAFT: Vielleicht. Schaden könnte es nicht. Also gut. Nehmen wir einen Ihrer neuen Mitarbeiter. Diese jungen Leute haben ja oftmals einen ganz eigenen Kopf und eigene Vorstellungen.

BERG: Wem sagen Sie das?

FÜHRUNGSKRAFT: Was könnte der wollen? Was würde er brauchen, um – sagen wir – mehr einbezogen zu werden?

BERG: Hm.

FÜHRUNGSKRAFT: Vielleicht denken Sie gerade an einen bestimmten Mitarbeiter. In welchen Momenten fühlt er sich … ich sage mal … lebendiger als sonst? Bei welchen Tätigkeiten blüht er auf?

BERG: Ich weiß nicht so recht.

FÜHRUNGSKRAFT: Was wäre, wenn Sie ihn fragen würden?

BERG: Ihn was fragen würde?

FÜHRUNGSKRAFT: Was er braucht, um motivierter zu sein? Wann er sich lebendig fühlt? Gut fühlt? Was ihm Spaß macht?

BERG: Ich frage meine Leute natürlich – ab und zu. Aber wenn ich denen die ganze Zeit Fragen stelle …

FÜHRUNGSKRAFT: … am Ende wollen die was ganz anderes …

BERG: Das fehlte noch. Dann haben wir hier bald einen Kindergarten, wo jeder den Ton angeben will.

FÜHRUNGSKRAFT: Wenn Sie den Begriff Kindergarten erwähnen: Passt das für Ihre Mitarbeiter?

BERG: Eigentlich nicht (lacht). Die sind ja keine Kinder mehr. Aber manchmal …

FÜHRUNGSKRAFT: Manchmal gibt es Phasen, da könnte man schon meinen …

BERG: Das geht dann natürlich nicht.

FÜHRUNGSKRAFT: Was ist mit den anderen Phasen, wenn wir die „kindlichen" Befindlichkeiten herausnehmen?

BERG: Grundsätzlich läuft es ja gut.

FÜHRUNGSKRAFT: Kann man es so sagen: In manchen Phasen läuft es gut, da sind Ihre Mitarbeiter motiviert und in den anderen Phasen brauchen sie Druck?

BERG: So in etwa.

FÜHRUNGSKRAFT: Dann lassen Sie uns auf diese anderen Phasen konzentrieren, wenn sie Druck machen. Wenn die Mitarbeiter mauern. Was müsste passieren, damit sie weniger mauern?

BERG: Hm.

FÜHRUNGSKRAFT: Lassen Sie es mich anders formulieren: Was müsste mit der Mauer passieren?

BERG: Na, wenn die offen wäre ...

FÜHRUNGSKRAFT: Wenn es da eine Tür gäbe? Eine Zugbrücke. Eine Leiter über die Mauer oder einen Tunnel unten durch ...

BERG: Eine Tür. Die jungen Leute sind aber auch bockig manchmal.

FÜHRUNGSKRAFT: Wenn da eine Tür wäre, wie würden Sie da herangehen? Würden Sie sie einrennen, öffnen oder klopfen?

BERG: Normalerweise klopfen.

FÜHRUNGSKRAFT: Klopfen wäre das Normale.

BERG: Natürlich. Mit der Tür ins Haus fallen ist nicht so nett.

FÜHRUNGSKRAFT: Nein. Also Klopfen. Wenn wir jetzt zurück in die Realität springen: Wie könnten Sie bei einem Mitarbeiter „anklopfen"?

BERG: Verstehe ich nicht.

FÜHRUNGSKRAFT: Was bedeutet denn das Klopfen? Vielleicht ist es so eine Art Anfrage? Kennen Sie noch die „Zurück in die Zukunft"-Filme? Da gibt es diese sich wiederholenden Szenen, als der alte Opa Marty McFly mit einem Stock auf den Kopf schlägt und ruft: „Jemand zuhause?" Den Stock lassen wir natürlich weg. Aber die Frage könnte sinnvoll sein.

BERG: Jaja. Wenn niemand zuhause ist, brauche ich ja gar nicht weiterzumachen.

FÜHRUNGSKRAFT: Genau. Also Sie sagten, Sie wollen nicht mit der Tür ins Haus fallen. Wird der Mitarbeiter, wenn er denn da ist, durch das Klopfen offener, zuzuhören? Bereitet es den Mitarbeiter auf das Eintreten beziehungsweise das Gespräch vor?

BERG: Äh, beides.

FÜHRUNGSKRAFT: Wie wäre es, wenn Sie an das nächste Gespräch in einem dieser schwierigeren Fälle mit dem Mitarbeiter mit einer inneren Haltung des Anklopfens herangehen?

BERG: Und dann?

FÜHRUNGSKRAFT: Und dann berichten Sie mir, ob Ihr Mitarbeiter mehr oder weniger Lust als sonst hatte, Ihren Anweisungen zu folgen.

BERG: OK.

FÜHRUNGSKRAFT: Damit haben Sie eine weitere Handlungsoption: Sie können es wie bisher machen oder auch mit „Anklopfen". Wie wäre das für Sie? Wollen Sie es versuchen, auch wenn Sie momentan vielleicht noch nicht von einem Erfolg überzeugt sind?

BERG: Versuchen kann ich es ja mal.

FÜHRUNGSKRAFT: Wunderbar. Dann sehen wir uns in einer Woche wieder. Und Sie berichten mir dann.

**Methoden:**

- Genauern: Was (genau) daran läuft gut?
- Angebote zur Auswahl: Tür, Leiter, Zugbrücke, Tunnel etc.
- felt sense-Abgleich: Passt Kindergarten zu Ihren Mitarbeiter?
- Lebendigkeitsfrage
- felt shift: mehr Handlungsoptionen gleich energischer
- Gefühlsebene: Wie wäre das? (statt: Wie fühlt sich das an?)
- Markieren: Klopfen wäre das Normale
- Metaphern und Bilder: Urlaub, Prellbock, Klopfen
- Filmtitel: Zurück in die Zukunft mit Ankerung des „Jemand zuhause?"

## Umgang mit einem aufbrausenden Mitarbeiter

Herr Bach hat regelmäßig Wutausbrüche, besonders, wenn es um anzulernende Azubis im ersten Lehrjahr geht. Manche haben richtiggehend Angst und trauen sich nicht mehr, mit Fragen zu ihm zu kommen. Infolgedessen wandten sie sich an andere Kollegen, die jedoch nicht für sie zuständig sind.

FÜHRUNGSKRAFT: Herr Bach, ich würde Ihnen gerne eine Geschichte erzählen: Ein Junge kommt zu seinem Vater und meint, er weiß nicht, wie er mit seiner Wut umgehen soll. Der Vater gibt ihm einen Hammer und einige Nägel. Jedes Mal, wenn der Sohn wütend ist, soll er einen Nagel in das Brett schlagen. Als alle Nägel weg sind, gibt ihm der Vater eine Zange. Jetzt soll der Sohn jedes Mal einen Nagel herausziehen, sobald er jetzt wütend ist. Als alle Nägel wieder draußen sind, kommt der Junge wieder zu seinem Vater. Der Vater sagt: „Schau dir das Brett an. Die Nägel sind zwar draußen, aber die Löcher sind immer noch drin. Jede Wutattacke führt zu einer Wunde beim anderen. Und diese Wunde bleibt."

Jetzt könnte es natürlich sein, dass ich Ihnen diese Geschichte einfach so, zum Spaß erzähle. Für wie wahrscheinlich halten Sie das?

BACH: Nicht sonderlich.

FÜHRUNGSKRAFT: Also will ich Ihnen irgendetwas damit sagen. Und da ich, wie Sie wissen, manchmal etwas seltsam bin, habe ich das, was ich Ihnen sagen will, in eine Geschichte verpackt. Um was könnte es sich handeln?

BACH: Keine Ahnung.

FÜHRUNGSKRAFT: Ich denke, manchmal können Sie ganz schön austeilen. Sie sind laut und haben ein kraftvolles Auftreten. Aber wissen Sie: Ich nehme Ihnen das gar nicht übel.

BACH: Nein?

FÜHRUNGSKRAFT: Aber nein. Ich mag es, wenn Menschen klar in ihren Aussagen sind. Dabei laut zu sein gehört bisweilen dazu. Außerdem: Wenn ich denken würde, dass Sie mit voller Absicht Wutausbrüche bekommen, könnten wir uns beide in den Kindergarten zurückstufen. Ich glaube, dass Sie oft sehr gute Gründe haben. Es stellt sich nur die Frage, wie weit Sie damit kommen und ob Sie das, was Sie wollen, auch erreichen?

BACH: Hm.

FÜHRUNGSKRAFT: Kommen wir also zu Ihrer Wut. Wollen wir es Wut nennen oder anders?

BACH: Ärger vielleicht.

FÜHRUNGSKRAFT: Was muss denn passieren, dass Sie so richtig ärgerlich werden (schmunzelnd) – nicht dass ich das jetzt ausprobieren will. Nur theoretisch.

BACH: Wenn der Azubi nach der dritten Erklärung immer noch alles falsch macht. Da könnte ich aus der Haut fahren.

FÜHRUNGSKRAFT: Alles?

BACH: Alles natürlich nicht.

FÜHRUNGSKRAFT: Manche Sachen macht er also richtig?

BACH: Ja, natürlich.

FÜHRUNGSKRAFT: Und Sie sagten „aus der Haut fahren".

BACH: Ja.

FÜHRUNGSKRAFT: Nun, „aus der Haut fahren" könnte ja bedeuten, dass in Ihnen jemand anders steckt. Vielleicht steckt unter dieser Haut jemand anders.

BACH: So habe ich das noch gar nicht gesehen.

FÜHRUNGSKRAFT: Wer steckt denn da drinnen?

BACH: Die Wut?

FÜHRUNGSKRAFT: Die Wut, die Sie sonst zurückhalten?

BACH: Vermutlich.

FÜHRUNGSKRAFT: Und wenn Sie sich zurückhalten, sind Sie ruhig, geduldig? So wie ich Sie kenne. Und dann passiert etwas.

BACH: Dieses dritte Mal eben.

FÜHRUNGSKRAFT: Was genau macht dieses dritte Mal so schlimm?

BACH: (überlegt)

FÜHRUNGSKRAFT: Lassen Sie sich Zeit.

BACH: Ich glaube, ich habe dann das Gefühl, dass der Azubi nicht zuhört. Dass er mich nicht ernst nimmt.

FÜHRUNGSKRAFT: Und ist das wirklich so?

BACH: Naja. Eigentlich …

FÜHRUNGSKRAFT: Eigentlich?

BACH: Die Aufgaben sind kompliziert. Der Azubi ist noch jung.

FÜHRUNGSKRAFT: Der Azubi macht das also nicht mit Absicht?

BACH: Natürlich nicht.

FÜHRUNGSKRAFT: Was passiert denn mit dem Azubi, wenn Sie aus der Haut fahren?

BACH: Der wird manchmal ziemlich nervös.

FÜHRUNGSKRAFT: Und denken Sie, das ist für Ihr Ziel, dass er es kapiert, förderlich oder nicht.

BACH: Wahrscheinlich nicht.

FÜHRUNGSKRAFT: Ich kann verstehen, dass Sie den Azubi gerne mal rütteln würden, bis er es endlich kapiert. Aber anscheinend bringt das nicht wirklich einen Fortschritt. Daher stelle ich mir die Frage, ob wir einen anderen Weg gehen könnten oder sogar sollten. Mein Vorschlag wäre es, an Ihrer Wut zu arbeiten, damit der Azubi nicht wieder so nervös wird. Könnte es sein, dass er mit weniger Nervosität aufnahmefähiger wäre?

BACH: Kann sein.

FÜHRUNGSKRAFT: Also zur Wut: Woran merken Sie es als erstes, dass Sie gleich aus der Haut fahren werden?

BACH: (überlegt)

FÜHRUNGSKRAFT: Meist haben wir vor einem Ausbruch körperliche Impulse. Sie haben einen Sohn, richtig?

BACH: Ja.

FÜHRUNGSKRAFT: Und? Hatte er schon seine ersten kleineren Reibereien?

BACH: Denke schon.

FÜHRUNGSKRAFT: Vielleicht kennen Sie das: Wenn Kinder einen Schlag antäuschen, zucken sie mit dem Arm, etwa so … So ein bisschen Gang-Gehabe.

BACH: Jaja, das kenne ich.

FÜHRUNGSKRAFT: Damit wir uns nicht falsch verstehen, ich will Ihnen jetzt nicht unterstellen, dass Sie Ihren Azubi schlagen wollen. Mir geht es nur um die ersten körperlichen Impulse, bevor Sie verbal loslegen.

BACH: Hm.

FÜHRUNGSKRAFT: Wenn ich jetzt der Azubi wäre und sagen würde (weinerlich): „Herr Bach, ich hab's immer noch nicht verstanden." Was zuckt da in Ihnen innerlich?

BACH: Hm.

FÜHRUNGSKRAFT: Bei manchen geht der Oberkörper nach vorne und die Schultern spannen sich an.

BACH: Stimmt schon.

FÜHRUNGSKRAFT: Und Ihre Hände?

BACH: ... verkrampfen ...

FÜHRUNGSKRAFT: Was denken Sie dabei?

BACH: Der nervt.

FÜHRUNGSKRAFT: Was noch?

BACH: Als ob ich sonst nichts zu tun hätte.

FÜHRUNGSKRAFT: Was genau haben Sie zu tun?

BACH: Genug andere Sachen. Aber natürlich ist es auch mein Job, den Azubi anzuleiten.

FÜHRUNGSKRAFT: Gut. Sie verspüren Wut und den Drang, nach vorne zu gehen. Würden dem Azubi gerne ... irgendwas, weil er – sagen wir mal – sich nicht wirklich anstrengt und sehen es auch als Ihren Job an, dem Azubi etwas beizubringen. Passt das alles zusammen oder ist hier etwas nicht ganz stimmig?

BACH: Das mit dem Beibringen ...

FÜHRUNGSKRAFT: Was ist damit?

BACH: Das passt nicht.

FÜHRUNGSKRAFT: Warum nicht?

BACH: Wie kann ich jemandem etwas beibringen, wenn ich gleichzeitig so verkrampft bin? Außerdem strengt er sich an.

FÜHRUNGSKRAFT: Was könnten Sie an Ihrer Körperhaltung anstatt diesem (imitiert die Körperhaltung von Herrn Bach) minimal verändern, damit das, was Sie ihm beibringen wollen, auch ankommt?

BACH: (geht leicht zurück und entspannt seine Muskeln)

FÜHRUNGSKRAFT: Wie geht es Ihnen in dieser Haltung?

BACH: Lockerer.

FÜHRUNGSKRAFT: Was genau macht es lockerer?

BACH: Es ist unangestrengt, weniger drängend.

FÜHRUNGSKRAFT: Was macht die Wut?

BACH: Wut?

FÜHRUNGSKRAFT: Die Wut, die zu dieser (imitiert wieder die vorherige Körperhaltung) Körperhaltung passt.

BACH: Ach so. Die hatte ich ganz vergessen.

FÜHRUNGSKRAFT: Würde es Sinn machen, dem Azubi in einer solchen Haltung etwas zu erklären?

BACH: Ich denke schon.

FÜHRUNGSKRAFT: Warum?

BACH: Ich glaube, dass es ihn weniger unter Druck setzt.

FÜHRUNGSKRAFT: Was würde Ihnen helfen, sich im nächsten Azubi-Gespräch an diese Haltung zu erinnern?

BACH: Vielleicht könnte ich zu mir sagen: Locker bleiben.

FÜHRUNGSKRAFT: Ja, vielleicht. Ich würde mich gerne mit Ihnen in der nächsten Woche darüber unterhalten, was diese Haltungsveränderung für Folgen hatte.

**Die Methoden:**
- Storys, Metaphern: Nägel-Geschichte, aus der Haut fahren
- Genauern: Was (genau) macht es lockerer?
- Markieren: Wenn der Azubi … immer noch alles falsch macht … Alles?
- Humor: (weinerlich) …
- Angebote auf der Körperebene: Manchmal geht der Oberkörper nach vorne und die Schultern sind angespannt.
- Wenn-Dann-Ketten: Muskelentspannung, Haltungsveränderung
- felt sense-Abgleich: Stimmigkeitstest (etwas beibringen, Wut, Azubi strengt sich an)
- felt shift: Sinnhaftigkeit der Haltungsveränderung

## Umgang mit einem veränderungsresistenten Mitarbeiter

Herr Liszt blockiert seit Jahren die kreativen Ideen seiner Kollegen, weshalb kaum jemand gut auf ihn zu sprechen ist. Als Führungskraft kamen Sie vor einem Jahr ins Team. Zu diesem Zeitpunkt arbeitete Herr Liszt schon seit zehn Jahren hier. Er ist 56 Jahre alt. Ihn dergestalt bis zur Rente zu schleppen, erscheint für alle Parteien nicht gerade reizvoll. Das Maximal-Ziel eines solchen Gesprächs könnte lauten: Herr Liszt sieht ein, dass er nicht jede Veränderung blockieren kann. Ein Ziel, das kaum erreichbar erscheint, zumal seine Haltung sehr gefestigt ist. Eine solche Nuss knacken Sie nicht an einem Tag. Deshalb gilt es, in einem ersten Schritt als Minimalziel eine Einladung für einen Neustart anzubahnen.

FÜHRUNGSKRAFT: Herr Liszt, meine Aufgabe als Führungskraft besteht darin, das Schiff, auf dem wir uns gemeinsam befinden, in die richtige Richtung zu lenken. Wissen Sie, was ein Schiff ohne Steuermann oder einen Mann im Ausguck wäre?

LISZT: Hm.

FÜHRUNGSKRAFT: Nichts. Als Führungskraft richte ich ohne ein gutes Team nichts aus. Ich könnte bestimmen, wo es hingeht. Aber was würde das bringen? Soll ich den Segeln Befehle geben?

LISZT: Klingt schwierig.

FÜHRUNGSKRAFT: Schwierig? Unmöglich! Deshalb gibt es auf jedem Schiff eine Menge Menschen in unterschiedlichen Funktionen. Ich beobachte mein neues

Team seit etwa einem Jahr. Ich bin kein Mensch, der seinen Mitarbeitern eine Funktion aufdrängen will. Am Ende würde ich deren Fähigkeiten falsch einschätzen. Deshalb frage ich Sie wie alle anderen: Welche Funktion sehen Sie für sich?

LISZT: Da müsste ich erst nachdenken.

FÜHRUNGSKRAFT: Lassen Sie uns das gemeinsam tun. Es gibt eine Menge Möglichkeiten, für die ich Sie brauchen kann: Für mutige und kreative Ideen, für einen guten Weitblick, als Ruhepol im Team oder als kritische Stimme bei Problemen. Was liegt Ihnen wohl am meisten?

LISZT: Ich verstehe nicht ganz. Ich mache nur meine Aufgaben.

FÜHRUNGSKRAFT: Natürlich machen Sie das. Doch jeder hier im Team macht seine Aufgaben anders. Vielleicht sind Sie eher der kreative oder der kritische Typ? Oder Sie behalten in jedem Fall den Überblick, auch wenn es stürmt und schneit? Manche sind eher hektisch, andere ruhig. Jeder hat seine Qualitäten.

LISZT: (zögerlich) Ich kann schon kritisch sein.

FÜHRUNGSKRAFT: Wunderbar.

LISZT: Wunderbar?

FÜHRUNGSKRAFT: Aber ja. Was ist das Gute an einer kritischen Haltung?

LISZT: Ich finde, wir verrennen uns oft in Ideen, die anschließend nicht umgesetzt werden.

FÜHRUNGSKRAFT: Genau das meine ich. Wie oft, denken Sie, passiert es, dass wir uns verrennen?

LISZT: Hm.

FÜHRUNGSKRAFT: Eine grobe Einschätzung reicht mir vollkommen. Sehr oft, oft oder nicht so oft?

LISZT: Naja. Ich würde sagen … ab und zu.

FÜHRUNGSKRAFT: Aber auch, wenn es nicht so oft ist, wären das dennoch Ideen, die uns viel Geld kosten würden. Gerade bei diesen Ideen ist es folglich gut, wenn jemand die Reißleine zieht, oder?

LISZT: Äh, ja.

FÜHRUNGSKRAFT: Jetzt müssten wir allerdings herausfinden, welche Ideen das sind. Das ist ja zu Beginn nicht so leicht zu wissen. Vor allem nicht, wenn andere im Team so überzeugt von den eigenen Ideen sind.

LISZT: Das kann schon nervig sein. Ständig soll es etwas Neues geben.

FÜHRUNGSKRAFT: Was daran nervt Sie besonders?

LISZT: Da kommt man fast nicht mehr nach.

FÜHRUNGSKRAFT: Das heißt?

LISZT: Ich hab ohnehin schon so viele normale Tätigkeiten. Wenn ich auch noch die ganzen neuen Ideen einarbeiten sollte …

FÜHRUNGSKRAFT: ... wäre der Tag schneller vorbei, als Sie „Himbeertorte" sagen könnten.

LISZT: Sozusagen.

FÜHRUNGSKRAFT: Wie reagieren Sie dann?

LISZT: Das lehne ich erst einmal ab, damit ich mit meinen anderen Aufgaben weiterkomme.

FÜHRUNGSKRAFT: Was denken Sie, wie Ihre Kollegen darauf wohl reagieren?

LISZT: Ich weiß ja, dass die das nicht immer gerne sehen.

FÜHRUNGSKRAFT: Nicht immer?

LISZT: Eigentlich nie.

FÜHRUNGSKRAFT: Nun bin ich als Kapitän für das gesamte Schiff zuständig. Die normale Arbeit könnte zum Beispiel Segel hissen und Deck schrubben und rudern bedeuten. Die neuen Ideen bringen – sicherlich nicht immer, aber manchmal doch – etwas spannendes Neues auf das Schiff. Zum Beispiel die Idee, eine Schatzinsel zu plündern. Wenn jemand gute Ideen hat, will ich diese natürlich fördern.

LISZT: Hm.

FÜHRUNGSKRAFT: Vielleicht haben Sie eine Idee, wie wir dieses Dilemma lösen können?

LISZT: Keine Ahnung.

FÜHRUNGSKRAFT: Sie sagten vorhin, Sie lehnen neue Vorschläge kategorisch ab. Kann man das so sagen?

LISZT: Naja.

FÜHRUNGSKRAFT: Wenn eine neue Idee auf den Tisch kommt, was denken Sie sich dann?

LISZT: Schon wieder.

FÜHRUNGSKRAFT: Manchmal haben wir innere ablehnende Körperhaltungen wie die hier ... (ablehnende Handflächen nach vorne). Könnte das zu Ihrem „Schon wieder" passen?

LISZT: Schon.

FÜHRUNGSKRAFT: Ich will Sie nicht dazu überreden, dass Sie ab jetzt jede Idee super finden. Dazu brauche ich Sie zu sehr als kritischen Geist. Ich möchte Sie jedoch zu einer offeneren Haltung einladen, vielleicht symbolisch wie das hier ... (offene Handflächen nach oben). Oder wenn Ihnen das zu offen ist, könnten Sie auch das hier machen (eine Hand offen, die andere ablehnend). Wenn Sie diese Haltung einnehmen: Was für ein Spruch könnte dazu passen?

LISZT: Ich kann's mir ja mal ansehen.

FÜHRUNGSKRAFT: Ist das ein Angebot?

LISZT: Ich kann es später immer noch ablehnen.

FÜHRUNGSKRAFT: Wie wäre es, wenn Sie diesen Spruch erweitern in: „Ich kann's mir ja mal *kritisch* ansehen."

LISZT: (lächelt) Das klingt gut.

FÜHRUNGSKRAFT: Wie wäre es, wenn Sie damit in die nächsten Gespräche gehen und mir nächste Woche davon – kritisch – berichten?

LISZT: OK.

**Die Methoden:**

- Storys, Metaphern: Schiffsmetapher
- Angebote: Typenauswahl: kreativ, kritisch, … sehr oft, oft, weniger oft
- (verbindende) Zauberwörter: gemeinsam, wir, wie alle anderen, für das gesamte Schiff
- Genauern: Was daran nervt Sie besonders? … Das heißt?
- Markieren: Nicht immer?
- (verfremdetes) Filmzitat als Referenz an Pulp Fiction: Himbeertorte
- Wenn-Dann-Ketten: Wenn eine neue Idee …, was denken Sie sich dann?
- Körperebene: Handflächen offen oder ablehnend
- felt sense-Abgleich: Welcher Spruch passt zu der Körperhaltung?
- felt shift: Wie wäre es, … Das klingt gut.

# Führungs- und Provokateur-Steckbriefe

## Steckbrief meines kämpferischen Idealisten

### WOFÜR STEHE ICH?


### WELCHE HANDLUNGEN ANDERER GEHEN MIR GEGEN DEN STRICH/MEINE NEMESIS?


### MEINE GRÖSSTEN STÄRKEN:

*authentisch, echt, direkt, streitbar, unnachgiebig, mutig, tatkräftig, verlässlich*

### MEINE ACHILLES-SEHNEN:

*perfektionistisch, Schwarz-Weiß-Denken, genussfeindlich, Kontrollzwang, cholerisch, selbstüberschätzend, aggressiv*

### MIT WELCHEN MIKROHANDLUNGEN KÄMPFE ICH TÄGLICH/WÖCHENTLICH/MONATLICH FÜR EINE BESSERE WELT?

## Steckbrief meines neugierigen Visionärs

WOFÜR STEHE ICH?

WELCHE HANDLUNGEN ANDERER GEHEN MIR GEGEN DEN STRICH/MEINE NEMESIS?

MEINE GRÖSSTEN STÄRKEN:

*flexibel, anpassungsfähig, lebendig, genießerisch, mitreißend, gestalterisch, kreativ, schnell, humorvoll, charmant*

MEINE ACHILLES-SEHNEN:

*manipulativ, ungeduldig, Rosa Brille, oberflächlich, unzuverlässig*

MIT WELCHEN MIKROHANDLUNGEN KÄMPFE ICH TÄGLICH/WÖCHENTLICH/MONATLICH FÜR EINE BESSERE WELT?


## Steckbrief meines strukturierten Feldherrn

WOFÜR STEHE ICH?

WELCHE HANDLUNGEN ANDERER GEHEN MIR GEGEN DEN STRICH/MEINE NEMESIS?

MEINE GRÖSSTEN STÄRKEN:

*loyal, fair, verantwortungsbewusst, reflektiert, planerisch, strukturiert, klar*

MEINE ACHILLES-SEHNEN:

*diktatorisch, kaltherzig, unempathisch, streng, Angst vor Fremdbestimmung, überskeptisch*

MIT WELCHEN MIKROHANDLUNGEN KÄMPFE ICH TÄGLICH/WÖCHENTLICH/MONATLICH FÜR EINE BESSERE WELT?

## Steckbrief meines geduldigen Mediators

WOFÜR STEHE ICH?

WELCHE HANDLUNGEN ANDERER GEHEN MIR GEGEN DEN STRICH/MEINE NEMESIS?

MEINE GRÖSSTEN STÄRKEN:

*vertrauensvoll, geduldig, souverän, empathisch*

MEINE ACHILLES-SEHNEN:

*träge, harmonisierend, konfliktscheu, entscheidungsschwach, weltfremd*

MIT WELCHEN MIKROHANDLUNGEN KÄMPFE ICH TÄGLICH/WÖCHENTLICH/MONATLICH
FÜR EINE BESSERE WELT?

# Methodenkoffer

# Literaturverzeichnis

Antonovsky, Aaron: Salutogenese. Zur Entmystifizierung der Gesundheit. dgvt-Verlag 1997.

Beck, Don/Cowan, Christopher: Spiral Dynamics. Kamphausen Mediengruppe 2007.

Beetz, Jürgen: Feedback. Wie Rückkopplung unser Leben bestimmt und Natur, Technik, Gesellschaft und Wirtschaft beherrscht. Springer Spektrum Verlag 2015.

Bergson, Henri: Schöpferische Entwicklung. Coron-Verlag 1928.

Berner, Winfried: Culture Change. Schäffer Pöschel Verlag 2012.

Birkenbihl, Vera F.: Das innere Archiv. Gabal Verlag 2002.

Bucay, Jorge: Komm, ich erzähle dir eine Geschichte. Fischer Verlag 2013.

Campbell, Joseph: Der Heros in tausend Gestalten. Suhrcamp Verlag 1978.

Clerc, Olivier: Innen stark und außen ganz weich. Piper Verlag 2009.

Davidson, Richard/Begley, Sharon: Warum wir fühlen, wie wir fühlen: Wie die Gehirnstruktur unsere Emotionen bestimmt – und wie wir darauf Einfluss nehmen können. Arkana Verlag 2012.

de Bono, Edward: Laterales Denken für Führungskräfte. McGraw Hill Verlag 1986.

Ellis, Albert: Training der Gefühle: Wie Sie sich hartnäckig weigern, unglücklich zu sein. MVG Verlag 2006.

Fritzsche, Thomas/Fürst, Annette: Die Impact-Strategie. Führen für Fortgeschrittene. Huber Verlag 2014.

Gendlin, Gene: Focusing als Weg zur Selbsthilfe. rororo 2012.

Gendlin, Gene: Das Ein-Prozess-Modell. Karl Alber Verlag 2015.

Gentile, Douglas et al.: The Effects of Prosocial Video Games on Prosocial Behaviours. Personality and Social Psychology Bulletin, 2009, http://public.psych.iastate.edu/caa/abstracts/2005-2009/09GAYISMSLKBHS.pdf

Gigerenzer, Gerd: Risiko. Wie man die richtigen Entscheidungen trifft. btb Verlag 2014.

Goleman, Daniel: Der Erfolgsquotient. DTB Verlag 2008.

Goleman, Daniel: Emotionale Führung. Ullstein Verlag 2003.

Hoffmann, Kai: Boxen und Managen. Econ Verlag 2005.

Holtbernd, Thomas: Führungsfaktor Humor. Wie Sie und Ihr Unternehmen davon profitieren können. Redline Wirtschaft 2003.

Horx, Matthias: Das Buch des Wandels. Wie Menschen Zukunft gestalten. Pantheon Verlag 2011.

Hübler, Michael: Mitarbeitermotivation. Die neue Lust auf Leistung. Business Village 2014.

Hübler, Michael: Therapeutische Prozesse im Kontext der Gehirnforschung. Diplomica Verlag 2014.

Hüther, Gerald: Wie Embodiment neurobiologisch erklärt werden kann. In: Embodiment. Die Wechselwirkung von Körper und Psyche verstehen. Huber Verlag 2006.

Johnstone, Keith: Improvisation und Theater. Alexander Verlag 1993.

Johnstone, Keith: Theaterspiele. Alexander Verlag 1997.

Kahneman, Daniel: Schnelles Denken, langsames Denken. Penguin Verlag 2016.

Kresse, Albrecht/Ullmann, Eva: Humor im Business. Cornelsen Verlag 2008.

Kidd, Celeste/Palmeri, Holly/Aslin, Richard: Rational snacking: Young children's decision-making on the marshmallow task is moderated by beliefs about environmental reliability. 2012.

Mikunda, Christian: Der verbotene Ort oder die inszenierte Verführung: Unwiderstehliches Marketing durch strategische Dramaturgie. mi Wirtschaftsbuch Verlag 2011.

Mischel, Walter: Der Marshmallow-Test. Siedler Verlag 2015.

Norton, Michael I./Mochon, Daniel/Ariely, Dan: The „IKEA Effect": When Labor Leads to Love. http://www.hbs.edu/faculty/Publication%20Files/11-091.pdf

Ochsner, K. N./Bunge, S. A./Gross, J. J./Gabrieli, J. D. E.: Rethinking feelings: An fMRI study of the cognitive regulation of emotion. *Journal of Cognitive Neuroscience*, 14/2012, S. 1215–1299.

Petit, Lenard: Die Cechov-Methode. Henschel Verlag 2010.

Pfläging, Niels: Führen mit flexiblen Zielen. Beyong Budgeting in der Praxis. Campus Verlag 2008.

Purps-Pardigol, Sebastian: Führen mit Hirn. Mitarbeiter begeistern und Unternehmenserfolg steigern. Campus Verlag 2015.

Reinhardt, Rüdiger (Hrsg.): Neuroleadership. Empirische Überprüfung und Nutzenpotenziale für die Praxis. De Gruyter Oldenbourg 2014.

Robertson, Brian J.: Holacracy. Ein revolutionäres Management-System für eine volatile Welt. Vahlen Verlag 2015.

Rossi, Ernest L.: 20 Minuten Pause. Jungfermann Verlag 1995.

Siegel, Daniel: Mindsight. Goldmann Verlag 2012.

Singer, Tania/Matthieu, Ricard: Mitgefühl in der Wirtschaft. Knaus Verlag 2015.

Titze, Michael/Eschenröder, Christof T.: Therapeutischer Humor. Fischer Verlag 1998.

Tscheuschner, Marc/Wagner, Hartmut: 30 Minuten TMS - Team Management System. Gabal Verlag 2009.

Vogler, Christopher: Die Odyssee des Drehbuchautors. Zweitausendeins Verlag 2004.

Vorhaus, John: Handwerk Humor. Zweitausend Eins Verlag 2001.

Weick, Karl/Sutcliffe, Kathleen: Das Unerwartete managen. Schäffer Pöschel Verlag 2016.

Welzer, Harald (2014): Selbst Denken. Eine Anleitung zum Widerstand. Fischer Verlag

Wilber, Ken: Eine kurze Geschichte über den Kosmos. Fischer-Verlag 1997.

Wolf, Chris/Jiranek, Heinz: Feedback. Nur was erreicht, kann auch bewegen. Business Village Verlag 2015.

**Michael Hübler**

ist Mediator, Berater, Moderator und Coach für Führungskräfte
und Personalentwickler.
Als Konfliktmanagement- und Verhandlungstrainer zeigt er,
wie wertvoll der Schritt von einer „Heilen-Welt-Philosophie"
zu einer transparenten, agil-mutigen Führung ist.